HEEL Verlag GmbH
Gut Pottscheidt
53639 Königswinter
Telefon 0 22 23 / 92 30 - 0
Telefax 0 22 23 / 92 30 26

Verantwortlich für den Inhalt: Jürgen Nöll, Rüsselsheim

Lektorat: Joachim Hack

Layout: ARTCOM, Ruth Jungbluth, Königswinter

Lithographie: ARTCOM, Sabine Köse (Ltg.), Andrea Lacey, Königswinter

Druck: Milanostampa S.P.A., Italien

Printed and bound in Italy

ISBN: 3-89365-842-4

EDITION OLDTIMER MARKT

MOTORRAD-RESTAURIERUNG

HEEL

Inhalt

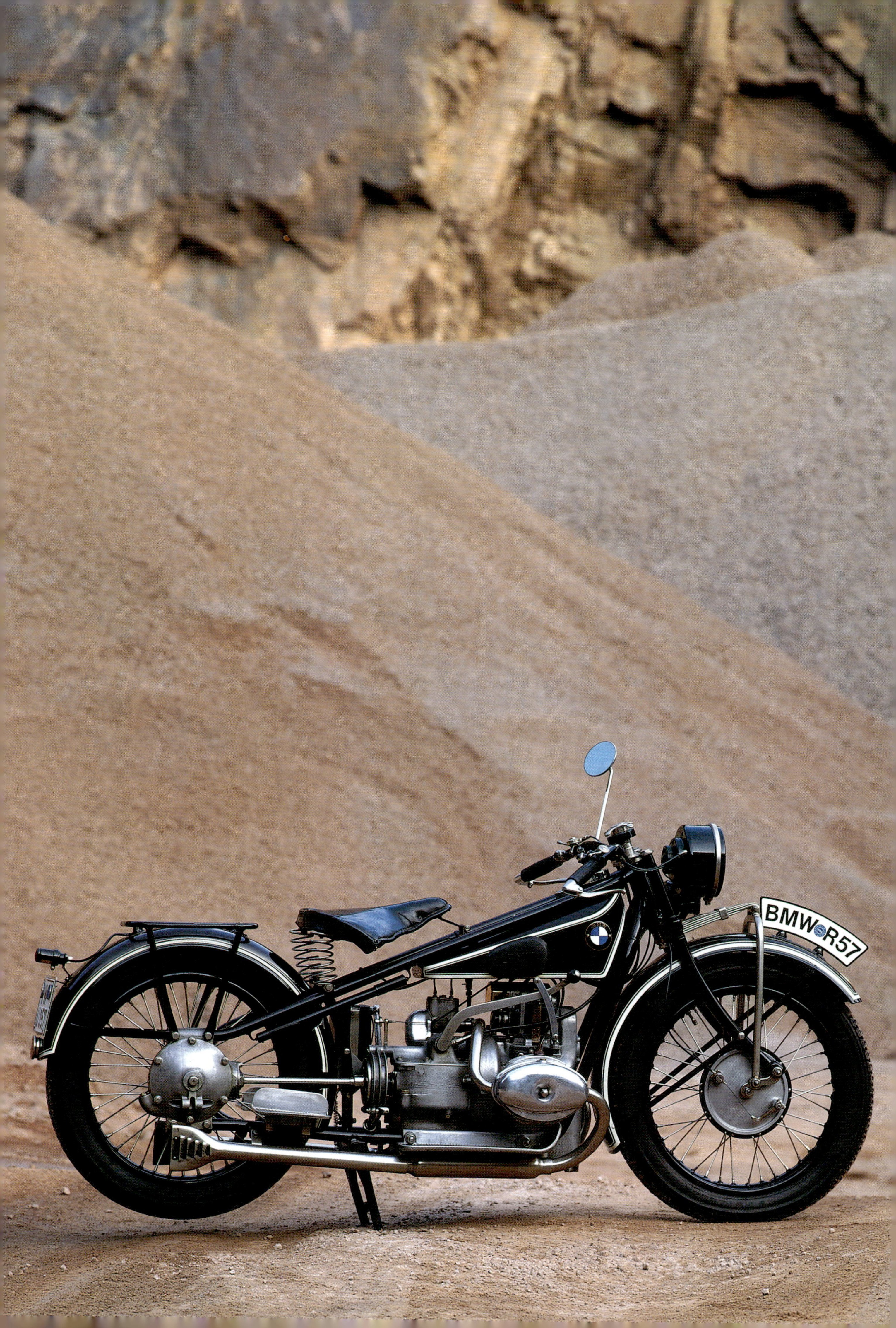
BMW R57

1. Geleitwort

Der Bazillus sitzt tief. Den Einen treibt das Bedürfnis nach durchschaubarer Technik, nach dem verlockenden Glanz von Messing und Nickel, den Anderen vielleicht die Erinnerung an Vaters altes Motorrad oder einfach nur der süchtig machende Schlag eines richtig langhubigen Einzylinders. So facettenreich die einzelnen Beweggründe auch sein mögen, eines vereint all jene, die sich daran machen, in Eigenregie ein Motorrad zu restaurieren: Auf dem Weg vom kümmerlichen Haufen Alteisen auf zwei verbeulten Rädern bis zum hoch glänzenden Schmuckstück vergangener Epochen lauern jede Menge Fallstricke: Wie behalte ich den Überblick über all die vielen Einzelteile? Wie wird eine Kurbelwelle richtig ausgewuchtet? Woher bekomme ich die passenden Kupplungsbeläge? Kann ich die Räder selbst einspeichen? Wie gelingen all den Anderen nur so schön gleichmäßige Zierlinien? Tausend Fragen, auf die längst nicht jeder die richtige Antwort findet.

Mit dem entscheidenden „Gewusst wie" fällt vieles leichter. Zahlreiche Hilfe suchende Anfragen in unserer Redaktion belegen das genauso wie Manuskripte über Erstlingsrestaurierungen nach dem Motto „Pleiten, Pech und Pannen". Immer wieder stoßen wir bei unseren Recherchen auf Oldtimer-Besitzer, die im Nachhinein seufzen: „Ja, hätte ich das nur vorher gewusst!" Beim Aufarbeiten betagter Mechanik sind eben Tipps und Kniffe gefragt, die in keinem Werkstatthandbuch stehen. Oftmals sind es nur Kleinigkeiten, die den Unterschied ausmachen. Jürgen Nöll ging es nicht anders, als er vor 30 Jahren an einer NSU Quickly TT herumschraubte. Mittlerweile hat er in seiner Werkstatt aber schon gut zwei Dutzend Motorradveteranen zu neuem, makellosem Glanz verholfen, darunter einige hochkarätige Raritäten. All diese Erfahrungen hat er nun in einem gesammelten Werk zu Papier gebracht, hat die komplette Restaurierung vom Kauf eines Motorrades bis hin zur ersten Probefahrt umfassend dokumentiert und damit eine echte Lücke auf dem Buchmarkt geschlossen.

Hoffentlich hilft dieses Buch manchem Selbermacher über alle Fallstricke hinweg und erspart ihm unnötiges Lehrgeld. Einige Exemplare werden sicherlich schon nach kurzer Zeit mit öligen Fingerabdrücken „verziert" sein – ich bin sicher, der Autor wird es nicht als Misshandlung seines Werks verstehen, sondern als Auszeichnung.

Peter Mergelkuhl
Redaktion Oldtimer-Markt

Diese einmalige Werksrennmaschine gewann 1923 das Avus-Rennen in Berlin.

Aufgrund ihrer historischen Bedeutung stand bei der Restaurierung die Erhaltung ehrwürdiger Patina im Vordergrund. Reste der Lackierung wurden freigelegt und ähnlich einem Gemälde restauriert. Die mehrjährige Instandsetzung ging vollkommen ohne Sandstrahlen, Spachteln, Neuvernickeln und Hochglanzlackieren vonstatten. Restaurieren im Sinne von Erhalten statt Austauschen. Der neue Trend?

2. Einführung

So, es hat Sie also erwischt. Erste Anzeichen sind mittlere bis schwere Schlafstörungen, einhergehend mit zum Teil erheblichen Konzentrationsschwächen, sowohl im privaten wie auch im beruflichen Bereich. Und das alles bei einem ansonsten guten Allgemeinbefinden. Typische Indikatoren für eine Infektion mit dem Bazillus Veteranus. Die Krankheit gilt allgemein als unheilbar, es sei denn, sie wird bereits in einem extrem frühen Stadium erkannt. So in etwa würde ein Mediziner die Symptome der Veteranenleidenschaft formulieren. Gegenmittel: Unbedingtes Fernbleiben von Fahrzeugmuseen, Oldtimer-Veranstaltungen und dergleichen, völliges Ignorieren entsprechender Fachliteratur, und regelmäßiges Holzhacken bis zum Umfallen. Ihr Interesse an diesem Buch zeigt allerdings, dass es für Sie möglicherweise schon zu spät ist. Willkommen also im permanent wachsenden Kreise der Oldtimer-Liebhaber!

Das vorliegende Buch soll einerseits dem Neueinsteiger in der Szene als Anleitung bei der Auswahl und Beschaffung seines Motorrad-Oldtimers dienen und ihn dann Schritt für Schritt bei der Durchführung der Restaurierung begleiten. Es möchte vor allem dazu beitragen, für den angehenden Hobbyrestaurator kostspielige, eventuell sogar irreparable Fehler zu vermeiden und ihn bei einer möglichst preiswerten und dennoch qualitativ hochwertigen Instandsetzung zu unterstützen. Wo kauft man am günstigsten, welche Voraussetzungen müssen erfüllt werden, damit's auch wirklich klappt? Welches Werkzeug ist erforderlich und, und, und...

Aber auch der fortgeschrittene Restaurator wird manche nützliche Anregung in den einzelnen Kapiteln finden. Mit umfangreichem Bildmaterial werden so beispielsweise die einzelnen Schritte dokumentiert, die für das Zerlegen eines Getriebes oder die Bestimmung des Verdichtungsverhältnisses eines Motors erforderlich sind. Wir belegen die Bremsen selbst, fertigen Kupplungsbeläge an, führen Instandsetzungsarbeiten an Kurbelwellen und Magnetzündern durch und lernen selbst zu lackieren.

Im Gegensatz zu bereits auf dem Markt befindlicher Literatur, die sich mit dem Thema Motorrad-Restaurierung auseinander setzt, werden wir erstmals wirklich einen Oldtimer erwerben und diesen restaurieren. Dabei werden alle notwendigen Schritte, vom Kauf der alten Maschine bis zum Abschluss der Restaurierung, sorgfältig dokumentiert. Bei der Objektwahl fiel die Entscheidung zu Gunsten einer der begehrten Indians aus den 20er Jahren. Hier und da werden aber auch wichtige Themen behandelt, die nicht an dieser, sondern im Zusammenhang mit der Instandsetzung anderer Maschinen auftraten. Schließlich lassen sich Reparaturarbeiten an den Gleitlagern eines Motors nicht oder nur unzureichend an einem Motor mit Wälzlagern darstellen.

Aber auch die Liebhaber von Youngtimer-Motorrädern kommen bei diesem Buch auf ihre Kosten. So enthalten zum Beispiel Kapitel wie Motor, Getriebe, Kupplung, oder Räder und Reifen zahlreiche Tipps und Hinweise, die auch für Besitzer von Maschinen aus den 60er und 70er Jahre von Interesse sind. Schließlich ist eine Tank-Entrostung mit anschließender Versiegelung völlig unabhängig vom Baujahr oder Fabrikat eines Motorrades. Und der fachmännische Aus- und Einbau von Lenkkopflagern wird sogar an einem echten Youngtimer, einer Yamaha RD 125 aus dem Jahre 1975 demonstriert.

Natürlich kann nur an einzelnen Beispielen stellvertretend aufgezeigt werden, worauf es bei der einen oder anderen Arbeit ankommt. Klar, dass dieses Buch kein Werkstatthandbuch ersetzen kann, das auf alle technischen Fragen jedes einzelnen Oldtimers eine Antwort gibt. So wird beispielsweise das Thema Motorrad-Elektrik zu Gunsten anderer Technikthemen nur ganz am Rande behandelt, da es auf diesem Gebiet bereits sehr gute, umfangreiche Literatur gibt. Wir empfehlen hier beispielsweise Carl Hertweck's „Kupferwurm". Ein Werk, das bereits Ende der 50er Jahren verfasst wurde, als viele unserer heutigen Restaurierungs-Objekte teilweise noch hochmoderne Maschinen waren. Gerade für den Oldtimerfreund könnte das genannte Buch daher kaum aktueller sein. Aber auch Fragen zur Inbetriebnahme, Beschaffung von Papieren, Ersatzteillisten und sonstiger Literatur werden

behandelt. Bis hin zur Fahrzeug-Zulassung und der ersten Probefahrt, es wird nichts ausgelassen.
Wenn im Laufe der einzelnen Kapitel immer wieder einmal von dem Anfänger und dem Fortgeschrittenen, von dem Edelbastler oder dem Restaurator die Rede sein sollte, so möchte ich gerne an dieser Stelle die Gelegenheit nutzen, und hierfür beim „zarten Geschlecht" um Nachsicht bitten. Natürlich ist die Freude an klassischen bzw. historischen Motorrädern längst nicht mehr nur der Männerwelt vorbehalten. Zwar dominiert bei Rallyes und Oldtimer-Ausfahrten noch immer das männliche Geschlecht, aber die Damenwelt ist auf dem Vormarsch.
Nicht zu vergessen die Damen, die garnicht selbst im Sattel sitzen, die aber mit viel Verständnis unsere Leidenschaft so tapfer „ertragen". Ihnen gilt unser ganz besonderer Dank.
Jetzt liegt es nur noch an Ihnen. Es gibt viel zu tun, packen wir's an....

Von wegen Männersache...

3. Das Wichtigste vorweg

3.1 Was darf's sein?

Sie haben wirklich die BMW aus Ihrer Jugendzeit aufgehoben? Sie Glücklicher. Klar, und jetzt soll sie wieder in neuem Glanz erstrahlen. Wie anno 1955, im Schaufenster des Motorradladens gleich um die Ecke. Der Großvater hat seine 98er seit über einem halben Jahrhundert im Schuppen stehen? Er wollte sie zwar immer noch einmal fahren, hat sich aber jetzt aus Altersgründen doch dazu entschlossen, das gute Stück in jüngere Hände weiter zu geben. Und Sie haben ihm versprochen, sich um das Motorrädchen zu kümmern, es vielleicht sogar zu restaurieren. Prima, Sie brauchen sich also überhaupt keine Gedanken mehr darüber zu machen, welches Fahrzeug Sie restaurieren könnten. Und die Kosten für die Anschaffung haben Sie ebenfalls gespart. Das ist doch schon mal eine ganz ordentliche Basis für den Einstieg.

Wonach können aber diejenigen Ausschau halten, denen dieses Glück nicht zuteil wurde, denen es aber um so mehr in den Fingern juckt? Die Frage nach dem geeigneten Restaurierungsobjekt wird im Wesentlichen von drei Faktoren bestimmt: Dem individuellen Geschmack, dem geplanten Einsatzzweck und dem verfügbaren Etat. Da wäre zunächst einmal die Frage nach der bevorzugten Fabrikmarke. „Mein Vater hatte vor dem Krieg einmal eine NSU, von der er uns Kindern immer vorschwärmte. So eine Maschine muss es sein.“ Oder : „Anfang der siebziger Jahre wurde mein Traummotorrad, die Ducati 750 gebaut. Damals unerschwinglich. Aber heute erfülle ich mir einfach diesen Traum...“ Oder: „Wenn früher bei uns in der Stadt Kirmes war, dann gab es dort immer die mutigen Steilwandfahrer mit ihren tollen Indian-Maschinen. Die sind freihändig, auf dem Sattel stehend, in dem Käfig herum gejagt. So eine oder keine...“ Das sind nur drei Beispiele, die verdeutlichen sollen, warum für den einen nur diese und den anderen vielleicht nur jene Maschine von Interesse ist.

Während der eine von einer Megola mit Sternmotor im Vorderrad schwärmt, kommt für den anderen nur ein großvolumiger, englischer Eintopf oder das Quickly aus seinen Kindheitstagen in Frage. In vielen Fällen steht das gesuchte Objekt im direkten Zusammenhang mit Erinnerungen an die eigene Kindheit oder Jugendzeit. Hier ist die Entscheidung meist schon gefallen und es stellt sich nur noch die Frage nach dem „Woher nehmen?“ Für wieder andere Oldtimer-Freunde steht eher der Einsatzzweck im Vordergrund. Oder welche Maschine sie nach der neuen Führerscheinregelung mit der alten Klasse 3 fahren dürfen. Für diese Klientel sind insbesondere Motorräder bis 125 Kubikzentimeter Hubraum und einer maximalen Motorleistung von 11 Kilowatt (15 PS) interessant. Aber Youngtimer-Freunde aufgepasst: Nicht jede 125er aus den 70er oder 80er Jahren darf heute auch mit dem alten Auto-Führerschein gefahren werden, bloss weil sie 125 Kubik hat. Viele dieser Maschinen

Zeitlos schön, die BMW-Modelle mit ihren ausladenden Boxer-Motoren.

Ducati 750 S, für viele Motorrad-Liebhaber der Inbegriff der klassischen Supersportmaschine.

Zuverlässiges und pflegeleichtes Rallye-Motorrad: DKW aus der 2. Hälfte der 20er Jahre.

Norton 18 H, englisches Supersport-Motorrad aus dem Jahre 1925 für der Einsatz im historischen Rennsport.

Italienisches Sportmotorrad aus den 50er Jahren: Gilera Saturno 500.

Die Faszination Zweirad begann mit diesem NSU Quickly TT.

hatten eine höhere Motorleistung und dürfen auch heute nur mit einem Motorrad-Führerschein bewegt werden!

Soll es ein zuverlässiges, pflegeleichtes Rallye-Fahrzeug, eine Tourensportmaschine mit Alltagstauglichkeit oder vielleicht sogar eine Renn- bzw. Supersportmaschine zum Bestreiten von speziellen Motorsportveranstaltungen sein? Wie wäre es denn mit einem Motorrad-Gespann. Hier kann nicht nur die bessere Hälfte am Wochenende mit auf Tour gehen, sondern auch noch der Nachwuchs. Selbst wenn es den noch gar nicht gibt, sollte man vielleicht doch einmal eine Maschine in Betracht ziehen, die sich gegebenenfalls nachträglich mit einem Seitenwagen ausstatten lässt. Dies sind in der Regel Maschinen ab 250 cm^3 Hubraum aufwärts. Allerdings kann ein beladenes 250er Gespann mit einer Motorleistung von 10 bis 12 PS im heutigen Straßenverkehr schon ein ganz schönes Verkehrshindernis darstellen. Besonders dann, wenn der Fahrer notgedrungen einmal ein Stück Schnellstraße oder gar Autobahn vor sich hat. Hier ist man mit einer 500er schon besser beraten. Bevor allerdings die Entscheidung zugunsten eines Motorrades mit Seitenwagen getroffen wird, sollte man unbedingt einmal einige Probekilometer mit dem Gespann eines Freundes oder eines Bekannten gefahren sein. Nicht jedem liegt diese Art des Motorradfahrens.

Wer seinen Oldie zumindest während der warmen Sommermonate im täglichen Straßenverkehr bewegen möchte und somit rasch einiges an Kilometern zusammenfährt, muss sich noch mehr als der Rallyefahrer mit der Frage der Ersatzteilbeschaffung auseinander setzen. Während es für die gängigsten Nachkriegsmodelle der großen Marken wie BMW, DKW oder NSU ganz gut aussieht, sind Ersatzteile für Maschinen der zwanziger und dreißiger Jahre

Spandauer Springböcke nannte der Volksmund die D-Rad-Modelle aus Berlin.

Wie wäre es mit einem Motorrad-Gespann? NSU OSL 251 von 1952 mit leichtem Kali-Seitenwagen.

schon schwieriger zu beschaffen. Und dass wir im Falle einer Panne nur sehr begrenzt die Hilfe eines ADAC-Mannes in Anspruch nehmen können, sollte uns ebenfalls bewusst sein. Er wird kaum Zündkontakte für einen siebzig Jahre alten Magnetzünder in seinem Sortiment haben. Er hat möglicherweise noch nie einen derartigen Magnetzünder von innen gesehen...

Allgemein kann gesagt werden, je älter und seltener eine Maschine ist, je mühsamer und teurer ist es, dafür die erforderlichen Ersatzteile zu finden. Womit wir beim Thema Geld angekommen wären. Der Traum von der begehrten 1000er Neander wird wohl immer ein Traum bleiben, wenn der Geldbeutel eine derartige Anschaffung nicht zulässt. Mit dem Kauf eines unrestaurierten Motorrad-Veteranen ist es ja noch lange nicht getan. Dann geht es meistens erst richtig los. Die für eine Restaurierung erforderlichen finanziellen Mittel können ohne weiteres den Kaufpreis der Maschine noch mal überschreiten. Das ist auf der einen Seite natürlich stark vom Zustand des Objektes und der Verfügbarkeit von Ersatzteilen, andererseits aber auch vom individuellen Güteanspruch an eine Restaurierung sowie den möglichen Eigenleistungen abhängig. Nicht selten wird diese Tatsache unterschätzt. Die erworbene und bereits zerlegte Maschine steht dann über Jahre im Keller oder in der Garage herum, um letztendlich als „Motorrad in Teilen" mit finanziellem Verlust wieder verkauft zu werden. Vielleicht ist doch in dem einen oder anderen Fall die kleine 125er Zweitaktmaschine als Einsteigermodell dem englischen Paralleltwin oder dem fernöstlichen Multizylinder vorzuziehen.

Vor allen Dingen sollten Sie als angehender Restaurator über ein gewisses Maß an technischem Verständnis und handwerklichem Geschick verfügen, wenn das Vorhaben gelingen soll. Dies ist für die erfolgreiche Durchführung einer Motorrad-Restaurierung ebenso wichtig wie für die spätere Wartung und Pflege. Prüfen Sie daher realistisch Ihre Fähigkeiten bevor Sie sich endgültig entscheiden...

3.2 Wo kauft man am besten?

Diese Frage wird immer wieder von jenen Leuten gestellt, die sich erstmals mit dem Gedanken tragen, einen Motorrad-Oldtimer zu kaufen. Dabei ist es erst einmal unerheblich, ob es sich um eine „Rostlaube" handelt, oder eine Maschine, die bereits restauriert ist.

Noch nie zuvor war das Angebot an Fachzeitschriften größer: OLDTIMER MARKT, OLDTIMER PRAXIS und MOTORRAD CLASSIC um nur einige zu nennen. In den umfangreichen, nach Fabrikmarken gegliederten Anzeigenteilen lässt sich fast immer etwas Brauchbares finden. Selbst im Kfz-Teil vieler Tageszeitungen finden sich inzwischen schon Rubriken wie Oldtimer, Klassiker oder ähnliche. Auch Oldtimer-Messen und Veteranen-Märkte, die fast alle in den Terminkalendern der

Nie zuvor gab es mehr Literatur zum Thema Oldtimer. In den Anzeigenteilen diverser Fachzeitschriften findet fast jeder, was er braucht.

Große Auswahl sowohl an Teilen wie auch an kompletten Maschinen bieten die bekannten Teilemärkte im In- und Ausland.

Gut verpackt trat diese Moto Guzzi die lange Bahnfahrt von Italien nach Deutschland an.

bereits erwähnten Fachzeitschriften angekündigt werden, bieten meist eine gewaltige Auswahl an alten Motorrädern und Ersatzteilen. Liebhaber ausländischer Marken besuchen dabei häufig auch die Veteranen-Märkte im benachbarten Ausland. Die Oldtimer-Leidenschaft ist nämlich jenseits der Alpen oder auf der anderen Seite des Kanals nicht weniger ausgeprägt als bei uns.

Spätestens seit sich gutes Geld damit verdienen lässt, durchkämmen Profis sogar die entlegensten Winkel der Erde auf der Suche nach seltenen Maschinen. Dabei gelangen die „Schatzsucher" bis nach Südamerika, Brasilien und Australien. Nicht selten endet eine derartige Expedition mit der Ankunft eines ganzen Schiffscontainers voller Edelschrott, zum Teil schon für vorgemerkte Kunden.

Wer sich für ein bestimmtes Fabrikat interessiert, sollte sich erkundigen, ob es eventuell bereits eine Interessengemeinschaft oder ein Markenclub für die Maschine seiner Wahl gibt. Die Verbindung zu derartigen Einrichtungen sind besonders im Hinblick auf eventuell benötigte Ersatzteile, Literatur usw. sehr zu empfehlen.

Bereits 1959 wurde der Veteranen-Fahrzeug-Verband, kurz VFV, gegründet, der heute mehrere Tausend Mitglieder zählt. Über 180 Clubs sind ihm angeschlossen. Im Kleinanzeigenteil einer vierteljährlich erscheinenden Verbandszeitschrift können Mitglieder kostenlos Fahrzeuge und Ersatzteile offerieren. Auch hier wird vom kleinen Moped aus der Wirtschaftswunderzeit bis hin zur historischen Rennmaschine alles geboten. Insbesondere in den Sommermonaten vergeht kein Wochenende, an dem nicht irgendwo im Lande ein Markentreffen oder eine Oldtimer-Rallye ausgetragen wird. Nicht selten wechseln auch dort Motorräder ihre Besitzer oder im Gespräch mit den Teilnehmern lässt sich in Erfahrung bringen, ob vielleicht gerade ein interessantes Stück „im Angebot" ist.

Mancher Oldtimer-Besitzer hat sich seine Maschine auch als Urlaubserinnerung mit gebracht. Nachdem ich zum ersten mal während eines Badeurlaubs in Italien eine alte Moto Guzzi mit dem liegenden Einzylindermotor sah und hörte, war ich von dem kernigen Sound und dem rassigen Rot sofort fasziniert. Die Eindrücke waren so nachhaltig, dass ich im Jahr darauf noch einmal meinen Urlaub jenseits der Alpen buchte. Vielleicht.... Und tatsächlich, ich wurde fündig. Blechteile wie Tank, Schutzbleche und Werkzeugkästen wurden vor Ort demontiert und zusammen mit dem Urlaubsgepäck nach Deutschland gebracht. Der Rest, also im

Eine ganze Wagenladung voller Edelschrott.

Auch auf Motorradtreffen kann man fündig werden.

Klassische Scheunen-Funde werden immer seltener.

wesentlichen Räder, Fahrwerk, Motor und Getriebe traten, in Pappe eingeschlagen, mit der Eisenbahn den Weg in die neue Heimat an. Nach zwei bangen Wochen traf dann die kostbare Fracht endlich zuhause ein. Das war schon zu Anfang der 80er Jahre, aber die schöne Italienerin befindet sich noch immer in meinem Besitz. So lange kann die Liebe zu einem Oldtimer andauern.

3.3 Was kostet ein altes Motorrad?

Diese häufig gestellte Frage lässt sich natürlich nicht pauschal beantworten. Es scheint aber vielfach der Fall zu sein, dass der Wert einer alten Maschine um so höher eingeschätzt wird, je weniger sich die- oder derjenige in der Szene auskennt. Tatsächlich wird der Wert eines alten Motorrades von zahlreichen Faktoren geprägt. Wie bei Antiquitäten, alten Autos und dergleichen so gibt es natürlich auch bei Veteranen-Motorrädern gewisse Modetrends. Wurden vor einigen Jahren noch fernöstliche Maschinen als „Japanschrott, nein danke“ abgetan, gibt es inzwischen zu Recht einen anerkannten Liebhaberkreis für diese Klassiker. Ebenso stehen bereits seit Jahren national wie international die großen Zwei- und noch mehr die Vierzylinder-Maschinen aus amerikanischer Fertigung von Harley-Davidson und Indian hoch im Kurs.
Es steht wohl auch außer Frage, dass rare Rennmaschinen und seltene, früher schon fast unerschwingliche Motorräder teurer gehandelt werden als die preiswerteren „Brot und Butter-Modelle“, mit denen unsere Väter oder Großväter den täglichen Weg zur Arbeit zurück legten. In den meisten Fällen gelangen derartige Raritäten erst gar nicht in den Handel, sondern wechseln ihre Besitzer sozusagen unter Ausschluss der Öffentlichkeit. Hier gilt die selbe Devise wie beim Neufahrzeugkauf. Auf Modelle die gut laufen, gibt's keinen Rabatt. Es muss uns aber auch klar sein, dass solche Maschinen für den Neueinsteiger meist wenig geeignet sind. Natürlich hat auch der Erhaltungszustand einen maßgeblichen Anteil an der Preisgestaltung. So wird eine bereits restaurierte Maschine mehr kosten als eine unrestaurierte. Nur im originalen Topzustand befindliche Motorräder, fahrbereit, mit wenig Laufstrecke, dem ersten Lack, einer tadellosen Linierung, gutem Original-Nickel oder -Chrom können in Ausnahmefällen an die Preise für restaurierte Modelle heran kommen. Aber wo gibt es die schon?
Nehmen wir einmal an, unsere Entscheidung wäre zu Gunsten einer 250er NSU OSL, Baujahr 1950, oder einer 250er DKW, Baujahr 1927, ausgefallen. Beides sind reizvolle Modelle, damals ihrer großen

Beliebtheit wegen in relativ hohen Stückzahlen gefertigt, und deshalb noch ab und zu auf Märkten oder in Fachzeitschriften zu finden. Für diese Kategorie Veteranen, und das sind eben all die „normalen“ Serienmaschinen, wurde bereits vor Jahren einmal eine Berechnungsformel entwickelt, die lediglich das Alter und den Hubraum eines Oldtimers berücksichtigt. Nach dieser Faustformel lässt sich auch heute noch vielfach der Wert einer Maschine taxieren:

$$\text{Wert} = \frac{\text{Alter der Maschine x Hubraum}}{4} = \text{DM}$$

Beispiel NSU:

$$\text{Wert} = \frac{50 \text{ x } 250}{4} = 3125,\text{– DM}$$

Beispiel DKW:

$$\text{Wert} = \frac{73 \text{ x } 250}{4} = 4563,\text{– DM}$$

Diese Werte gelten für Maschinen in unrestauriertem, weitestgehend originalem Komplettzustand, das heißt einer soliden Basis für eine Restaurierung. Veteranen in schlechterem, weniger kompletten Zustand werden entsprechend niedriger angesetzt. Dass diese Faustformel tatsächlich nur für Maschinen der genannten Kategorie zutrifft, soll noch ein weiteres Beispiel zeigen:
Nach dem 2. Weltkrieg, 1954, entwickelte DKW in Ingolstadt eine 350er Dreizylinder-Rennmaschine, die wegen ihres markanten Sounds als „Singende Säge“ in die Rennsport-Geschichte einging. Wollten wir ihren Wert mit unserer Formel errechnen, würde das so aussehen:

DKW Rennmaschine:

$$\text{Wert} = \frac{46 \text{ x } 350}{4} = 4025,\text{– DM}$$

Sollten Sie eine solche Rarität zu diesem Preis erwerben können, greifen Sie sofort zu! Aber die Wahrscheinlichkeit eines derartigen Angebotes ist noch kleiner als sechs Richtige im Lotto. Tatsächlich liegt der Wert einer solchen Rarität bei mehr als dem 25-fachen unserer Rechnung.
Formel hin Formel her, den besten Preisüberblick

Die „Singende Säge“, DKW-Werksrennmaschine mit Dreizylinder-Zweitaktmotor, können sich die meisten nur als Modell leisten.

erhalten wir durch entsprechende Marktstudien über einen längeren Zeitraum. Seit einigen Jahren ist zu diesem Thema der MOTORRAD OLDTIMER KATALOG im Handel erhältlich, der die Marktbeobachtungen widerspiegelt und auch Aufschluss über Entwicklungen und Trends gibt. Dieser zweijährlich erscheinende Katalog zeigt auch das Preisniveau für Motorrad-Oldtimer, für die unsere Berechnungsformel keine Gültigkeit besitzt.

3.4 Augen auf beim Oldie-Kauf

Wir haben inzwischen eine ungefähre, ja vielleicht sogar schon eine konkrete Vorstellung von der Maschine, die wir uns kaufen und restaurieren wollen. Wir wissen auch inzwischen, wo alte Maschinen angeboten werden und haben uns erkundigt, in welcher Preislage unser Wunsch-Motorrad in etwa auf dem Markt gehandelt wird. Stellt sich nun fast zwangsläufig die Frage: Was gibt es beim Kauf eines alten Motorrad alles zu beachten? Hier wäre zunächst einmal von Bedeutung, dass das Fahrzeug möglichst komplett ist. Je älter und vor allem je seltener eine Maschine ist, desto schwieriger gestaltet sich in der Regel die Suche nach Ersatzteilen. Für die Brot- und Butter-Modelle, so werden gerne die damals preiswerten und daher zu Zigtausenden produzierten Motorräder bezeichnet, lässt sich natürlich noch eher ein fehlender Kraft-

Wurde nie vom Werk so geliefert, ist aber trotzdem etwas besonderes: Zeitgenössischer Umbau einer NSU OSL auf Jurisch-Hinterradfederung und Telegabel.

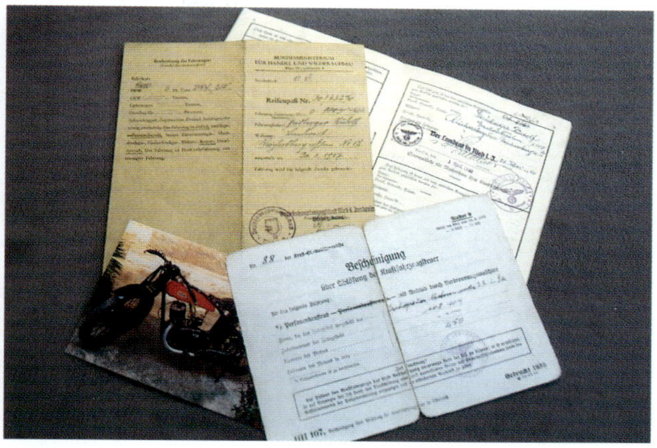

Besonders reizvoll sind Originaldokumente wie Kaufvertrag, Kfz-Brief, Bedienungsanleitung und dergleichen.

stoffbehälter auftreiben, als beispielsweise für eine seltene, weil damals schon fast unerschwingliche Supersportmaschine. Aber auch die Suche nach dem Tank für eine über nahezu zwei Jahrzehnte produzierte NSU OSL ist heute alles andere als ein Kinderspiel. Kaufen Sie nie eine Maschine am Telefon oder auf Grund einer Fotoanzeige. Fahren Sie hin, nehmen Sie die Maschine vor Ort unter die Lupe. Vielleicht gibt es einen Fachmann, der Sie begleiten kann, sofern Sie sich noch nicht so gut mit der Materie auskennen.

Bevor Sie sich auf den Weg machen, sollten Sie die Preise studiert haben. Fotos aus alten Tagen, aber auch solche von bereits restaurierten Fahrzeugen geben Aufschluss darüber, inwieweit die Maschine noch aus Originalteilen besteht. Die Bilder also einpacken, mitnehmen und vor Ort vergleichen. Falsche Räder, eine Vorderradgabel die nicht zur Maschine gehört oder gar ein fremder Motor werden keineswegs immer auf Anhieb erkannt. Bedenken Sie, dass gerade die Motorradfahrer schon zu allen Zeiten große Bastler waren. Bessere Gabeln oder größere Bremstrommeln luden bereits vor mehr als fünfzig Jahren den sportlichen Fahrer zum Umrüsten ein. Aber Achtung! Es gab auch schon früher Umrüstsätze im Fachhandel, die dem Kunden zur Optimierung seiner geliebten Maschine angeboten wurden. Als Beispiel sei an dieser Stelle die Geradweg-Hinterradfederung der Firma Jurisch genannt. Mit diesen beliebten Teilen konnten Besitzer ihre serienmäßig mit unkomfortablen Starrrahmen ausgestatteten Motorräder in den 50er Jahren auf Hinterradfederung umrüsten. So etwas gab es serienmäßig fast nur bei Renn-, oder exklusiven Sportmaschinen der gehobenen Preisklasse. Diese zeitgemäßen Umbauten sind heute natürlich häufig gesuchte Raritäten.

In welchem Zustand befinden sich die Blechteile? Leichte Beulchen hier und da sind einfach Spuren der Zeit. Solange sie sich an den gut zugänglichen Stellen zum Beispiel an den Schutzblechen oder Werkzeugkästen befinden, lassen sich spätere Reparaturen leicht selbst durchführen. Schwieriger wird es da schon bei größeren Beulen an unzugänglichen Stellen des Tanks. Wie weit hat der Zahn der Zeit schon an unserer Ausgewählten genagt? Lackschäden und leichter Rost sind unbedeutend, wenn die Maschine ohnehin eine neue Lackierung erhalten soll. Nur sollte die Substanz noch so gut sein, dass beim Schleifen oder Sandstrahlen das betagte Blech nicht zerbröselt.

Ganz wichtig ist auch eine gute Ausgangsbasis für den Rahmen. Es gibt tatsächlich Leute, die nahezu durchgerostete Rahmen und Gabeln so dick spachteln und füllern, dass die Fahrwerke nach der Lackierung wieder wie neu aussehen. Ein derartiges Vorgehen ist schlichtweg kriminell. Sollte Ihnen eine Maschine mit einem derartig korrodierten Fahrwerk angeboten werden, lassen Sie sie am besten stehen. Solche Motorräder haben vermutlich im Wasser gelegen oder über Jahre ungeschützt im Freien gestanden. Es kann davon ausgegangen werden, dass sich der Tank sowie Motor und Getriebe im Inneren in ähnlichem Zustand befinden. Die

Restaurierung einer solchen Maschine rentiert sich nur in den seltensten Fällen. Hier lohnt es sich, lieber Tausend Mark mehr auszugeben, die dann bei der Restaurierung durch entsprechende Minderkosten wieder doppelt und dreifach zurück fließen.
Das größte Risiko, dem Sie sich aussetzen können, ist der Kauf einer Maschine in Teilen. Da hat der Besitzer vor Jahren einmal das alte Motorrad erworben, es dann voller Eifer zerlegt und schließlich die Lust, das Geld oder beides verloren. Schließlich ist alles in eine Kiste geworfen worden und seit der Zeit warten die Teile auf einen neuen Besitzer. Und der sollen ausgerechnet Sie sein? Wenn Sie schlau sind, fahren Sie gar nicht erst hin. Es ist für den Fachmann schwierig und für den Laien ganz und gar ausgeschlossen, hier die Vollständigkeit der Teile zu überblicken. Und wenn dann noch Motoren- und Getriebeteile, Radlager und Lenkungsteile ungeordnet zusammen geworfen wurden, nein danke. Lassen Sie bloß die Finger davon. Auch wenn der Preis vielleicht verlockend ist.
Suchen Sie nach einem möglichst kompletten Oldtimer. Und wenn Sie den gefunden haben, versuchen Sie nicht, mit aller Gewalt den Motor zum Laufen zu bringen, ohne ihn vorher von innen gesehen zu haben. Über Jahrzehnte angesammelter Rost und Schmutz hinterlassen im Handumdrehen tiefe Kratzer und Riefen an Zylinder und Kolben, die später für teures Geld entfernt werden müssen. Ein kurzer Tritt auf den Kickstarter, um zu prüfen, ob der Motor noch durchdreht und Kompression vorhanden ist, sollte genügen. Fragen Sie den Verkäufer, in wieweit er im Besitz von Unterlagen ist, die noch zum Fahrzeug gehören. Bedienungsanleitung, Ersatzteilliste, der alte Kraftfahrzeugbrief, ein Verkaufsprospekt, vielleicht existiert sogar noch der Original-Kaufvertrag. Derartige historische Dokumente sind von ganz besonderem Reiz. Kam das Fahrzeug aus dem Ausland und soll es irgendwann wieder einmal regulär zum Straßenverkehr

Nur etwas für ausgesprochene Experten: Ein Oldtimer in Teilen.

zugelassen werden, kann von der Behörde die Vorlage einer Zollbescheinigung verlangt werden.
Haben Sie sich schließlich noch auf einen gemeinsamen Preis geeinigt, sollte genau so ein Kaufvertrag aufgesetzt werden, wie dies beim Kauf einer neuen Maschine üblich ist. Auch dann, wenn keine Probefahrt möglich ist und der Besitzer vielleicht der Auffassung ist, dies wäre für so eine „alte Mühle" nicht erforderlich. Wichtig ist, dass die Fahrgestell-Nummer, der Verkaufspreis und der Besitzerwechsel darin vermerkt sind. Und noch ein Hinweis: Nach dem Öffnen der Grenzen zum Osten sind vermehrt alte Maschinen in den Westen gekommen, die zwar vom äußeren Anschein her einen ordentlichen Eindruck machten, in manchen Fällen aber ihre neuen Besitzer in bezug auf den Zustand der Technik manche schlaflose Nächte bereiteten. Durch den Mangel an zeitgemäßen Maschinen wurde dieses alte Material notgedrungen in den osteuropäischen Ländern vielfach über ein halbes Jahrhundert gefahren und teilweise mit einfachsten Mitteln immer wieder instand gesetzt. Nicht aus Liebe zum Oldtimer, sondern vielmehr, um überhaupt einen fahrbaren Untersatz zu besitzen. Dass diese geschundenen Motorräder meist völlig ausgelutscht sind, ist nur allzu verständlich. Gleiches trifft natürlich auch auf Import-Veteranen aus anderen, wirtschaftlich schwachen Ländern zu. Auch das gilt es beim Oldie-Kauf zu berücksichtigen.

3.5 Restaurieren oder nicht?

Nun sind Sie auf der Suche nach einem Restaurierungsobjekt endlich fündig geworden, haben die Maschine Ihrer Wahl endlich aufgespürt und stellen mit Erstaunen fest, dass es an ihr „leider" überhaupt nichts zu restaurieren gibt. Die Maschine befindet sich noch in einem sehr gutem Zustand, müsste im Grunde genommen nur einmal gründlich gereinigt und durchgesehen werden. Hier und da ein paar Tupfer frischer Farbe, einen Satz neuer Reifen, eine ordentliche Batterie, Benzin und frisches Öl; dann müsste das gute Stück doch eigentlich wieder fahren. Reicht das aus? Kann man das machen?

Im Grunde genommen schon. Heute noch viel mehr als vor 15 oder 20 Jahren, werden auf Rallies oder Motorradtreffen auch unrestaurierte Fahrzeuge akzeptiert. Gerade diese Maschinen haben doch mit ihrer Jahrzehnte alten Patina eine ganz besondere Ausstrahlung. Gerade diese Maschinen dienen doch vielfach anderen Restauratoren als Vorlage bei ihrer Arbeit. An ihnen lassen sich meistens noch Hinweise über Art und Weise der Linierung, der Tankbemalung oder der Lackierung finden. Bedauerlicherweise fiel in den zurückliegenden Jahren viel „gute Substanz" nur allzu schnell der Sandstrahl-Pistole zum Opfer. Andererseits muss natürlich auch der individuelle Wunsch nach einem toprestaurierten Fahrzeug akzeptiert werden. Wahrscheinlich wird es immer so sein, dass im Falle eines Falles, wenn also die unrestaurierte Maschine unmittelbar neben dem Edel-Veteranen steht, der Großteil der Betrachter nach dem restaurierten Fahrzeug schaut. Das Auge liebt nun einmal Glanz und Glimmer. Und wenn man schon einmal stolzer Besitzer einer alten Maschine ist, dann freut man sich natürlich über die bewundernden Blicke des Publikums. Ist doch jeder interessierte Blick gleichbedeutend mit einem stummen Kompliment für die geleistete Arbeit des Restaurators.

So wird vermutlich ein Sammler, der schon mehrere toprestaurierte Oldtimer sein Eigen nennt, viel eher eine gut erhaltene, unrestauriert Maschine in diesem Zustand belassen, als der Neueinsteiger in der Szene, den gerade die Komplett-Restaurierung besonders reizt. Hier ist also guter Rat teuer. Es gibt tatsächlich kein eindeutiges Ja oder Nein. Wenn Sie sich jedoch dazu entschließen, ihren Oldie im Originalzustand zu belassen, so sollten Sie, der Maschine und nicht zuletzt Ihrer eigenen Sicherheit zuliebe, neben den bereits erwähnten Farbtupfern auch noch einigen anderen Dingen Beachtung schenken, die Sie später vor unliebsa-

Zum Restaurieren zu schade: Triumph 125 BDGH im Originalzustand.

Toprestaurierte Maschinen wie diese seltene Moto Guzzi Astore 500 aus dem Jahre 1952 sind auf jedem Oldtimertreffen ein Blickfang.

Nur poliert und die Lackierung aufgefrischt: Die 350er Opel-Werksrennmaschine, mit der das Werk 1923 das Berliner Avus-Rennen gewann.

men Überraschungen bewahren. Da muss zunächst unbedingt die Funktion der Bremsen und ihrer Bedienelemente geprüft werden. Eingerostete Züge, Fußbremshebel, Bremsnocken und dergleichen, von Öl und Fett durchtränkte Beläge, Bremstrommeln mit tiefen Riefen und festgerostete mechanische Teile sind nach Jahrzehnte langem Stehen an der Tagesordnung.
Radlager und Steuerkopflager sind zu reinigen, mit frischem Fett zu versehen und neu einzustellen. Insbesondere Parallelogrammgabeln dürfen in ihren Führungslagern kein zu großes Spiel haben, da hiervon das Fahrverhalten entscheidend beeinflusst wird. Auch hier nicht mit frischem Fett geizen. Werfen Sie, bevor die Maschine angetreten wird, unbedingt einen Blick ins Motorinnere. Nicht vorher entfernter Schmutz und Rost kann schlimme Schäden anrichten. Sinnvoller Weise gehört auch der Motor zerlegt, wenn er schon ein halbes Leben steht. Wer ihn heute mit frischem Motoröl befüllt und einfach losfährt, läuft Gefahr, dass sich alte, eingetrocknete Schmutz- und Ölrückstände in den Ölkanälen aufzuquellen beginnen, den Öltransport behindern, was zu einem frühen Aus des Motors führen kann. Aber wir wollen den Technikthemen dieses Buches nicht vorgreifen. Zunächst ist erst einmal wichtig, welches Werkzeug wir benötigen, um unseren Oldie wieder in Schuss zu bekommen.

Die Garage als ideale Hobby-Werkstatt.

Kleine hydraulische Hebebühnen gibt es ab etwa 500,– DM.

3.6 Werkzeug-Grundausstattung

Neben technischem Verständnis und einem gewissen Maß an handwerklichen Fähigkeiten, die zum Restaurieren eines alten Motorrades erforderlich sind, benötigen wir natürlich auch eine ordentliche Werkzeug-Grundausstattung, ohne die wir gar nicht erst anzufangen brauchen. Das muss nun keine Profi-Werkstattausrüstung für Tausende von Mark sein, aber das Bordwerkzeug unseres Oldies, falls dies überhaupt noch vorhanden sein sollte, ist auch nicht ausreichend. Ein unbedingtes Muss ist ein Satz ordentlicher Maul- oder Gabelschlüssel, ein Sortiment Sechskantnüsse mit Ratsche sowie eine Auswahl guter Zangen. Hier liegt die Betonung auf gut, weil das, was heute zum Teil unter dem Begriff Werkzeug für 5,– Mark im Supermarkt angeboten wird, gelinde gesagt Ausschuss ist. Gleiches gilt für Schraubendreher. Achten Sie beim Kauf unbedingt darauf, dass der Metallschaft vollständig durch das Heft hindurch geht, das heißt am oberen Ende des Griffes zu sehen ist. Nur solche Schraubendreher erlauben es, beim Lösen einer angerosteten Schraube einmal mit einem leichten Hammerschlag nachzuhelfen, ohne dass gleich das ganze Heft auseinander platzt. Wobei wir schon beim Thema Hammer angelangt wären. Neben einem normalen 500-Gramm-Hammer sollten ein Plastik- und ein Gummihammer auf keinen Fall fehlen. Auch ein schwerer Fäustel kann beispielsweise beim Zerlegen einer Kurbelwelle sehr hilfreich sein. Zum Hammer gehören dann natürlich auch ein Satz Durchschläge sowie Meißel, Körner und ein ordentlicher Kupfer- bzw. Messingdorn.

Auch ein Schlagschrauber zum Lösen festgerosteter Schrauben ist zu empfehlen. Damit wäre das Wichtigste an Kleinwerkzeug aufgeführt. Wer Wert auf rasche Verfügbarkeit und eine gewisse Ordnung legt, kommt um einen Werkzeugkasten nicht herum. Mittlerweile hält der Fachhandel auch recht ordentliche fahrbare Werkzeugwagen bereit. Die gibt es zwar schon seit Jahrzehnten, waren aber in Profiqualität entsprechend teuer.

Zur Bearbeitung von Metall ist eine Eisensäge und ein Satz ordentlicher Feilen sowie eine Garnitur Blechscheren empfehlenswert. Eine kleine Handbohrmaschine wird in den meisten Haushalten bereits verfügbar sein. Nur mit den üblichen Steinbohrern können wir an unserem Oldie nichts ausrichten. Hier gehört ein Satz Metallbohrer unbedingt ins Werkzeug-Sortiment. Wer selbst Gewinde schneiden möchte, benötigt zudem die entsprechenden Gewindebohrer, Schneideisen und die dazu passenden Halter. Zum Messen ist neben einem Bandmaß oder einem Zollstock für's Grobe mindestens ein Messschieber mit Innen-, Außen- und Tiefenmaß erforderlich.

Früher oder später werden wir auch Abzieher benötigen, zwei- oder dreiarmige, kleine oder große, um Zahnräder, Kettenritzel oder wer weiß was von den Wellen abzuziehen. Ein elektrisches Schweißgerät nutzt nur dem etwas, der damit umgehen kann. Anderenfalls nimmt es nur kostbaren Platz weg. Da ist eine Grundausstattung zum Weichlöten schon sinnvoller. Spätestens dann, wenn es um die Anfertigung neuer Kabel und Züge geht. Um 100 Mark muss man für ein Set zum Hartlöten anlegen. Das benötigte Gas liefert die Camping-Gasflasche. Zum Anwärmen von Teilen oder zum Ausglühen von Zylinderkopfdichtungen ist dieses Set ebenfalls verwendbar.

Eine stabile Werkbank mit einem guten, nicht zu kleinen Schraubstock ist natürlich auch nicht zu verachten. Aber da muss man auch den erforderlichen Platz haben. Wer den hat, und zudem auch noch Spaß an ordentlichem Werkzeug, dem sei noch eine kleine Ständerbohrmaschine empfohlen, damit das teilweise abenteuerliche Bohren mit der Handbohrmaschine im wackeligen Universalständer endlich der Vergangenheit angehört. Ob man sich schon beim ersten Motorrad eine kleine Hebebühne anschaffen sollte, bleibt jedem einzelnen zunächst selbst überlassen. Zur Not tut es auch ein Provisorium. Bequemer arbeiten lässt es sich auf jeden Fall, wenn die Maschine etwas höher steht.

Sicher werden wir im Laufe unserer Restaurierung das eine oder andere Werkzeug benötigen, das hier nicht aufgeführt wurde. Das kann man dann im Einzelfall vielleicht auch mal bei einem Freund ausleihen. Schwieriger wird es da schon bei Spezialwerkzeugen. Kreativität und Einfallsreichtum sind insbesondere dann gefordert, wenn ein Werkzeug benötigt wird, das es in dieser speziellen Ausführung überhaupt nicht zu kaufen gibt. Hier hilft meistens nur noch Selbermachen. Aber keine Angst, die eine oder andere Anleitung dafür finden Sie in diesem Buch. Zu guter Letzt gehören natürlich an jeden Schrauberplatz noch eine Dose Fett, ein Ölkännchen sowie Schutzbrille und Schutzhandschuhe. Apropos Schutzhandschuhe. Nehmen Sie besser gleich zwei Paar. Für den Fall, dass die „bessere Hälfte" einmal mit Hand anlegen muss....

Besser, als ständig auf den Knien: Die provisorische Arbeitsbühne.

Übersichtlich und geräumig: Fahrbare Werkzeugwagen.

3.7 Wo gibt es Informationen?

In den meisten Fällen wird beim Kauf eines Veteranen-Motorrades wohl keine Literatur dabei sein. So praktisch es auch wäre, wenn uns der Verkäufer noch ein Original-Werkstatthandbuch oder auch nur die ursprüngliche, beim Neukauf der Maschine mitgelieferte Betriebsanleitung aushändigen würde – es wäre zu schön. Nun sind aber für eine Restaurierung, neben Einstelldaten für Vergaser und Zündzeitpunkt, bei einem Viertakter auch Angaben zu Ventilspiel usw. sehr wichtig. Welche Ölsorte empfahl der Hersteller einst für den Motor? Wird das Getriebe mit Fett oder Öl, eventuell sogar mit einem Gemisch aus beidem befüllt? Und wenn ja, in welchem Mischungsverhältnis? Wo erhalten wir nun Antworten auf all diese Fragen? An wen können wir uns auf der Suche nach derartigen technischen Daten wenden?

Da wäre als erstes einmal die Frage, ob es vielleicht den Hersteller der Marke noch gibt. Wenn ja, bekommt man dort in den meisten Fällen auch großzügig geholfen. So gibt es beispielsweise von BMW wieder diverse Ersatzteile für bestimmte Modelle als Nachfertigung zu kaufen. Da die meisten Motorradhersteller von einst heute aber nicht mehr existieren, sollten wir uns auf die Suche nach einem Markenclub begeben. Die finden wir häufig auf Veteranen-Märkten oder in entsprechenden Fachzeitschriften. Wer die Anzeigenteile der angebotenen Oldtimer-Magazine durchstöbert, findet dort vielleicht das gleiche Modell noch einmal angeboten. Einfach einmal anrufen. Vielleicht hat der Anbieter seine Maschine schon restauriert, hat den einen oder anderen nützlichen Tipp oder kann mit der Kopie technischer Unterlagen aushelfen. Verlage, die sich auf das Nachdrucken von Werkstatthandbüchern, Betriebsanleitungen und Ersatzteillisten von fast allen gängigen Motorrad-Marken spezialisiert haben, sind ebenfalls oft auf Oldtimer-Märkten oder in den Anzeigenteilen der Fachpresse zu finden.

Wenn alle Bemühungen scheitern sollten, gibt es noch eine Adresse, bei der man Ihnen in fast jedem Falle weiterhelfen wird: Der Fahrzeug-Veteranen-Verband, Riedstraße 10a, in 61137 Schöneck. Er besitzt nicht nur ein umfangreiches historisches Archiv, sondern auch zahlreiche Markenreferenten, die gerne Auskunft geben. Mitglieder erhalten Informationen natürlich kostenlos, Nichtmitgliedern wird eine geringe Bearbeitungsgebühr berechnet. Mehrmals im Jahr führen kompetente Technik-Referenten des VFV Restaurierungsseminare in verschiedenen Städten Deutschlands durch, die von Neueinsteigern und „alten Hasen" gleichermaßen geschätzt werden. Hier gibt es viel Wissenswertes beispielsweise zu Themen wie Motoreninstandsetzung, Motorrad-Elektrik, Fahrwerkstechnik und, und, und. Wichtig dabei ist, dass es sich beim VFV nicht um eine Einrichtung mit kommerziellen Zielen, sondern vielmehr um eine gemeinnützige Institution handelt, was sich natürlich nicht zuletzt in äußerst niedrigen Mitgliedsbeiträgen widerspiegelt. Schreiben Sie die Leute doch einfach einmal an...

Selten und teuer: Für Original-Ersatzteillisten und Betriebsanleitungen werden heute Liebhaberpreise gezahlt. Zum Restaurieren tut es auch eine ordentliche Kopie.

4. Endlich zu Hause: Die eigene Maschine

4.1 Wie gehen wir vor?

4.1.1 Der Tipp

Sonntagabends klingelte das Telefon, mein Freund Thomas: „Mensch, wo treibst du dich denn den ganzen Tag schon herum? Ich versuche dich schon das ganze Wochenende zu erreichen. Habe eine alte 1200er Harley-Davidson von 1925 gekauft. Von meinem Kumpel – du weißt schon. Der hat eine ganze Lastwagenladung Edelschrott aus Übersee mitgebracht. Da ist auch eine Indian Scout von 1925 oder 1926 dabei. Die hätte ich auch noch genommen, bin aber momentan nicht so flüssig. Du suchst doch so eine. Fahr doch mal hin". Und ich fuhr. Schon montags, am späten Nachmittag, sah ich die besagte Indian zum ersten mal. Sie stand noch auf dem LKW, zugestellt mit diversen Rahmen alter Harleys. Einer ihrer zahlreichen Vorbesitzer hatte ihr schon einmal eine neue Lackierung spendiert, aber das war wohl auch schon wieder einige Jahre her. Genau genommen war es nur das Fahrgestell mit Tank, das da auf platten Wulstreifen an der Bordwand des Lastwagens lehnte. Die fehlenden Teile hatte der Besitzer eigenen Angaben zufolge schon in seinem Keller verstaut. Obwohl ich eigentlich nichts vom Kauf eines alten Motorrades unter solchen Umständen halte, wurde ich beim Anblick der roten Scout schwach. Es ist wirklich schwierig und erfordert enorme Detailkenntnis, will man bei einem zerlegten Motorrad die Vollständigkeit der Teile überblicken. Und ich war Gott weiß kein Indian-Spezialist. Der Besitzer, der mir meine Bedenken wohl angesehen hatte, versprach, bis zum übernächsten Tag alle Teile zusammen zu tragen. So hatte ich noch etwas Bedenkzeit und konnte mir anhand von Fotos nochmals ein Bild machen, wie das Motorrad früher einmal ausgesehen hatte.

4.1.2 Der Kauf

Wie verabredet, machte ich mich am frühen Nachmittag nochmals auf den Weg. Meine feste Kaufabsicht wurde durch das Mitführen eines Motorrad-Transportanhängers unterstrichen. Entgegen unserer Abmachung hatte der Verkäufer leider garnichts vorbereitet. Die Teile, die er zurecht legen wollte, um mir die Vollständigkeit des eisernen Puzzles zu belegen, mussten nun erst aus allen Ecken zusammengetragen werden. Obwohl so nach und nach die zur Komplettierung wichtigsten Teile zum Vorschein kamen, fehlten zuletzt doch noch Tachometer, Beleuchtung, Hupe, Kettenschutz, Auspuffanlage und diverse Kleinteile.
Es waren im Wesentlichen zwei Gründe, die mich dazu bewogen, die Maschine dennoch zu kaufen.

Edle Fracht aus Peru. Mit an Bord ist unsere Indian Scout von 1925.

Der Indian-Motor mit Getriebe und diversen anderen Teilen.

Das war zum einen die Tatsache, dass Motor und Getriebe lediglich ausgebaut, jedoch nicht zerlegt waren und der außerordentlich günstige Kaufpreis. Normalerweise zahlt man für komplette Stücke fast das Doppelte und für toprestaurierte bis zum Fünffachen dessen, was diese Maschine kosten sollte. Neben einem ordentlichen Kaufvertrag erhielt ich noch eine Unbedenklichkeitsbescheinigung vom Kraftfahrtbundesamt in Flensburg sowie eine Zollerklärung. Die Indian kam nämlich aus Bolivien; aus einem in etwa 4000 Meter Höhe gelegenen Bergarbeiterdorf.

4.1.3 Heim ins Reich

Mit vereinten Kräften wurde das Fahrwerk von der Ladefläche des Lastwagens auf den Anhänger umgeladen und dort gut verzurrt. Die restlichen Teile traten die Heimreise im Kofferraum an.
Endlich zuhause angekommen, wurden die Teile erst einmal in der Garage deponiert, bevor es endlich an das Restaurieren ging.

4.2 Bestandsaufnahme

Nachdem wir das gute Stück zuhause im „Stall" stehen haben, machen wir zunächst eine Bestandsaufnahme. Anhand von alten oder neuen Bildern, die wir uns zuvor aus Fachzeitschriften oder Büchern besorgt haben, lässt sich relativ gut feststellen, welche Teile an unserer neuen Alten nicht mehr original sind oder sogar ganz fehlen. Hierbei sind im Zweifelsfall natürlich alte Prospekt- beziehungsweise Katalogaufnahmen den Motiven neuerer, eventuell bereits restaurierter Maschinen vorzuziehen, da die restaurierten Modelle ja nicht unbedingt dem früheren Originalzustand entsprechen müssen. So hat beispielsweise ein Freund breiter Reifen vielleicht eine andere Reifengröße montiert, weil das Motorrad seiner Meinung nach so viel „potenter" aussieht. Oder er hat, weil es in den dreißiger Jahren „rennmäßig" aussah, seine Maschine mit einem 21- statt dem originalen 19-Zoll-Vorderrad ausgerüstet. Von derartigen, zum Teil ja sogar wirklich hübschen Veränderungen lässt man sich nur allzu leicht auf eine falsche Fährte locken.
Dann sind an unserer Maschine möglicherweise noch Originalteile – zwar vorhanden, aber in einem derart schlechten Zustand, dass eine Restaurierung dieser Teile viel zu aufwendig ist, und entsprechende Neuteile vielleicht einfacher und vor allen

Fertig für den Heimtransport.

Wie diese, in einem US-Magazin abgebildete Indian soll auch unsere einmal aussehen.

Dingen günstiger zu beschaffen sind. Ein typisches Beispiel hierfür sind Felgen. So macht es wenig Sinn, eine ehemals verchromte Felge für Drahtreifen, die mit tiefen Rostnarben übersät ist, restaurieren zu wollen. Durch die zeitraubenden Schleif- und Polierarbeiten, die der Galvanik-Betrieb vor der Neuverchromung vornehmen muss, wird eine derart instand gesetzte Felge schnell 200,– Mark und mehr kosten, während man die gleiche Felge als Neuteil beim Motorradhändler für weniger als die Hälfte bekommt. Ganz abgesehen davon, dass durch das Herausschleifen allzu tiefer Rostnarben die Felge geschwächt wird und damit Stabilität und Verkehrssicherheit nicht mehr gewährleistet sind.

So erstellen wir Schritt für Schritt eine Einkaufsliste, die uns beim Besuch des nächsten Teilemarktes oder bei der ersten Kontaktaufnahme mit einem Marken-Club sehr nützlich sein wird. Aber auch Fragen im Zusammenhang mit der Funktion des einen oder anderen Bauteils werden notiert. So ist es früher oder später von Bedeutung zu wissen, nach welchen Kriterien die Dosierung der mechanischen Frischölpumpe vorgenommen oder wie der Zündzeitpunkt unserer Maschine eingestellt wird. Einstelldaten für die Ventile eines Viertakters, das empfohlene Öl-Benzin-Mischungsverhältnis bei einem Zweitakter, der richtige Wärmewert für die Zündkerzen, all diese ungeklärten Fragen sollten wir uns notieren.

4.3 Die Reinigung

Je nach äußerem Zustand unseres Oldtimers ist zunächst eine gründliche Reinigung sicher von Nöten. Altes Fett, festgebranntes Öl, Straßenschmutz sowie Staub und Spinnenweben sind nun wirklich kein schöner Anblick. Da bietet es sich zunächst einmal an, die ganze Fuhre zur Tankstelle um die Ecke zu schieben um sie dort für ein paar Mark unter Dampfdruck vom Schmutz vergangener Jahrzehnte zu befreien. Einfach, schnell und gründlich. Aber alles andere als schonend. Für Fahrzeuge, die im Originalzustand erhalten werden sollen, ist die Radikalkur mit dem Dampf viel zu gefährlich. Unter dem ungeheuren Druck des Dampfstrahlgerätes fliegen im Nu ganze Fetzen des alten Lackes davon, können Zierlinien und Tank-Embleme zerstört werden und die nicht mehr ganz einwandfreie, weil poröse Chromschicht wird aufgerissen, blättert ab und ist für immer verloren. Unter der Wucht des Dampfstrahls werden nicht nur die früher üblichen Filzringe vor den Lagern der Räder und der Kurbelwelle, sondern sogar die Wellendichtringe moderner Motorräder aufgedrückt, so dass mit Reinigungsmittel angereichertes Schmutzwasser ungehindert in das Innere von Radlagern, Motoren und Getrieben gelangen kann. Diese Methode ist nur dann zu empfehlen, wenn die Maschine im Anschluss an die Tortour möglichst schnell zerlegt wird, bevor das eingedrungene Wasser mit seinen aggressiven Beimischungen dem Rost Tür und Tor öffnet. Aber auch dann ist noch Vorsicht geboten, zum Beispiel im Bereich der

Reinigung mit Kaltreiniger oder einem speziellen Motorreiniger.

Vorsicht im Umgang mit dem Dampfstrahlgerät bei erhaltenswerten Emblemen.

Armaturen. Im Laufe der Jahre ausgehärtete oder geschrumpfte Dichtungen lassen das Wasser unbemerkt in den Tachometer, aber auch in den Tank sowie in Licht- und Zündanlagen eindringen.

Wesentlich schonender ist es, das komplette Fahrzeug zuerst einmal von Hand zu waschen und dem Schmutz mit Autoshampoo, Schwamm und Bürste zu Leibe zu rücken. Auf diese Weise lernen wir auch unsere Neue gewissermaßen näher kennen, entdecken so manches, bisher im Verborgenen gebliebene Detail. Wichtig ist, vor der Reinigung die meist platten Reifen aufzupumpen, damit kein Wasser in Felgen eindringen kann, falls diese später wieder verwendet werden sollen. Fett- und Ölrückstände lassen sich vielfach auch auf einfache Art und Weise mit Benzin und Pinsel entfernen, nachdem die betroffenen Bereiche zuvor mit Petroleum oder einem handelsüblichen Kaltreiniger eingesprüht und eine gewisse Einwirkzeit eingehalten wurde. Dabei versteht es sich von selbst, dass die eventuell abtropfende schwarze „Brühe" in einem Behälter aufgefangen, und mit dem Altöl entsorgt wird. Denken Sie aber auf jeden Fall daran, vor der Reinigungsprozedur noch einen Schnappschuss Ihrer Maschine zu machen; für den späteren Vorher-/Nachher-Effekt, wenn die Maschine einmal restauriert ist. Mit Rücksicht auf unsere Umwelt sollten wir unter gar keinen Umständen die Maschine komplett mit Kaltreiniger einsprühen, sie danach mit einem Gartenschlauch abspritzen und das ölhaltige Wasser im Erdreich versickern lassen. Aber das sollte ja eigentlich ohnehin klar sein.

Kleiner Tipp an Rande: Ölflecken auf der Straße, vor der Garage, auf Beton oder Fliesen sind früher oder später Fingerabdrücke unserer Oldie-Leidenschaft, für die andere vielleicht weniger Verständnis und Toleranz aufbringen, als wir selbst. Lassen wir es also erst gar nicht soweit kommen, dass wir unsere lieben Mitmenschen mit derlei Kleinigkeiten verdrießen. Mit einer ausgedienten Zahnbürste und etwas Kaltreiniger schrubben wir den Ölfleck mühelos weg. Eine anschließende Spülung mit Wasser unter nochmaliger Zuhilfenahme der kleinen Bürste, und der Fleck ist schon verschwunden...

4.4 Die Demontage

Bevor es an die Demontage der Maschine geht, sollten Sie eine Kamera zur Hand nehmen und noch einige Bilder von dem Istzustand machen. Nicht nur von links und rechts, sondern auch Details wie zum Beispiel Gabel, Armaturen, die Verlegung der Züge; verschießen Sie ruhig einen ganzen Film.

Rostlöser statt roher Gewalt.

Lassen Sie ihn entwickeln und dann, wirklich erst dann sollte die Demontage beginnen. In den meisten Fällen beginnt man zweckmäßigerweise mit dem Abbauen des Kraftstofftanks, nachdem dieser restlos entleert ist. Achten Sie darauf, dass der alte Kraftstoff nicht unbeabsichtigt auslaufen kann. Insbesondere altes Zweitakt-Gemisch stinkt erbärmlich. Parallel hierzu lassen wir das alte Motoröl ab. Als Auffangbehälter eignet sich sehr gut ein alter Ölkanister, der an einer Seite aufgeschnitten wird. Dann wird die Auspuff-Anlage demontiert. Achtung: Beim Senkrechthalten können herausfallender Rost und vor allem Ruß nachhaltige Flecken auf dem Boden hinterlassen.

Nun hängen wir die Züge an Vergaser, Zündmagnet, Dekompressionshebel, Kupplung etc. aus, kennzeichnen sie am besten mit beschriftetem Isolierband und binden sie mit Draht zu Seite. Nachdem die elektrischen Leitungen auf die gleiche Weise markiert sind, werden sie an der Lichtmaschine gelöst. Dann werden, sofern vorhanden, die Kettenkästen demontiert, mit einer Spitzzange die Schlösser von Primär- und Sekundärkette geöffnet und schließlich beide Ketten abgenommen. Bei Maschinen mit getrennten Getrieben kann es von Vorteil sein, wenn zuerst das Getriebe und danach der Motor ausgebaut wird, da bei demontiertem Getriebe mehr Freiraum für den Ausbau des Motors zu Verfügung steht. Die Befestigungsschrauben des Motors sind dann meist leichter zugänglich. Bevor als nächstes der Motor demontiert wird, muss möglicherweise der Mittel- oder Hauptständer, auf dem das Motorrad bis jetzt stand, abgebaut werden. Das trifft insbesondere bei Motorrädern mit nach unten

Das Fahrwerk bleibt nach Möglichkeit noch zusammen, bis Motor und Getriebe überholt sind.

offenen Rahmen zu, da hier der Motor nach unten ausgebaut werden muss. Als Ersatz kann eine stabile Unterlage aus Vierkanthölzern oder Brettern dienen. Wichtig ist, dass die Maschine sicher steht, und beim Ausbau des Motors nicht umstürzen kann. Je nach Größe und Gewicht des Motors sollte eine zweite Person zur Seite stehen.

Die Befestigungsschrauben bzw. -bolzen werden nun gelöst aber noch nicht entfernt. Besitzt unsere Maschine einen sogenannten geschlossenen Rahmen, wird der Motor zur Seite hin ausgebaut. Zweckmäßiger Weise hebt einer den Motor nun leicht an, so dass der zweite im vorderen Bereich des Motors und danach im hinteren Bereich des Motors jeweils einen Befestigungsbolzen entfernt und stattdessen jeweils einen kräftigen Schraubendreher in die nun freien Schraubenlöcher steckt. Jetzt werden alle restlichen Bolzen, mit denen das Triebwerk befestigt ist, entfernt. Prüfen sie noch einmal, ob alle Züge, alle Kabel und sonstigen Verbindungen vom Motor gelöst sind. Hat der Motor genügend Platz, seitlich oder nach unten ausgebaut zu werden? Ist vielleicht vorher noch der Vergaser, die Lichtmaschine oder ein anderes Aggregat zu demontieren, damit sich der Motor besser herausnehmen lässt? Gut, dann hebt nun einer den Motor an, während der zweite die beiden Schraubenzieher heraus zieht. Jetzt lässt sich der Motor aus dem Fahrgestell nehmen. Zur Sicherheit gegen Beschädigungen und auslaufendes Öl stellen wir den Motor zur Seite auf ein Stück Karton oder auf eine alte Teppichfliese.

Da bis zum Zusammenbau möglicherweise Wochen oder gar Monate vergehen, sollten wir uns die genauen Schritte der Motordemontage notieren, da er in umgekehrter Reihenfolge wieder eingebaut werden muss. Wenn die Befestigungsbolzen unterschiedliche Längen aufweisen, werden sie jetzt gekennzeichnet, Scheiben und Federringe aufgesteckt und die Muttern aufgeschraubt. Bevor wir nun mit der Demontage fortfahren, sollten wir überlegen, ob es nicht vielleicht vorteilhafter ist, das Fahrwerk zunächst im zusammengebauten Zustand zu belassen. Das hat zum einen den Vorteil, dass sich die ganze Fuhre noch leicht hin und her fahren lässt, und zum anderen können Motor und Getriebe nach der Überholung mal schnell eingebaut und ausprobiert werden. Es besteht aber ebenso die Möglichkeit, das Fahrwerk gleich zu zerlegen und die einzelnen Baugruppen bis zu ihrer Bearbeitung sortiert und ordentlich verpackt zur Seite zu legen.

Bei der weiteren Demontage bauen wir nun Lenker, Schutzbleche, Lampen, Armaturen, Sattel und Gepäckträger ab, bis zuletzt nur noch Rahmen, Gabel und Räder übrig sind. Als nächstes werden die Räder ausgebaut. Bitte die Reihenfolge der Beilagscheiben und Distanzhülsen notieren oder fotografieren. Auch die Lagerkonen werden gekennzeichnet und zusammen mit den dazugehörigen Kugeln in kleinen Dosen oder Gläsern aufbewahrt. Lieber eine Skizze mehr gemacht als eine zu wenig. Sie werden ihnen später den Zusammenbau garantiert erleichtern. Oft genügt es schon, die einzelnen Teile in der ausgebauten Reihenfolge mit Draht zusammen zubinden. Dies ist in keinster Weise unfachmännisch, das machen Profis ganz genauso. Zu guter Letzt kommt das Lenkkopflager an die Reihe. Nachdem die oberen Muttern entfernt sind, lässt sich gewöhnlich der obere Lagerring leicht lösen. Nun lässt sich die Gabel schon ein kleines Stück nach unten aus dem Steuerrohr ziehen. Bevor nun gleich die Kugeln des unteren sowie des oberen Lagers zu Boden fallen und in die entlegensten Winkel unserer Werkstatt oder Garage rollen, wieder ein kleiner Tipp: Wir fahren mit einem kräftigen Magneten die Lagerbahnen rundherum ab, und sammeln so die Kugeln alle ein, bevor sie sich aus dem Staube machen können.

Damit ist die Demontage im Wesentlichen abgeschlossen, so dass wir uns nun der Instandsetzung der einzelnen Baugruppen zuwenden können.

Nur durch konsequentes Fotografieren von der ersten Stunde an sind nach Abschluss einer Restaurierung solche Aha-Effekte möglich.

5. Instandsetzung der Hauptbaugruppen

5.1 Motor

5.1.1 Kleine Motorenkunde

Bevor wir uns über den Motor her machen, sollten wir uns mit einigen Grundbegriffen der Motorentechnik vertraut machen: Im Wesentlichen unterscheiden die Motorentechniker heute zwischen Ottomotoren mit Fremdzündung und Dieselmotoren mit Selbstzündung. Da Dieselmotoren bei Zweiradveteranen kaum eine Rolle spielen, wollen wir im Folgenden auch nicht weiter darauf eingehen. Hinsichtlich der Arbeitsweise wird weiterhin unterschieden zwischen Zweitakt- und Viertakt-Motoren die beide ihre Vor- und Nachteile haben und daher beide im Motorradbau ihre Daseinsberechtigung haben. Während Zweitakter durch ihren einfacheren Aufbau ohne Ventile und deren Steuerungsorgane sowie durch größere Hubraumleistung und niedrige Herstellungskosten überzeugen, liegen die Vorteile des Viertakters hauptsächlich im niedrigeren Kraftstoffverbrauch, da die Arbeitsweise durch Ventile exakt geregelt werden kann. Man unterscheidet beim Viertakt-Motor im Wesentlichen drei verschiedene Ventilanordnungen: Hängende Ventile, stehende Ventile sowie die Kombination aus beiden, nämlich Einlassventil hängend und Auslassventil stehend. Bei Veteranen werden wir es meist mit je einem Einlass- und einem Auslassventil pro Zylinder zu tun haben, wenngleich es auch schon vor dem ersten Weltkrieg vereinzelt Vierventilmotoren gab. Häufig werden uns im allgemeinen Sprachgebrauch die aus dem Englischen kommenden, international gebräuchlichen Bezeichnungen begegnen. Hängende Ventile werden hier als OHV – Over Head Valve –, stehende als SV – Side Valve – und die Kombination als IOE – Inlet Over Exhaust – bezeichnet.
Während hängende Ventile immer im Zylinderkopf über dem Brennraum angeordnet sind, befinden sich die stehenden seitlich neben dem Zylinder. Nun gibt es noch eine Vielzahl weiterer Fachbegriffe, die zum Beispiel die Anordnung der Nockenwelle(n), die Art und Weise, wie diese angetrieben werden und vieles andere mehr bezeichnen, auf die wir an dieser Stelle jedoch nicht weiter ein-

D-Rad von 1925 mit seitengesteuertem Viertaktmotor.

DKW mit gebläsegekühltem Zweitaktmotor.

Wechselgesteuerter Viertaktmotor einer Opel von 1924.

Opel Bahnrennmaschine aus dem Jahre 1922 mit Vierventiltechnik, Doppelzündung und Wasserkühlung

Norton von 1925 mit kopfgesteuertem Viertaktmotor

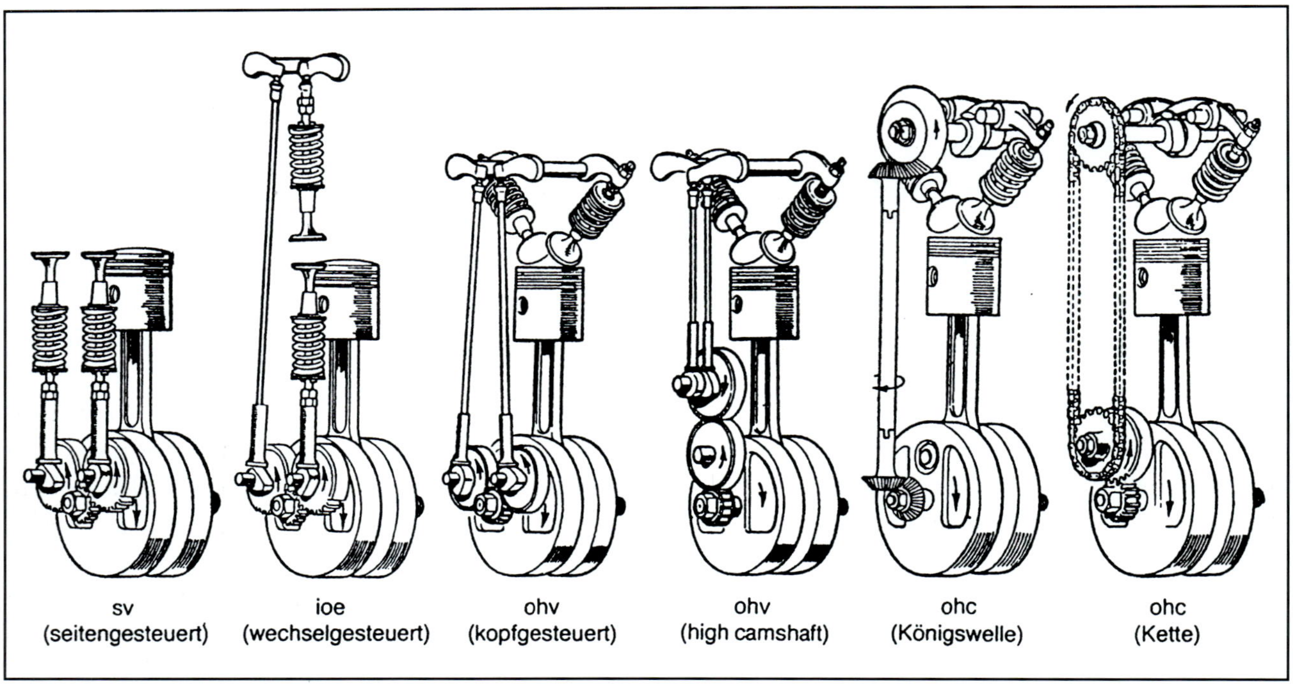

Unterschiedliche Bauformen der Ventilsteuerung und Ventilanordnung an Viertaktmotoren

gehen wollen. Abschließend sollte im Zusammenhang mit Viertaktern noch erwähnt werden, dass SV-Motoren meist für Tourenmaschinen, OHV-Motoren in der Regel bei Sport- und Rennmaschinen Verwendung fanden.

Bei Zweitakt-Motoren unterscheiden wir im Wesentlichen nach den Spülverfahren, also der Art und Weise, wie die Abgase durch das einströmende Frischgas aus dem Brennraum hinausgespült werden. Da wäre zunächst die Querspülung. Überström- und Auslasskanal liegen dabei einander gegenüber, wobei durch eine Nase auf dem Kolben die Frischgasladung so geführt wird, dass sie die Abgase des vorangegangenen Arbeitstaktes vor sich her zum Auslasskanal hinaus schiebt. Bei der günstigeren Umkehrspülung strömen die Frischgase links und rechts vom Auslasskanal in den Brennraum, richten sich an der gegenüber liegenden Zylinderwand aneinander auf und schieben die Abgase zum Auspuff. Bei der Umkehrspülung kommen Flachkolben zum Einsatz. Als dritte Variante kennen wir noch die Gleichstromspülung der Doppelkolben-Motoren, wie sie vor allem bei Motorrädern der Marken Puch und Triumph Nürnberg zum Einsatz kamen. Hier wird die Spülung durch die Verwendung eines Gabelpleuels und eines zweiten

Kolbens noch weiter verbessert, da sich bei dieser aufwendigen Bauart der Gaswechsel exakter steuern lässt.
Für den Restaurator ist es im Allgemeinen einfacher und kostengünstiger, einen Zweitakt-Motor instand zu setzen, da dieser im Vergleich zu einem Viertakt-Motor deutlich weniger Bauteile besitzt. Allein die Beschaffung eines neuen Nasenkolbens könnte sich als schwierig erweisen.

5.1.2 Das Zerlegen des Motors

Unser Fotomodell, die Indian Scout besitzt einen seitengesteuerten V-Zweizylinder-Viertaktmotor mit einem Hubraum von 600 Kubikzentimetern. Das Demontieren eines solchen „Brummers" sollte unbedingt in einem geschlossenen Raum, nach Möglichkeit auf einer Werkbank oder einem stabilen Tisch ausgeführt werden. Das sonnige Plätzchen im Garten auf dem Rasen ist absolut ungeeignet. Hier sind wir wetterabhängig, und wie schnell ist uns ein kleines Bauteil des Motors aus der Hand gerutscht und auf Nimmerwiedersehen im hohen Gras verschwunden.
Nachdem der Motor äußerlich einer gründlichen Reinigungeprozedur unterzogen wurde, demontieren wir zunächst sämtliche Anbauteile wie Lichtmaschine, Zündmagnet, Vergaser und Ansaugrohr. Aber auch eventuell noch vorhandene Motorhalterungen und, wie im Falle unserer Indian, das mit 4 Muttern an das Motorengehäuse angeflanschte Getriebe. Die Muttern ließen sich auffallend leicht lösen, obwohl durch die dicke Schmutzschicht der Eindruck entstehen musste, sie seien schon Jahrzehnte nicht mehr geöffnet worden. Die Schraubenköpfe waren allesamt in einem Zustand, als hätte noch nie jemand zuvor einen Schlüssel angesetzt. Die jeweils 6 Zylinderkopf-Schrauben, bei den 750er Indian-Modellen sind es 7, waren schnell gelöst. Der Blick in die Zylinder verriet, dass der Motor noch nicht allzu lange außer Betrieb war. Wie kleine Gebirgszüge hatte sich Ölkohle an den Zylinderköpfen abgesetzt. Die Zylinder selbst waren noch ohne Rost und nennenswerte Riefen. Die Kolben, wohl nicht mehr original, aber ihr Zustand einschließlich dem der Kolbenringe ließen durchaus eine Wiederverwendung zu. Auffallend war jedoch die Riefenbildung an beiden Kolbenhemden, die sich im unteren Bereich über den gesamten Kolbenumfang verteilte. Beängstigend viel Spiel hatten die Kolbenbolzen in den Pleuelaugen. Hier waren Reparaturarbeiten unumgänglich.
Nach dem Öffnen des Primärkastens durch Entfernen der Aluminiumabdeckung kam die Fünf-Scheiben-Nasskupplung zum Vorschein. Erfreulich, dass auch sie nahezu keine Verschleißspuren aufwies. Selbst der Kupplungskorb, der an den Stellen, an denen die Lamellen eingreifen, doch einer gewissen Abnutzung unterliegt, war quasi neuwertig. Zum Ausbau der Kurbelwelle musste zuerst die Steuerseite der Motors geöffnet werden. Eine insgesamt siebenteilige Zahnrad-Kaskade kam hier zum Vorschein. Jedes Zahnrad war vorbildlich mit

Der Indian-Motor vor der Reinigung.

Das geöffnete Steuergehäuse mit den beiden Nockenwellen, den Schlepphebeln und dem Lichtmaschinenantrieb.

In dem geöffneten Kurbelgehäuse liegt die mächtige Kurbelwelle.

Primärantrieb mit Schrägverzahnung und Ölbadkupplung.

Strichmarkierungen gekennzeichnet. Verwechselungen waren damit beim späteren Zusammenbau von vornherein ausgeschlossen. Durch die mit kleinen Röllchen versehenen Schlepphebel zeigten die beiden Nockenwellen nur minimalen Verschleiß. Nachdem das Antriebsritzel der Nockenwelle vom zylindrischen Sitz auf der Kurbelwelle abgezogen war, ließen sich die beiden Kurbelgehäusehälften unter den leichten Schlägen eines Plastikhammers problemlos trennen. Es sei an dieser Stelle ausdrücklich darauf hingewiesen, dass beim Zerlegen von Motoren- und Getriebegehäusen niemals mit brachialer Gewalt in Form von Hammer und Meißel, Montiereisen und dergleichen vorgegangen werden darf. Auf diese Weise werden die Dichtflächen der Gehäuse zerstört, die am Ende wieder für teures Geld instand gesetzt werden müssen.
Vorsichtig wurden nun die einseitig offenen Lagerkäfige mit den darin geführten Zylinderrollen aus den Kurbelgehäusehälften entnommen und zur Aufbewahrung in entsprechend gekennzeichnete Kästchen gelegt. Nachdem nun der Motor in seine Einzelteile zerlegt war, wurden alle Teile gründlich mit Benzin abgewaschen, nach dem Trocknen leicht eingeölt und an einem geschützten Ort bis zur Reparatur bzw. zum Wiedereinbau aufbewahrt.

5.1.3 Prüfung und Instandsetzung von Motoren-Teilen

5.1.3.1 Kolben und Zylinder

Die Prüfung eines Kolbens kann im Normalfall vorgenommen werden, ohne ihn vom Pleuel abzunehmen. Wichtig ist zunächst einmal, dass die Lagerung des Kolbenbolzens im Pleuelauge kein vertikales Spiel hat. Dies lässt sich am einfachsten überprüfen, indem wir mit einer Hand das Pleuel festhalten und mit der anderen Hand versuchen, den Kolben in Laufrichtung auf und ab zu bewegen. Wird hier deutliches Spiel erkennbar, ist eine Erneuerung des Pleuellagers unumgänglich. In dem Fall muss der Kolben demontiert werden. Aber auch wenn er Schäden in Form von Riefen, Rissen und dergleichen aufweist. Dann gehen wir folgendermaßen vor: In der Regel ist der Kolbenbolzen auf beiden Seiten des Kolbens mit Sicherungsringen gehalten, von denen zumindest einer entfernt werden muss. Diesen kleinen Dingern bereitet es

Austreiben des Kolbenbolzens.

offensichtlich größtes Vergnügen, beim Abnehmen mit der Sicherungszange oder einer spitzen Reißnadel davon zu springen. Besonders dann, wenn sich die Kurbelwelle noch in eingebautem Zustand befindet. Und so schmal der Spalt um das Pleuel herum auch sein mag, diese kleinen Ringe zieht es mit magischen Kräften direkt hinunter ins Kurbelgehäuse. Wenn dieses sowieso geöffnet werden muss, ist das nur halb so schlimm. Wenn es aber gerade erst zusammengebaut wurde, muss es nun erneut zerlegt werden, denn wenn wir den Ring nicht entfernen, riskieren wir später beim Fahren einen kapitalen Motorschaden. Noch ärgerlicher ist es, wenn sich der Motor noch im Rahmen befindet und gar nicht hätte ausgebaut werden müssen. Dieser unliebsamen Erfahrung beugt der Fachmann vor, indem er die Öffnung zum Kurbelgehäuse um das Pleuel herum mit einem sauberen Lappen zustopft. Danach, und wirklich erst danach, entfernt man den Sicherungsring. Nun lässt sich im Normalfall der Kolbenbolzen mit sanftem Druck herausschieben. Wenn nicht, tränken wir ein Tuch in kochendem Wasser und legen es um den Kolben. Der ist in den meisten Fällen aus Leichtmetall und wird sich durch das Erwärmen stärker ausdehnen als der stählerne Kolbenbolzen, so dass es jetzt funktionieren sollte.

Ganz alte Maschinen von vor 1930 besaßen zum Teil noch Graugusskolben. Bei ihnen funktioniert der Trick mit dem heißen Wasser natürlich nicht, da die Wärmeausdehnung von Grauguss nur etwa halb so groß ist wie die von Leichtmetallen. Graugußkolben hatten sehr gute Gleiteigenschaften, waren jedoch für die späteren, schneller laufenden Motoren mit mehr als 3500 U/min viel zu schwer. In jener Zeit wurden Kolbenbolzen anstelle von kleinen Ringen meist noch mit sogenannten Pilzen gesichert. Dabei saß der Bolzen auf der einen Seite des Kolbens in einem Konus, während auf der anderen Seite ein, aus Kupfer oder Bronze gefertigter, pilzförmiger Stopfen das Herauswandern des Bolzens verhinderte.

Nachdem wir nun den Kolben demontiert haben, ist es sinnvoll, einen Blick in den Zylinder zu werfen. Ist der nämlich stark verrostet oder mit tiefen Riefen versehen, muss er ausgebohrt werden. Dann ist ein neuer Kolben fällig, auch wenn der alte noch so gut sein sollte. Eine Überholung des Zylinders kann außerdem erforderlich werden, wenn die Laufleistung des Motors so hoch ist, dass die Kolbenringe jeweils am oberen und unteren Umkehrpunkt deutliche Absätze im Zylinder hinterlassen haben. Bei Zylindern von Zweitakt-Motroren ist es besonders wichtig, dass wir den Zustand der Steuerschlitze prüfen. Diese haben nämlich die unangenehme Eigenschaft, im Laufe der Betriebszeit eines Motors regelrecht zuzuwachsen. Durch die Verbrennung lagert sich hier nach und nach eine harte, schwarze Kruste ab, die der Fachmann als Ölkohle bezeichnet. Dieses Zuwachsen bewirkt, dass der Motor nicht mehr richtig „durchatmen" kann, das heißt, die heißen Verbrennungsgase werden durch die Verengung am Ausströmen gehindert. Wenn nun diese Gase den Brennraum nicht ungehindert verlassen können, kann das frische Gasgemisch nicht ordentlich nachströmen. Die Folgen sind Leistungsverlust und erhöhter Kraftstoffverbrauch. Klar, dass die Ölkohle also entfernt werden muss.

Das Abnehmen der Kolbenbolzen-Sicherungen.

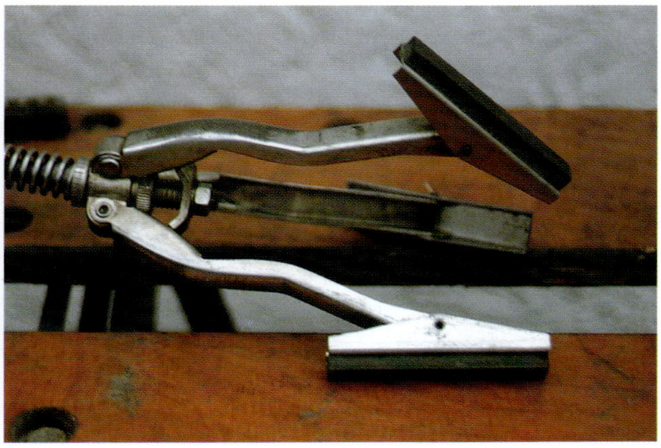

Zylinderhongerät zur Aufnahme in die Bohrmaschine.

Dies in regelmäßigen Abständen, also alle paar tausend Kilometer zu tun, empfehlen die Hersteller von Zweitakt-Maschinen. Mit einem Stück Hartholz oder einem Kunststoffschaber lassen sich die Kanäle, aber auch Kolbenboden und Zylinderkopf recht gut reinigen. Dabei sollten aber Kratzer im Werkstoff unbedingt vermieden werden, da sich hier nur zu gerne wieder neue Ölkohle absetzt. Verschiedentlich werden die kritschen Zonen von ihren Besitzern hochglanzpoliert, um das erneute Ansammeln der ungeliebten Kruste zu verzögern. Eine Mühe, die sich lohnt. Hinzu kommt der Vorteil moderner Hochleistungs-Zweitakt-Motoröle, die eine geringere Zumischung zum Öl, als dies früher von den Herstellern angegeben wurde, erlauben. Der reduzierte Ölanteil sowie die Eigenschaft moderner Öle, nahezu rückstandslos zu verbrennen, erlauben heute ein relativ unbeschwertes Zweitakt-Fahren. Zumindest was die allzu häufigen Motor- und Auspuffreinigungsintervalle angeht.
Kleinere Kratzer, Rost und Rostnarben, aber auch Leichtmetallrückstände von einem vorangegangenen Kolbenfresser lassen sich sehr gut mit einem speziellen Hongerät beseitigen. Bei diesem Werkzeug handelt es sich um eine, mit drei Schleifsteinen federnd befestigte Einrichtung, die für die Aufnahme in einer Ständerbohrmaschine oder einer Handbohrmaschine konzipiert ist. Das Werkzeug wird in den gut festgespannten Zylinder eingeführt, wobei die Schleifsteine mit Federkraft an die Zylinderwand gedrückt werden. Unter Zugabe von Petroleum oder Sprühöl aus der Dose wird nun mit mäßiger Drehzahl und unter ständiger, gleichmäßiger Hin- und Herbewegung der Zylinder ausgeschliffen. Da diese Schleifsteine in ihrer Wirkung oft unterschätzt werden, empfiehlt sich eine häufige Kontrolle der bearbeiteten Fläche. Haben wir das gewünschte Ergebnis erreicht, wird der Zylinder ausgespült und mit einem Innenmessgerät der Durchmesser bestimmt. Unten, in der Mitte und oben. Der Durchmesser sollte überall annähernd gleich sein. Gegebenenfalls muss noch einmal nachgearbeitet werden.
Nachdem der Zylinderdurchmesser ermittelt ist, wird der Kolben gemessen. Die Differenz aus beiden Abmessungen nennt der Fachmann Kolbenspiel. Das Spiel sollte bei einem fahrtwindgekühlten Viertakt-Motor in Abhängigkeit des Zylinderdurchmessers etwa nachstehend angegebene Werte haben, wobei sich diese auf die im Motorradbau am häufigsten eingesetzten Vollschaftkolben beziehen. Gemessen wird der Kolbendurchmesser jeweils ganz oben am sogenannten Feuersteg, in der Mitte und ganz unten am Kolbenhemd (alle Maße in Millimeter):

Zylinderdurchmesser:	50 - 59	60 - 69	70 - 79	80 - 89	90 - 100
Kolbenspiel oben:	0,25	0,30	0,35	0,40	0,45
Kolbenspiel mitten:	0,12	0,14	0,16	0,19	0,21
Kolbenspiel unten:	0,08	0,10	0,12	0,14	0,19

Für Zweitakt-Motoren, deren Kolben sich in Folge der höheren thermischen Beanspruchung stärker ausdehnen, sollte das in der Tabelle angegebene Kolbenspiel um etwa 10–20 % größer sein. Ist das Kolbenlaufspiel zu gering, kann der Kolben im Betrieb durch seine Wärmeausdehnung im Zylinder klemmen oder sogar fressen, weil der Schmierfilm abreißt. Zu großes Kolbenlaufspiel führt zu Kolbenklappern, erhöhtem Ölverbrauch und Verdichtungs- sprich Leistungsverlust. Das ist aber nicht so zu verstehen, dass ein Motor mit einem 75-Millimeter-Kolben und 0,1 Millimeter Spiel nicht mehr läuft. Meine alte UT-Rennmaschine hat ein solches Laufspiel und gehört zu den Schnellsten in ihrer Klasse. Bloß gibt sie regelmäßig leichte Rauchzeichen...

5.1.3.2 Kolbenringe

Für die Abdichtung des Motors zwischen Brennraum und Kurbelgehäuse wird der Kolben mit Kolbenringen bestückt. Diese sind aus Sondergusseisen hergestellt und leicht zerbrechlich. Sie dienen außerdem der Wärmeableitung vom Kolbenboden

Mit der Fühlerlehre wird das Spaltmaß ermittelt.

zur Zylinderwand und übernehmen die vollständige Schmierstoffregelung der Zylinderlauffläche. Während Viertakter in den 20er Jahren meist noch mit 2 Ringen je Kolben ausgestattet waren, besitzen neuere Motoren bis zu 4 Ringe, wobei der unterste meist als Ölabstreifring ausgebildet ist. Die Ringe passen sich durch ihre federnde Wirkung rundum der Zylinderwand an und erreichen die beste Abdichtung, nachdem der Motor eingelaufen ist. Da jeder Ring einen Stoß besitzt, ist bei der Montage des Zylinders unbedingt darauf zu achten, dass die Stöße der einzelnen Ringe nicht direkt übereinander, sondern bei 2 Ringen um 180 und bei 3 Ringen um 120 Grad versetzt eingebaut werden. Nur so ist im Fahrbetrieb eine gute Abdichtung zu erreichen.

Damit sich die Enden der Kolbenringe bei Zweitakt-Motoren nicht in den Zylinderschlitzen verhaken, was kapitale Motorschäden zu Folge hätte, sind Zweitakt-Kolben mit kleinen Stiften in den Nuten versehen, die ein Verdrehen der Ringe verhindern. Um die federnde Wirkung der Kolbenringe sicher zu stellen, müssen diese ein Mindestspiel in der Ringnut erhalten. Dieses Spiel sollte bei einem Viertakt-Motor etwa zwischen 0,02 und 0,04 Millimeter betragen, wobei das größte Spiel für den obersten Ring gegeben wird, da dieser den höchsten Temperaturen ausgesetzt ist. Bei Zweitaktern erhält der obere Ring aufgrund der höheren thermischen Belastung sogar bis zu 0,1 Millimeter Spiel.

Wenn die Kolbenringe ein zu großes Spiel besitzen, führt das sehr schnell zu einem Ausschlagen der Nuten. In diesem Fall kann unter Umständen die Nut auf einer Drehmaschine nachgestochen und dann breitere Ringe eingesetzt werden. Ein alter Kolben, der bereits die breitesten Ringe besitzt, bei dem aber dennoch die Nut nachgestochen werden muss, kann eventuell danach mit 2 schmalen Ringen pro Nut bestückt werden. Zur Prüfung der Kolbenringe nehmen wir diese vorsichtig vom Kolben ab. Dabei ist darauf zu achten, dass die messerscharfen Kanten der Ringstöße möglichst keine Kratzer im Kolben hinterlassen. Mit drei dünnen Blechstreifen, die senkrecht, gleichmäßig am Umfang verteilt, zwischen Ringe und Kolben geschoben werden, gelingt das am besten.

Mit dem Bruchstück eines defekten Ringes lassen sich nach der Demontage sehr gut die Nuten ausschaben, in denen sich besonders bei Zweitakt-Motoren gerne Verbrennungsrückstände ablagern. Erst dann lässt sich, am einfachsten unter Zuhilfenahme einer Fühlerlehre, das Spaltmaß zwischen Ring und Nut sicher ermitteln. Bevor wir aber die Ringe wieder in der Reihenfolge montieren, in der wir sie abgenommen haben, prüfen wir noch das Stoßmaß. Hierfür setzen wir den zu prüfenden Ring in den gereinigten, ggf. neu bearbeiteten Zylinder. Mit einer Fühlerlehre lässt sich nun auf einfachste Art und Weise das Stoßmaß kontrollieren. Es sollte etwa 0,2 Millimeter betragen. Zu geringes Stoßmaß ist gefährlich, weil sich der Kolbenring bei Betriebstemperatur nicht weit genug ausdehnen kann und somit akute Gefahr eines Ringbruches besteht. Mit einer feinen Feile lässt sich der Ringstoß aber problemlos auf das erforderliche Maß korrigieren.

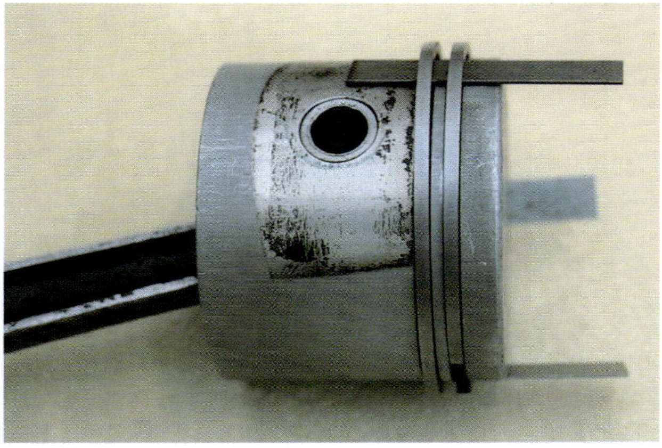

Blechstreifen als Hilfsmittel zur Demontage der Kolbenringe.

5.1.3.3 Kolbenbolzenlager

Eines der am stärksten beanspruchten Lager eines Verbrennungsmotors ist das Lager des Kolbenbolzens. Neben seiner mechanischen Beanspruchung ist es auch enorm hohen Temperaturen ausgesetzt. In entsprechend gutem Zustand sollte es sein. Falls der Kolbenbolzen deutliches Spiel in seinem Lager hat, kommen wir um eine Erneuerung nicht herum. Beim Kolbenbolzenlager handelt es sich im Regelfall um eine dünnwandige Bronzebuchse, die in den sogenannten Pleuelkopf mit leichtem Übermaß eingepresst wird. In dieser Buchse ist der Kolben drehbar gelagert. Wie alle Lager unterliegt auch das Kolbenbolzenlager einem gewissen Verschleiß. Wenn Zylinder und Zylinderkopf ohnehin schon einmal demontiert sind, sollte es daher unbedingt überprüft werden. Lose oder ausgeschlagene Pleuelbuchsen, das heißt Buchsen, deren Spiel größer als 0,03 Millimeter ist, sind im Grunde schon Schrott und sollten unbedingt erneuert werden.

Um eine Vorstellung von der Belastung der Kolbenbolzen und auch der Pleuellager zu bekommen, ein kleines Beispiel: Ein kopfgesteuerter MAG- oder ein JAP-Motor drehte bereits Ende der 20er Jahre gut und gerne seine 5000 Touren. 5000 Umdrehungen in der Minute, und bei jeder dieser Kurbelwellenumdrehungen legt der Kolben die zweifache Hublänge zurück. Bei einem Hub von 85 Millimetern sind das gut 14 Meter pro Sekunde, umgerechnet entspricht das einer Geschwindigkeit von rund 50 km/h. Wenn wir uns jetzt noch vor Augen halten, dass der Kolben alle 85 Millimeter praktisch anhält, um die Richtung zu wechseln, also etwa 165 mal innerhalb einer Sekunde, dann lässt sich die ungeheuere Belastung dieser Lager erahnen. Und dann wird auch klar, warum hier nichts schlackern darf... Zur Prüfung nehmen wir das Pleuel fest in eine Hand, und versuchen mit der anderen Hand, den Kolben im Pleuellager quer zur Laufrichtung zu kippen. Wenn deutliches Spiel zu spüren ist, muss das Lager erneuert werden.

Zunächst kontrollieren wir mit einem Haarlineal oder der Linealkante eines guten Messschiebers, ob der Kolbenbolzen eingelaufen ist. Laufspuren von 1 bis 2 Zehntel Millimetern Tiefe kann man in einem Fachbetrieb herausschleifen lassen. Sind die Spuren tiefer, muss ein neuer Kolbenbolzen her. Ist die Lagerbuchse ausgeschlagen, muss sie natürlich ebenfalls ersetzt werden. Der Tipp: Da diese Buchse im Regelfall stramm im Pleuelkopf sitzt, verwenden wir zum Ausbauen zweckmäßigerweise eine einfache, selbst zusammengestellte Ausdrück-Vorrichtung. Sie besteht aus zwei Rohrstücken, einer langen Schraube, zwei Scheiben und einer zum Schraubengewinde passenden Mutter. Eins der Rohrstücke muss im Außendurchmesser etwa 0,5 Millimeter dünner als der Außendurchmesser des Kolbenbolzenlagers sein. Das andere muss im Innendurchmesser ungefähr 0,5 bis 1 Millimeter größer als der Außendurchmesser des Kolbenbolzenlagers sein. Jedes der beiden Rohrstücke soll außerdem etwa 5 Millimeter länger als die Pleuelbüchse sein, damit diese in einem Arbeitsgang heraus gepresst werden kann. Wenn unsere Ausdrückvorrichtung am Pleuelkopf angebracht ist, wird durch Anziehen der Mutter automatisch die Lagerbuchse in das dickere Rohr gedrückt.

Zur Herstellung des Lagers – wenn denn kein neues lieferbar ist – ist neben einer Drehbank auch das entsprechende Material erforderlich. Es muss eine harte, verschleißfeste Phosphor-Bronze sein, die in einer entsprechenden Vorbehandlung gealtert ist. Bei diesem Alterungsprozess wird die Bronze mehrere Stunden bei etwa 500 Grad Celsius geglüht und über etwa 10 Stunden im Glühofen langsam wieder abgekühlt. Folge dieses Vorgangs ist, dass sich die Lagerbuchse bei ihrem späteren Einsatz im Motor durch Erwärmen nicht mehr ausdehnt, und dadurch den Kolbenbolzen nicht mehr festklemmen kann. Es sei an dieser Stelle noch einmal ausdrücklich davor gewarnt, eine beliebige Bronze, Kupfer oder gar Messing zu verwenden. Das geht mit Sicherheit ins Auge. Gealterte Bronze kann man als Stangenware kaufen. Experimentieren lohnt sich also wirklich nicht!

Die Länge der Bronzebuchse sollte so gewählt werden, dass zwischen den Aufnahmelagern im Kolben etwa 1 bis 2 Millimeter Platz zum Ausgleichen des axialen, das heißt des seitlichen Kurbelwellenspieles vorhanden sind. Der Außendurchmesser der Buchse muss ein Übermaß von 0,03 bis 0,06 Millimeter haben, damit ein fester Sitz im Pleuel ge-

Der Kolbenbolzen darf kein spürbares Höhenspiel haben.

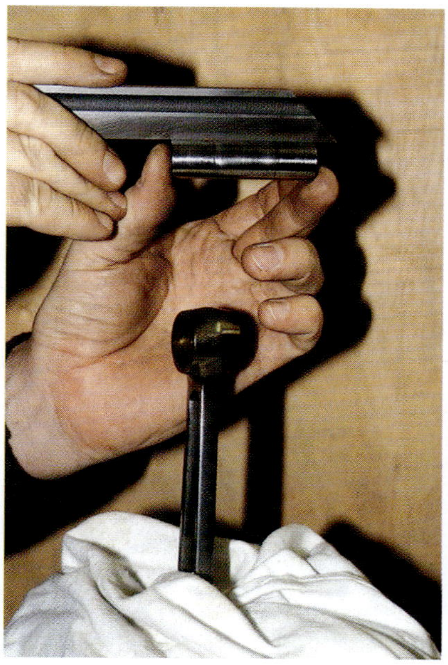

Prüfung des Kolbenbolzens mit einem Haarlineal. Er darf keine Riefen besitzen.

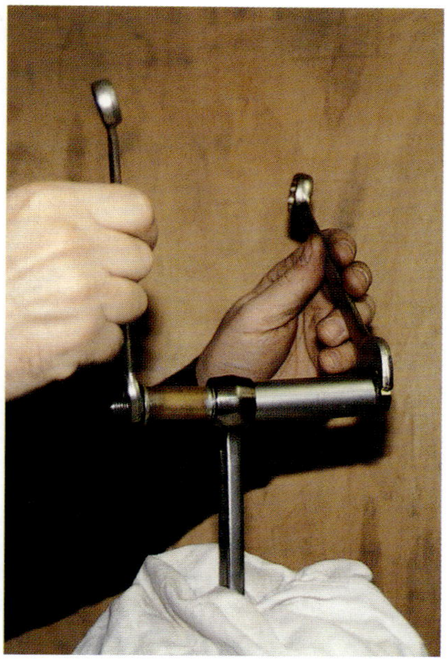

Ausdrücken der Pleuellagerbuchse mit einer selbstgebauten Vorrichtung.

Nach dem Einbau des neuen Lagers die Ölbohrung nicht vergessen.

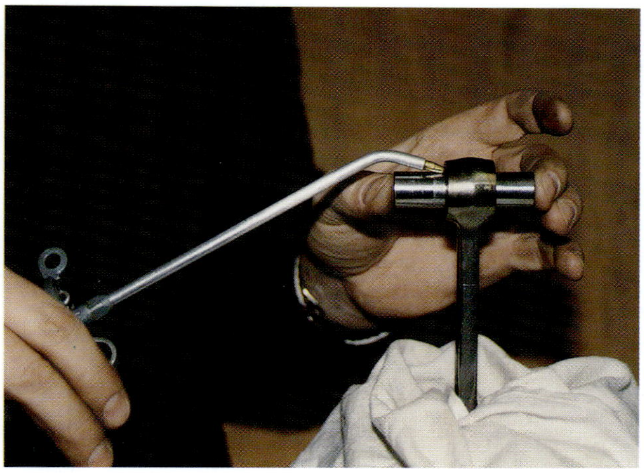

Der eingeölte Bolzen soll saugend durch die Buchse gleiten.

währleistet ist. Der Innendurchmesser wird so gewählt, dass der Kolbenbolzen 0,02 Millimeter Spiel hat. Es kann bei aller Vorsicht im Fahrbetrieb vorkommen, dass sich die Pleuelbuchse in ihrem Lagersitz verdreht. Da genügen nur wenige Millimeter, und die Ölbohrung im Pleuel zur Schmierung des Lagers wird verdeckt. Die Ölversorgung fällt dann aus und der Kolbenbolzen geht fest... Um diesem Risiko vorzubeugen, muss am Umfang der Buchse eine Nut, etwa doppelt so breit wie der Schmierloch-Durchmesser eingedreht werden. Damit ist dann auch bei einer seitlichen Verschiebung der Buchse noch eine ausreichende Schmierung gewährleistet.

Das Einpressen der Buchse geschieht wieder mit unserem Spezialwerkzeug. Befindet sie sich in der richtigen Lage, werden die Ölbohrungen angebracht. Ein abschließendes Durchreiben mit einer verstellbaren Reibahle bleibt uns in den meisten Fällen nicht erspart, da der Durchmesser der Buchse beim Einziehen ins Pleuelauge „kleiner" wird. Beim Aufreiben ist besonders darauf zu achten, dass keine Rattermarken entstehen und dass die Bohrung parallel zur Zylinderdichtfläche liegt. Das

Passspiel zwischen Kolbenbolzen und Bronzebuchse ist dann optimal, wenn sich der eingeölte Bolzen saugend in der Buchse hin und her schieben lässt. Vorausgesetzt wir haben ordentlich gearbeitet, dürften die Belastungen durch Kolbengeschwindigkeit und thermische Verhältnisse zumindest der Kolbenbolzenlagerung nichts mehr anhaben können.

5.1.3.4 Arbeiten am Zylinderkopf

Bei Zweitakt-Motoren ist der Zylinderkopf ein vergleichsweise simples Teil, im Wesentlichen ein verrippter Deckel mit der Aufnahme für die Zündkerze und den Befestigungsbohrungen. Hier beschränken sich die Arbeiten hauptsächlich auf das Entfernen der Ölkohle sowie der Reinigung eines eventuell vorhandenen Dekompressions-Ventils. Sollte die Dichtfläche uneben sein, kann sie auf einer Drehmaschine vorsichtig plangedreht werden. Dass sich dabei durch die Brennraumverkleinerung die Verdichtung des Motors erhöht, ist nicht zu vermeiden, und wird in manchen Fällen sogar bewusst in Kauf genommen. Es empfiehlt sich daher, vor dem Bearbeiten des Kopfes das aktuelle Verdichtungsverhältnis des Motors zu bestimmen, um es später durch eine etwas dickere Zylinderkopfdichtung wieder zu korrigieren. Die Art und Weise, in der dieses Verdichtungsverhältnis ermittelt und ggf. korrigiert werden kann, ist in einem eigenen Kapitel beschrieben. Durch die bei Viertakt-Motoren zur Steuerung des Gaswechsels erforderlichen Einlass- und Auslassventile, deren Führungen und die bei OHC-Motoren im bzw. über dem Zylinderkopf angebrachten Nockenwelle(n) ist eine Instandsetzung hier wesentlich aufwendiger.

Unsere Indian besitzt einen Zweizylinder-Motor mit V-förmiger Zylinderanordnung und somit zwangsläufig auch 2 Zylinderköpfe. Leider waren im Laufe der Jahre einige Kühlrippen ausgebrochen, was nicht nur die Wärmeabfuhr beeinträchtigte, sondern auch äußerst hässlich aussah. Abhilfe schaffte wieder der Schweißfachmann, ein wahrer Meister seines Faches. Er trug eine fehlende Kühlrippe nach der anderen, Raupe für Raupe auf, bis soviel Material stand, dass mit einem Winkelschleifer behutsam die Rippen wieder heraus gearbeitet werden konnten.

Da die Ventile und deren Führungen an unserem Fotomodell im Laufe der Jahre schon einmal erneuert wurden und daher noch recht brauchbar waren, wollen wir die Instandsetzungsarbeiten an einem anderen Zylinderkopf demonstrieren. Es handelt sich dabei um den Kopf eines Einzylinder-Motors der schweizerischen Firma Motosacoche aus den späten 20er Jahren. Mit Hilfe einer Schraubzwinge und einem kleinen, selbstgebauten Druckstück werden die Ventilfedern zusammen gedrückt, die kleinen Keilchen mit einem Schraubendreher heraus gefischt und danach die Ventile aus den Führungen gezogen. Nach einer gründlichen Reinigung wird das Spiel der Ventile in den Führungen ermittelt. Die Ventil-

Die Ventileinheit komplett (links) und ihre Einzelkomponenten (rechts): Ventilkeile, Federteller, Feder, Federauflage und Ventil.

Ein- und Auslassventil werden mit Federkraft geschlossen.

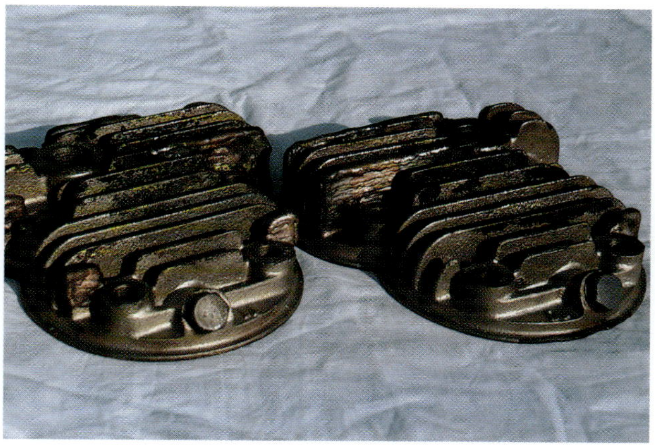

Abgebrochene Kühlrippen wurden aufgeschweißt und „verputzt".

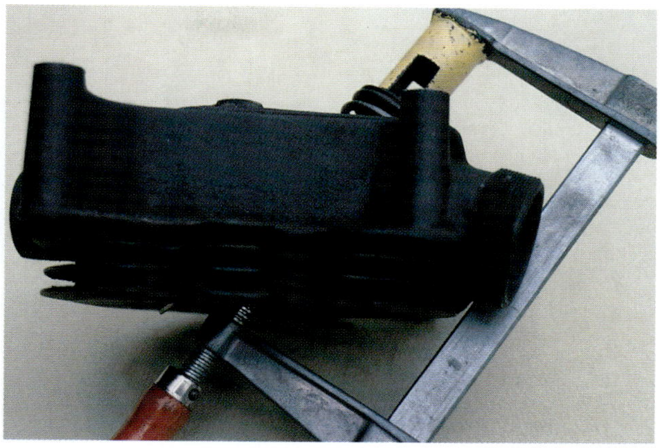

Ein geschlitztes Rohrstück und eine Schraubzwinge erleichtern den Ein- und Ausbau der Ventile. Durch die Schlitze werden die Keile eingesetzt.

führungen unseres Motors sind aus Grauguss hergestellt. Für Einlassventile soll das Laufspiel etwa 0,05 bis 0,08 Millimeter betragen. Die thermisch sehr viel höher belasteten Auslassventile benötigen größere Spiele. Hier rechnet man überschlägig mit 0,008 Millimetern pro Millimeter Schaft-Durchmesser. Somit sollte das Laufspiel eines Auslassventils mit einem 9 Millimeter-Schaft etwa 0,8 Millimeter betragen. Sollten neue Führungen fällig sein, sind in der Regel auch die Ventilschäfte verschlissen. Häufig lassen sich geeignete Ersatzventile in Automobilwerkstätten auftreiben, die dann in einer Dreherei auf die erforderliche Länge angepasst werden können. Nachdem die Ventile beschafft sind, werden die neuen Führungen nach dem Muster der alten aus Grauguss gedreht. Der Aus- und Einbau der Ventilführungen erfolgt nach der gleichen Methode wie die bereits beschriebene Montage des Kolbenbolzenlagers. Dabei kann es hilfreich sein, wenn wir die Außendurchmesser der ausgebauten Ventilführungen als Sollmaß für die neuen verwenden. Die passen dann hundertprozentig.

Ein verbogener Ventilschaft lässt sich mit der Messuhr oder durch Abrollen auf einer ebenen Unterlage leicht erkennen.

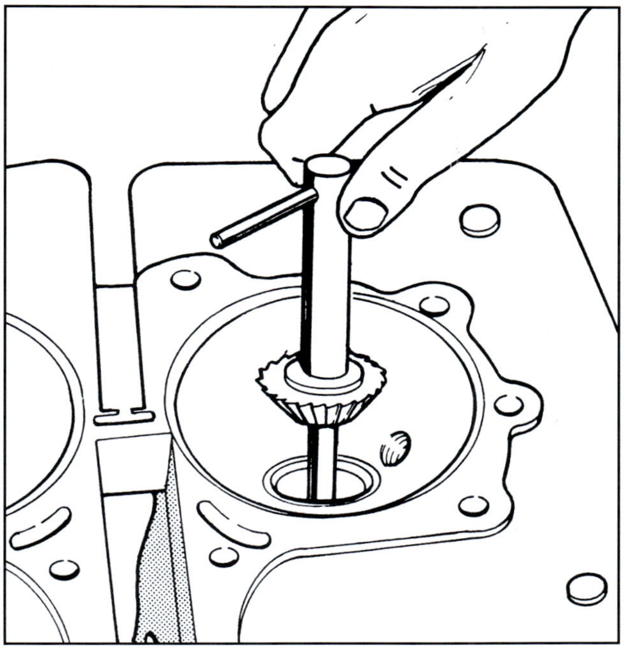

Mit Ventilsitzfräsern werden Ventilsitze nachgearbeitet.

Mit diesem Vorsatzgerät für die Handbohrmaschine und einem Gummisauger lassen sich Ventile bequem einschleifen.

Bei sogenannten Sackzylindern bilden Kopf und Zylinder eine Einheit. Thermisch hoch beanspruchte Teile, insbesondere Zylinderköpfe, erfordern spezielle Lacke.

Nicht nur Ventile und deren Führungen unterliegen einem gewissen Verschleiß sondern auch die Ventilsitze. Wenn beschädigte Ventilteller nicht mehr nachgeschliffen werden können, wird im Regelfall das ganze Ventil erneuert. Die Sitzflächen der Ventile im Kopf müssen dagegen repariert werden, da sich Zylinderköpfe, wenn überhaupt, nur für viel Geld beschaffen lassen. Mit sogenannten Ventilsitz-Fräsern lassen sich die Ventilsitze sehr gut nacharbeiten. Bevor man sich aber als Laie an diese Arbeit wagt, sollte man zuerst einmal einem Profi über die Schulter gesehen haben. Ganz abgesehen davon, dass sich die Anschaffung dieser Werkzeuge für den Hobbyrestaurator kaum bezahlt machen dürfte, ist ein Zylinderkopf schnell vermurkst. Sind die Ventilsitze im Laufe der Jahre zu tief in den Kopf eingesunken, lassen wir am besten in einem Fachbetrieb für Motorinstandsetzungen sogenannte Ventilsitzringe einbauen. Hierbei werden die alten Sitze mit speziellen Werkzeugen ausgedreht, der Zylinderkopf vorgewärmt und im Anschluß daran die neuen, mit Trockeneis oder Flüssigstickstoff tiefgekühlten Sitzringe eingeschrumpft. Auch diese Ringe werden mit Ventilsitzfräsern nachgearbeitet.

Haben die Ventilsitze eines zerlegten Motors lediglich kleinere Beschädigungen bzw. ein mangelndes Tragbild, können wir sie selbst einschleifen. Das Ventil wird dabei in die Führung gesteckt und vom Brennraum her mit Hilfe eines Gummisaugers durch ständiges Drehen nach links und rechts eingeschliffen. Dabei wird Schleifpaste in verschiedenen Körnungen verwendet. Ein einwandfreier Ventilsitz muss dabei am ganzen Tellerumfang tragen. Die Sitzbreite sollte zwischen 1,8 und 2,5 Millimetern liegen. Je schmaler der Sitz, umso besser ist die Abdichtung. Allerdings wird mit schmalerem Sitz auch die Wärmeableitung vom Ventil zum Zylinderkopf schlechter, was im Extremfall zum Verbrennen des Ventiltellers führt. Solche Ventile zeigen dann richtige schwarzgebrannte Kerben im Bereich ihrer Dichtflächen und können nur noch verschrottet werden. Wenn die Ventile eingeschliffen sind, werden sie gründlich von der Schleifpaste gereinigt. Auch den Sitz im Zylinderkopf nicht vergessen. Besonders wichtig ist, dass kein Schleifmittel in die Ventilführungen gelangt, sonst sind schon bald wieder neue fällig. Die Dichtheit der Ventile wird einfach geprüft, in dem sie komplett mit Federn und Keilen montiert werden und dann in den Ein- bzw. Auslasskanal etwas Benzin geschüttet wird. Die Ventile sind dicht, wenn kein Benzin durch den Ventilsitz in den Brennraum sickert. Bildet sich aber um den Ventilsitz eine feuchte Stelle, müssen wir den Einschleif-Vorgang wiederholen.

Etwas mühsamer gestaltet sich diese Arbeit bei älteren OHV-Motoren mit sogenannten Sackzylindern. Hierunter versteht man eine Einheit von Zylinder und Kopf, die untrennbar miteinander verbunden sind. Entweder als eine Einheit gegossen oder miteinander verschweißt. Dies war zum Beispiel bei den erfolgreichen, wassergekühlten

Opel-Werksrennmaschinen zu Beginn der 20er Jahre der Fall. Zylinder und Zylinderkopf waren aus Stahl gefertigt. Nach der Bearbeitung wurden sie miteinander verschraubt und mittels dieses Gewindes auf das erforderliche Verdichtungsverhältnis eingestellt. Danach wurden Zylinder und Kopf miteinander verschweißt. Das ganze musste absolut dicht sein, weil drumherum jetzt noch ein Kühlwassermantel geschweißt wurde.
Die 4 (!) senkrecht hängenden Ventile des Einzylinders müssen von unten durch den Zylinder in die Bronzeführungen eingesetzt werden. Da die Ventile konstruktionsbedingt zum Einbau etwas gekippt werden müssen, können die Ventilführungen erst danach von oben in den Zylinderkopf eingesteckt werden. Das Einschleifen der 4 Ventile gestaltet sich dadurch problematisch, dass bei jedem Prüfen des Einschleif-Ergebnisses die Ventilführungen erneut gezogen werden müssen. Um den Aufwand in vertretbaren Grenzen zu halten, sind deshalb alle 4 Ventile und Führungen nummeriert, so dass die Zuordnung von Ventil und Führung immer wieder gegeben ist. Zudem besitzen die einzelnen Führungen Markierungen, die wiederum mit Markierungen auf dem Zylinderkopf übereinstimmen müssen. Damit wird immer wieder die gleiche Einbauposition erreicht. Die Ventilteller besaßen zum Brennraum hin Schlitze, damit die Drehbewegung beim Einschleifen der Ventile über einen langen Schraubendreher ausgeführt werden konnte. Das Einschleifen der Ventile erstreckte sich über einen ganzen Tag, da bedingt durch die beengten Platzverhältnisse bei einer Zylinderbohrung von nur 60 Millimetern für die 198er Bahnrennmaschine keine Ventilsitzfräser für's Grobe eingesetzt werden konnten.

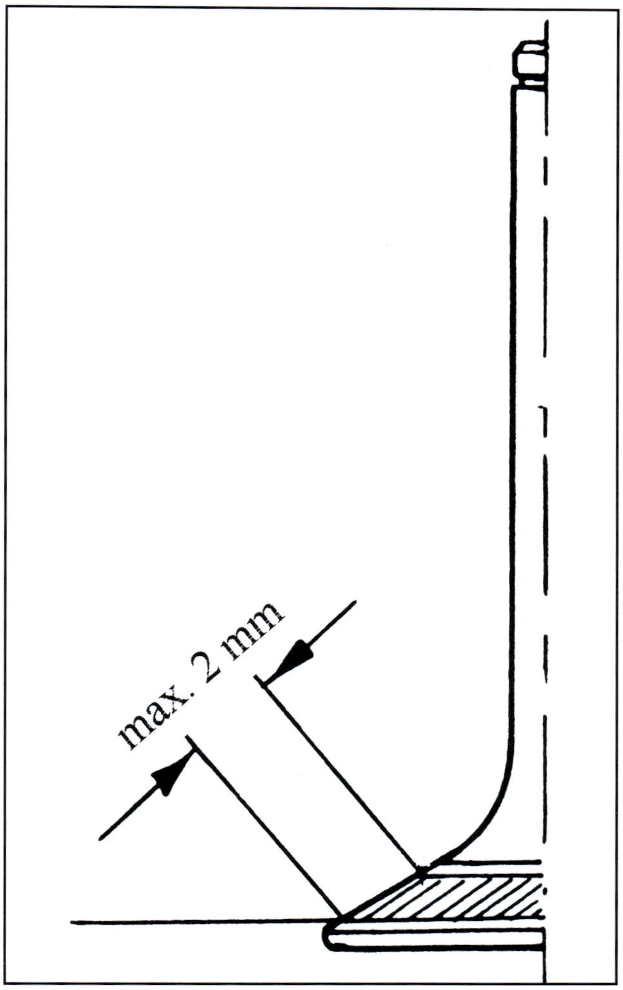

Die tragende Fläche sollte 2 Millimeter nicht überschreiten.

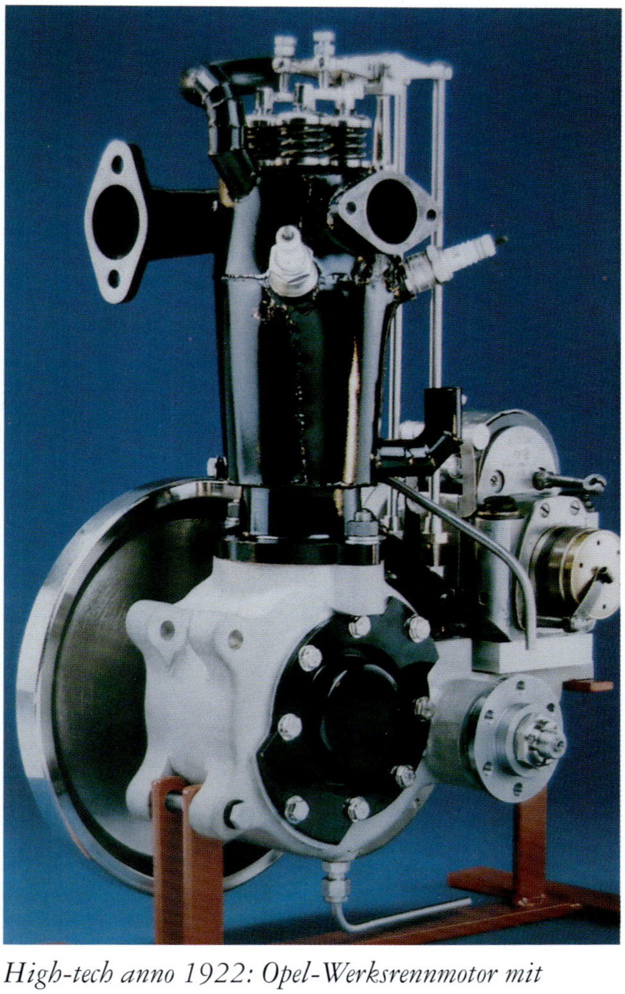

High-tech anno 1922: Opel-Werksrennmotor mit 4 Ventilen, Doppelzündung und Wasserkühlung. Kolben und Kurbelgehäuse sind aus Magnesium.

Haarnadel-Ventilfedern an einer Moto Guzzi Airone 250 aus dem Jahre 1947.

Für ein schnelles Schließen der Ventile und eine kraftschlüssige Verbindung zwischen Ventil und Nocken ist der einwandfreie Zustand der Ventilfedern Voraussetzung. Am häufigsten begegnen wir der Spiralfeder. Vielfach arbeiten zwei ineinander liegende, mit entgegengesetzt verlaufenden Windungen ausgeführte Federn pro Ventil. Unter keinen Umständen dürfen sich diese beiden Federn infolge abgenutzter Federteller oder Federauflagen gegenseitig berühren. Alte Ventilfedern müssen noch über ausreichende Federspannung verfügen und dürfen keinerlei Risse oder Rostnarben aufweisen. Auch ist jeglicher Verschleiß in Form von Querschnittsverringerung an den Federwindungen unzulässig. Gerade bei Motoren mit hängenden Ventilen führt eine gebrochene Ventilfeder häufig infolge eines in den Brennraum gefallenen Ventils zu fürchterlichen Motorenschäden.
Bis in die 50er Jahre haben Motorenkonstrukteure für schnelllaufende Motoren mit Drehzahlen über 6000 U/min sogenannte Haarnadel-Ventilfedern eingesetzt. Die Vorteile dieser, im Regelfall paarweise eingebauten Federn liegen in ihrem großen Arbeitsvermögen und ihrer Schwingungsunempfindlichkeit. Sie können sehr hohe Drücke erzeugen, die zur Ventilbeschleunigung bei hohen Motordrehzahlen erforderlich sind. Außerdem lassen sie sich schneller auswechseln (im Rennsport wichtig) und bieten bessere Kühlungsmöglichkeiten. Frisierte Serienmotoren wurden gerne von Rennfahrern von den ursprünglichen Spiralfedern auf Haarnadelfedern umgerüstet. Durch immer weiter verbesserte Werkstoffe sowie die Verwendung kleinerer, leichterer Ventile, sind höchste Motordrehzahlen heute auch mit Spiralfedern zu bewältigen.

5.1.3.5 Die Ventilsteuerung

Die Steuerung der Ventile ist Aufgabe der Nockenwelle, in alten Fachbüchern auch oft als Steuerungswelle bezeichnet. Ihr Antrieb erfolgt bei SV- und OHV-Motoren meist über Stirnräder direkt durch die Kurbelwelle. Bei OHC-Motoren muss die im Zylinderkopf angeordnete Nockenwelle über zusätzliche Zahnräder, Königswelle, eine Kette oder bei neuzeitlichen Motoren über Zahnriemen angetrieben werden. NSU verwendete in den 50er Jahren beispielsweise bei den legendären Max-Modellen eine sogenannte Schubstangen-Steuerung.
Im Normalfall dreht sich die Nockenwelle mit halber Kurbelwellendrehzahl. Es sind aber auch Motoren bekannt, bei denen die Nockenwelle aus bestimmten technischen Gründen nur mit einem Viertel der Kurbelwellendrehzahl läuft. Diese Nockenwellen erfordern dann zwei Nockenerhebungen pro Umdrehung, dann stimmt's wieder. Hinsichtlich der Nockenwellenlage gibt es im Motorenbau keine internationalen Standards. So baute beispielsweise die Firma Opel bei ihren Rennmaschinen die Nockenwellen quer, bei den späteren Motoclub-Modellen jedoch längs zur Fahrtrichtung ein. Während sie, wie auch Motosacoche und zahlreiche andere Motorradfirmen mit einer Nockenwelle auskamen, wurden von anderen Firmen, beispielsweise Norton, für Ein- und Auslassventil zwei getrennte Nockenwellen verwendet. Während die bereits genannten Firmen ihre Schlepphebel über die Nockenbahnen gleiten ließen, gingen andere Firmen wie Moto Guzzi bei den Falcone- und Astore-Modellen oder Indian bei unserer Scout den technisch aufwendigeren Weg und setzte Rollenschlepphebel ein.
Nockenwellen und Schlepphebel wurden in den meisten Fällen einsatzgehärtet. Bei diesem Verfahren werden kohlenstoffarme Stähle verwedet, die sich aufgrund ihrer Beschaffenheit nicht härten

lassen. In einem sogenannten Einsatz-Verfahren, das sich bei hohen Temperaturen über mehrere Stunden erstreckt, wird den bereits bearbeiteten Teilen der für den Härteprozess erforderliche Kohlenstoff-Gehalt nachträglich von außen zugeführt. Das Tolle an der Sache ist, dass sich die Tiefe der Kohlenstoff-Anreicherung über die Einsatzdauer bestimmen lässt. Auf diese Art und Weise lässt man den Kohlenstoff zum Beispiel 0,8 Millimeter in die Oberfläche des Werkstücks eindringen. Bei der nachfolgenden Härteprozedur wird das Teil dann auf rund 800 bis 1000 Grad Celsius erwärmt und in Wasser oder Öl abgeschreckt. Während die mit Kohlenstoff angereicherte Oberfläche danach glashart ist, bleibt der Kern des Werkstückes weich. Damit wird sichergestellt, dass hochbeanspruchte Teile nicht so schnell brechen. Da nun die ständig unter hohen Anpressdrücken aufeinander gleitenden Schlepphebel und Nockenbahnen einem gewissen Verschleiß unterliegen, ist es wichtig, dass bei den Teilen unseres Motors diese Härteschicht noch nicht abgeschliffen ist. Sowohl Schlepphebel wie auch Nockenbahn sollten keine zu starken Abnutzungserscheinungen aufweisen, da sonst eine nicht ganz billige Instandsetzung ins Haus steht. Man kann durch Auftragschweißen das fehlende Material wieder ersetzen, die Teile dann auf das ursprüngliche Maß fräsen oder schleifen und zuletzt wieder härten lassen. Bevor wir jedoch diesen mit Sicherheit nicht ganz billigen Weg der Instandsetzung wählen, versuchen wir, über Marken-Clubs oder den VFV in Erfahrung zu bringen, ob diese Teile mittlerweile vielleicht schon als preiwertere Nachfertigung erhältlich sind. Ebenso wichtig wie der Zustand von Nockenwellen und Schlepphebeln sind ordentliche Stößel und deren Führungen sowie gerade, nicht verbogene Stößelstangen. Die überprüfen wir zweckmäßiger Weise mit einem Haarlineal oder aber durch das Rollen

NSU-Max-Motor im Schnitt: Schubstangen als Antrieb der obenliegenden Nockenwelle.

Blick in Zylinder und Brennraum: Gut zu erkennen sind Kolben, Ventile und Haarnadel-Ventilfedern.

Rennnockenwelle mit verstellbaren Nocken und Rollenschlepphebeln.

Starker Verschleiß an Nockenwelle und Schlepphebeln.

über eine ebene Tischplatte. Sind sie verbogen, werden sie vor ihrer Wiederverwendung vorsichtig gerichtet.
Abschließend werfen wir noch einen Blick auf die für OHV-Motoren zur Steuerung der Ventile benötigten Kipphebel. Ihre Lagerung war insbesondere bei Motorkonstruktionen vor 1935 wesentlich von der Pflege ihrer Besitzer abhängig, weil die Schmierung dieser Lager vielfach noch nicht automatisch sondern mittels Ölkännchen und Fettpresse manuell zu erfolgen hatte. Zur Lagerung der Kipphebelwellen wurden meist Bronze-Gleitlager, Nadellager oder die Kombination aus beiden eingesetzt. Wichtig ist noch die Überprüfung der Stellung der Kipphebelarme. Sie sollte so sein, dass bei einem halb geöffneten Ventil der Kipphebelarm in einem 90-Grad-Winkel zum Ventilschaft steht. Ist dies nicht der Fall, treten beim Betätigen der Ventile zu starke Seitenkräfte auf, die eine schnelle Abnutzung der Ventilschäfte sowie deren Führungen bewirken. Ursache für nicht korrekte Winkelstellungen sind meist eingebaute Ersatzventile mit falschen Längen oder zu tief in ihre Sitze eingesunkene Ventile, deren Schäfte demzufolge dann weiter aus der Führung heraus ragen.

5.1.3.6 Die Kurbelwelle

5.1.3.6.1 Auswuchten einer Einzylinder-Kurbelwelle

Einen verschlissenen Kolben gegen einen neuen auszutauschen, nachdem der Zylinder neu gehont wurde, dürfte nun kein Problem mehr sein. Das erforderliche Laufspiel für einen neuen Kolben, das hatten wir bereits... Was aber, wenn der Kolben ein ganz altes Schätzchen aus Grauguss ist und durch einen zeitgemäßen, wesentlich leichteren Aluminiumkolben ersetzt werden muss? Richtig, dann stimmt die Auswuchtung der Kurbelwelle nicht mehr. Und das bedeutet unter Umständen erhöhte Vibrationen, die sich nicht nur unangenehm auf das Fahrverhalten auswirken, sondern auch noch gefährliche Rahmenbrüche nach sich ziehen können.
Das Auswuchten einer Kurbelwelle wird von vielen als sehr schwierig angesehen, obwohl es mit entsprechender Anleitung fast von jedem Hobby-Schrauber gemacht werden kann, da es nicht einmal besonderes Spezialwerkzeug erfordert. Wir brauchen eine Vorrichtung, auf die wir unsere Kurbelwelle mit den beiden Lagerzapfen so legen können, dass sie sich leicht drehen lässt. Das kann, wie in unserem Beispiel gezeigt, ein Bock mit vier kugelgelagerten Scheiben sein, wir können aber genau so die Welle zwischen den Spitzen einer Drehmaschine aufnehmen oder auf zwei parallel liegende Lineale legen. Genau so wichtig ist eine feine Waage, wie in unserem Fall die Briefwaage mit einem Wiegebereich von 0 bis 400 Gramm. Jetzt noch Bleistift, Papier und gegebenenfalls einen Taschenrechner. Das ist alles. Beginnen wir mit der Ermittlung des Auswuchtverhältnisses der Kurbelwelle mit dem alten, zu ersetzenden Kolben. Nehmen wir an, es ist der Originalkolben, und die Maschine lief damit zufriedenstellend, dann sollte dieses Auswuchtverhältnis mit dem neuen Kolben wieder hergestellt werden. Als erstes legen wir die Welle auf unsere Vorrichtung. Dann legen wir den Pleuelkopf so auf die Waage, dass das Pleuel waagerecht liegt. Das ermittelte Gewicht tragen wir in unsere Tabelle unter Pleuelanteil P ein.

Pleuelanteil P = ... Gramm

Gewicht G = ... Gramm

Kolbengewicht K = ... Gramm

Das Wiegen des Pleuel-Anteils mit einer Briefwaage.

Mit diversen Gewichten am Pleuelauge wird die Welle ausbalanciert.

Als nächstes bestimmen wir das Gewicht, das erforderlich ist, die Kurbelwelle in jeder beliebigen Stellung zum Stehen zu bringen. Die Welle darf sich mit diesem Gewicht weder vorwärts noch rückwärts drehen. Zweckmäßiger Weise stecken wir hierzu ein Stückchen Rundmaterial – ein Röhrchen oder eine längere Schraube – durch das Pleuelauge und hängen beiderseits soviel Unterlegscheiben dazu, das unser gesuchtes Gewicht erreicht wird. Nochmal: Das Gewicht ist dann gefunden, wenn sich mit ihm die Welle in jeder beliebigen Stelle anhalten lässt, ohne vorwärts oder rückwärts weiter zu laufen. Wir nehmen nun die Scheiben samt Röhrchen wieder vom Pleuelauge ab und legen alles auf die Briefwaage. Dieses Gewicht tragen wir in unserer Tabelle unter Gewicht G ein. Als letztes müssen wir nun noch das komplette Kolbengewicht, das heißt Kolben einschließlich aller Ringe, Kolbenbolzen und Kolbenbolzensicherungen bestimmen. Nachdem wir auch dieses Gewicht in unserer Tabelle unter Kolbengewicht K eingetragen haben, setzen wir die Zahlenwerte in die entsprechende Formel ein und rechnen:

(Beispiel)

Pleuelanteil P = 130 Gramm

Gewicht G = 150 Gramm

Kolbengewicht K = 400 Gramm

$$\text{Auswuchtverhältnis } A = \frac{(G + P)}{(K + P)} \times 100\,(\%)$$

$$A = \frac{(150\text{ gr} + 130\text{ gr})}{(400\text{ gr} + 130\text{ gr})} \times 100\,(\%)$$

$$A = \frac{280\text{gr}}{530\text{gr}} \times 100\,(\%)$$

$$A = 52{,}8\%$$

Nehmen wir an, unser neuer Kolben wäre ein ausgesprochenes Leichtgewicht mit einem ermittelten Komplettgewicht von nur 300 Gramm einschließlich Ringen, Bolzen etc. Dann ergibt sich nach unserer Formel bei unveränderter Kurbelwelle folgendes Auswuchtverhältnis An:

$$An = \frac{150\text{ gr} + 130\text{ gr}}{300\text{ gr} + 130\text{ gr}} \times 100\,(\%)$$

$$An = 65\%$$

Was machen wir nun? Das Auswuchtverhältnis ist mit unserem neuen Kolben ein ganzes Stück höher

Hier wird die Auswuchtbohrung angebracht.

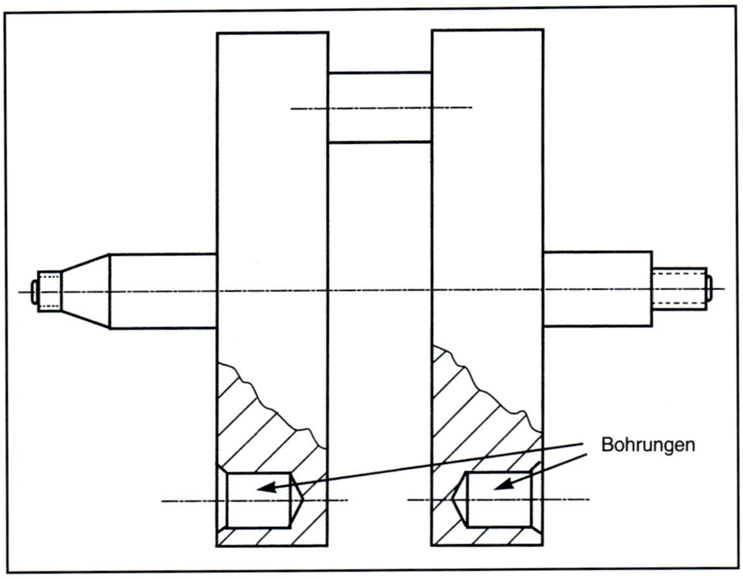

Die Erleichterungsbohrungen sollten gleichmässig auf beiden Seiten der Kurbelwelle angebracht werden. Wieviel Material ausgebohrt werden muss, lässt sich nach einer einfachen Formel berechnen.

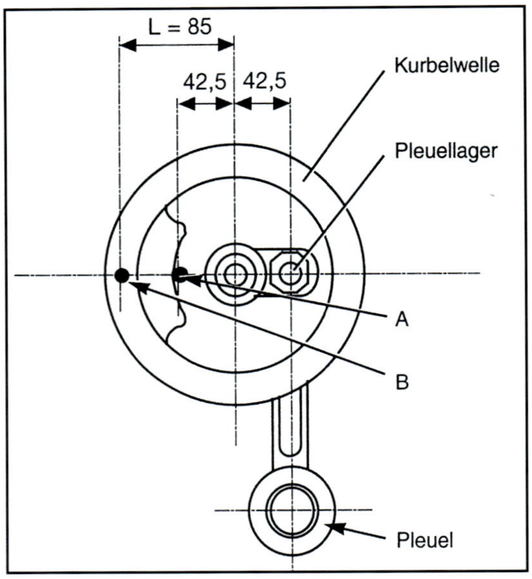

Mögliche Positionen für die Auswuchtbohrungen.

als das ursprüngliche. Wir müssen die Kurbelwelle nachwuchten. Aber keine Panik, auch das ist keine Hexerei. Wir benötigen weder eine Spezialfirma noch irgendwelches sündhaft teures Spezialwerkzeug. Lediglich eine Bohrmaschine und entsprechende Bohrer. Aber die gehören ja wohl zur Mindestausstattung einer jeden Hobbywerkstatt. Damit muss nun aus den beiden Kurbelwellenwangen auf der gegenüberliegenden Seite des Pleuelzapfens soviel Material herausgebohrt werden, dass wir wieder auf das ursprüngliche Auswuchtverhältnis A (in unserem Beispiel 52,8 %) kommen. Das heißt, wir müssen die Differenz D zwischen dem Gewicht G für den alten Kolben und dem noch zu errechnenden Gewicht Gn für den neuen Kolben ausgleichen.

$$Gn = \frac{(Kn + P) \times A}{100} - P \text{ (Gramm)}$$

D = G - Gn (Gramm)

hierbei sind :

Kn = Gewicht des neuen Kolbens mit Ringen, Bolzen etc. in Gramm.

D = Differenz zwischen dem gewogenen Gewicht G für den alten Kolben und dem errechneten Gewicht Gn für den neuen Kolben in Gramm.

(Beispiel)

$$Gn = \frac{(300 \text{ gr} + 130 \text{ gr}) \times 52{,}8}{100} - 130 \text{ gr}$$

Gn = 97,04 Gramm

D = 150 gr - 97,04 gr

D = 52,96 Gramm

Würden wir nun die Bohrungen auf dem Kurbelradius (42,5 mm) gegenüber dem Pleuelzapfen anbringen (Pkt. A in der Skizze oben rechts), wäre unser angestrebtes Auswuchtverhältnis von 52,8 % erreicht. Da wir aber unsere Erleichterungsbohrungen am Rand der Schwungscheibe auf dem zweifachen Kurbelradius, also bei 85 mm anbringen wollen (Pkt. B in der Skizze oben rechts), muss nur die Hälfte des Materials, also 26,48 Gramm ausgebohrt werden. Wichtig ist, dass die Gewichtsreduzierung gleichmäßig auf beide Schwungscheiben verteilt wird. Am Ende unserer Arbeit wiegen wir die Welle zur Sicherheit noch einmal nach, um uns davon zu überzeugen, dass wir das ursprüngliche Auswuchtverhältnis wieder erreicht haben. Leider ist es nicht möglich, ein bestimmtes Auswuchtverhältnis anzugeben, das für alle Motoren Gültigkeit besitzt und dabei eine optimale Laufruhe garantiert. Aus diesem Grund kann nur als Richtwert gesagt werden, dass das Auswuchtverhältnis eines Einzylinders normalerweise zwischen 50 und 60 % beträgt. Maßgebend ist letzten Endes immer, wie sich der Motor im Fahrwerk verhält. Sollten trotz gründlicher Auswuchtarbeit noch übermäßige Vibrationen auftreten, kann eine zusätzlich Abstützung des Zylinderkopfes am Rahmen Abhilfe schaffen.

5.1.3.6.2 Kurbelwellenlagerung

Zur Lagerung der Kurbelwellen an Motorradmotoren wurden von den Herstellern meist Kugel- oder Rollenlager, vielfach auch die Kombination aus beiden verwendet. Diese Lager werden nach einer gründlichen Reinigung sorgfältig inspiziert und können gegebenenfalls wieder verwendet werden. Voraussetzung ist allerdings ein einwandfreier Zustand aller Wälzkörper sowie deren Laufbahnen. Kleine Material-Abplatzungen, sogenannte Pitting-Bildungen, sind die häufigsten Verschleißerscheinungen an Wälzlagern. Derartige Teile, aber auch Laufringe mit feinen Haarrissen sind Schrott und dürfen nicht wieder eingebaut werden. Das ist aber in den meisten Fällen unproblematisch, da Wälzlager bereits seit Jahrzehnten genormt und daher für ein paar Mark im Fachhandel erhältlich sind. Bei derartigen Standard-Lagern empfiehlt sich sowieso eine Erneuerung. Schwieriger gestaltet sich da schon die Beschaffung irgendwelcher Sondergößen für Maschinen aus den Kindertagen des Motorradbaues. Auch zöllige Lager sind nicht ganz so einfach zu bekommen wie deren metrische Kollegen. Die Kurbelwellen-Hauptlager an unserer Indian waren wohl irgendwann schon einmal erneuert worden. Sie befanden sich in einem Zustand, der einen bedenkenlosen Wiedereinbau zuließ. Glück gehabt...
Ungleich problematischer gestaltet sich die Erneuerung von Gleitlagern. Bei den MAG-Motoren handelte es sich Ende der 20er und Anfang der 30er Jahre um die, neben den englischen JAP, am meisten verbreiteten Einbaumotoren in Deutschland und dem benachbarten Ausland. Sie besaßen eine so genannte Frischöl-Schmierung und eine in Bronzebuchsen gelagerte Kurbelwelle. Ihrer großen Popularität verdanken wir heute noch einen relativ großen Bestand an diesen herrlichen Triebwerken. Sie galten als nahezu unverwüstlich und eigneten sich für den Rennsport ebenso wie für die tägliche Fahrt zur Arbeit. Aber irgendwann lässt auch der beste Motor Verschleiß erkennen und muss überholt werden. Dabei ist dann auch häufig das Austauschen der Hauptlager der Kurbelwelle sowie der beiden Lagerzapfen erforderlich. Hierzu müssen normalerweise die beiden Kurbelwangen auseinandergepresst und die Lagerzapfen durch neue, gehärtete und geschliffene Ersatzzapfen ausgetauscht werden. Die Welle muss anschließend wieder zusammengebaut und fachmännisch zentriert werden. Darüber hinaus sind die maroden Lagerschalen aus den beiden Kurbelgehäusehälften zu pressen und durch neu angefertigte Teile zu ersetzen. Das derartige Instandsetzungen nicht ganz billig sind, liegt auf der Hand. Trotzdem kann man mit ein wenig Geschick und technischem Verständnis

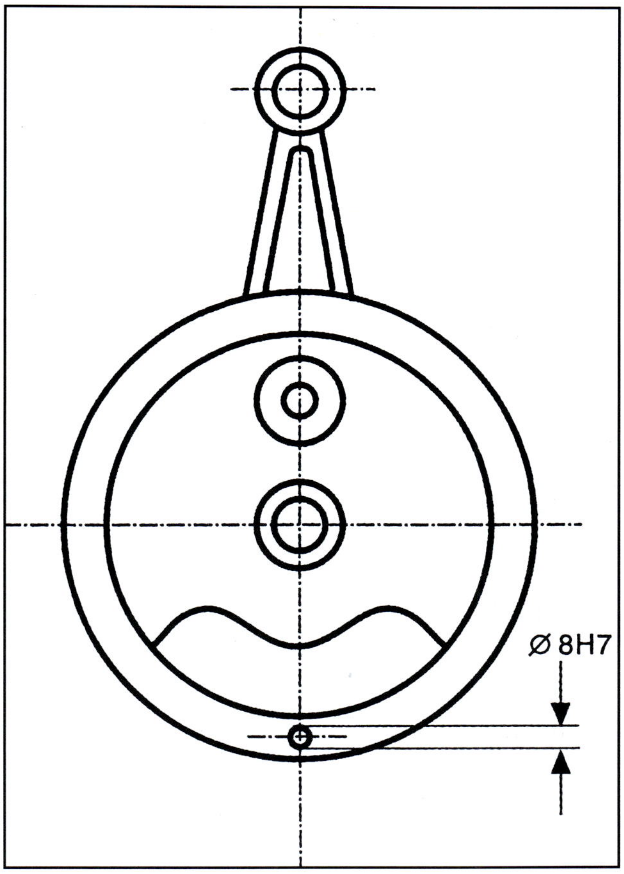

Eine Bohrung, durchgehend durch beide Wangen!

wesentliche Dinge selbst machen und dadurch die Reparaturkosten auf ein erträgliches Maß senken. Wir wollen am Beispiel eines MAG-Motors zeigen, wie man die Sache angeht.
Zuerst demontieren wir den Kolben in der bereits beschriebenen Weise. Dann bohren wir durch beide Kurbelwangen ein durchgehendes, fluchtendes Loch von 7,8 Millimeter Durchmesser. Und zwar an der dem Kurbelzapfen gegenüber liegenden Seite. Mit einer Reibahle 8H7 reiben wir die Bohrung auf, um beim späteren Zusammenbau der Welle einen entsprechenden Passstift zum Zentrieren aufnehmen zu können. Diese Bohrung durch beide Kurbelwellenwangen gewährleistet, dass die Wangen nach der Reparatur wieder in der gleichen Lage zueinander stehen wie vorher. Das heißt, eine spätere Zentrierung ist nicht mehr erforderlich. Auf die gleiche Art und Weise, wie wir die Kurbelwelle der Indian zerlegt haben, werden auch die beiden Schwungscheiben der MAG-Welle demontiert: Zum Trennen der beiden Kurbelwellenhälften wird eine der beiden Muttern, mit denen die Hälften auf den Konen des Pleuellagerzapfens verschraubt sind, gelöst. Wohlgemerkt, nur gelöst, ein oder zwei Gewindegänge. Auf keinen Fall die Mutter ganz abdrehen!

Trennen der beiden Kurbelwellenhälften mit Messingdorn und einem Fäustel.

Der Rest funktioniert am besten, wenn man zu zweit ist. Während einer die Kurbelwelle an der Scheibe, an der zuvor die Mutter gelöst wurde, festhält, löst der andere mit einem beherzten Hammerschlag den Hubzapfen aus dem Konus. Natürlich nicht direkt auf den gehärteten Hubzapfen. Wir benutzen einen entsprechenden Dorn aus Messing oder Kupfer. Und der Hammer sollte seinem Namen alle Ehre machen: Ein Fäustel ist gerade richtig. Mit einem Hämmerchen geht's schief. Wenn der Schlag richtig gesessen hat, lassen sich jetzt die beiden Kurbelwellenhälften spielend leicht gegeneinander verdrehen. Jetzt schrauben wir die Mutter ganz ab, und können das Pleuel samt Lager vom Kurbelzapfen nehmen. Als nächstes werden die beiden Muttern auf der Rückseite der Lagerzapfen gelöst und die Zapfen wie zuvor mit Messingdorn und Hammer von der Rückseite herausgeschlagen.
Würden wir uns jetzt für die Verwendung neuer Original-Zapfen entscheiden, wäre auch ein Satz neuer Bronzelagerschalen, die in den Kurbelgehäusehälften sitzen, fällig. Da aber Original-Lagerzapfen heute so selten sind wie sechs Richtige im Lotto, müssen wir neue Zapfen anfertigen lassen. Geschickter Weise wählen wir diese im Außendurchmesser um einen Milli-

Die alten Lagerbuchsen lassen sich nach dem Aufreiben wiederverwenden…

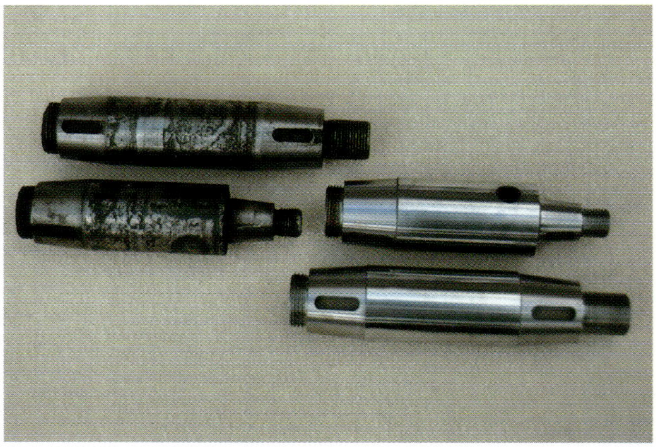

…wenn die neuen Lagerzapfen mit Übermaß angefertigt werden.

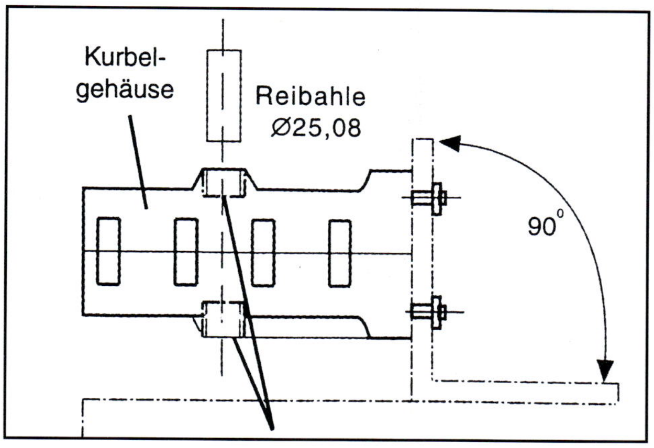

Beide Lagerbuchsen fluchtend aufreiben.

Nacharbeiten der Schmiernuten mit einem Kugelkopf-fräser.

meter größer, das heißt: Mit einem Durchmesser von 25 statt der originalen 24 Millimeter. Alle anderen Maße bleiben gleich. Durch die Übergröße der Lagerzapfen, die auch manchmal in Fachzeitschriften für rund 300 Mark pro Paar angeboten werden, kann auf die Neuanfertigung der Bronzelager verzichtet werden. Die Originallager können im Gehäuse bleiben und brauchen nur bei zusammengeschraubten Gehäusehälften fluchtend auf einen Durchmesser von 25,08 Millimeter aufgerieben werden. Aber Achtung! Die Lager besitzen Schmiernuten, deren Lage und Verlauf wir uns vor dem Aufreiben aufskizzieren. Sollte es erforderlich sein, können sie nach dem Aufreiben mit einem kleinen Kugelkopffräser mittels biegsamer Welle nachgearbeitet werden. Nachdem wir die neuen Lagerzapfen für die Kurbelwelle haben, werden diese in umgekehrter Reihenfolge des Ausbaues wieder eingebaut. Das Pleuel wird mit seinem Lager nach entsprechender Reinigung wieder auf den Pleuelzapfen gesetzt. Die beiden Kurbelwellenwangen fügen wir zusammen und treiben den Passstift mit leichten Hammerschlägen durch beide Kurbelwellenhälften. In dieser Stellung werden nun beide Hälften durch Anziehen der Pleuelzapfen-Muttern fest miteinander verspannt. Gut anziehen ist ganz wichtig. Abschließend wird der Zylinderstift wieder entfernt und die Bohrungen

Kraftwerk: Der 350er MAG-Motor nach der Überholung...

...und nach dem Wiedereinbau in eine UT von 1929.

werden zuletzt mit selbstgemachten Stahlstiften verschlossen, um das ursprüngliche Auswuchtverhältnis wieder herzustellen. Die Stifte, die mit den Rändern der Bohrung bündig abschließen müssen, werden durch Verstemmen mit einem Körner gesichert. All das kann man mit etwas Geschick selber machen. Es ist bei Motoren, deren Nenndrehzahl unter 5000 U/min liegt, absolut unbedenklich. Mit einer UT von 1929 fahre ich nun schon seit Anfang der 80er Jahre Veteranenrennen. Der Motor wurde genau nach diesem Verfahren überholt. Lediglich das Lagerspiel ist aufgrund der höheren Beanspruchung um 0,02 Millimeter größer.

5.1.3.6.3 Das Pleuel

Wie wir bereits im Kapitel Kolbenbolzenlager gelernt haben, gehört das Pleuel zu den am stärksten beanspruchten Bauteilen des Motors. Es darf weder verbogen noch in sich verdreht sein. Ist beispielsweise ein Pleuelschaft infolge eines Motorschadens nur leicht verbogen, kann er wieder gerichtet werden. Ist das Pleuel allerdings richtig krumm, muss Ersatz her. Weit häufiger als mit einem verbogenen Pleuelschaft werden wir bei alten Motoren jedoch mit defekten Pleuellagern konfrontiert. In der entsprechenden Fachliteratur heißt es oft, dass sich ein defektes, rollengelagertes Pleuel meist durch metallisches Klopfen oder Rollen während des Fahrbetriebes bemerkbar machen wird. Das ist zwar richtig, aber in den wenigsten Fällen ist ein Scheunenfund noch fahrbereit. Was dann?

Vorausgesetzt, es ist nicht völlig festgerostet, so können wir ein verschlissenes Pleuellager auch anhand seines Lagerspiels erkennen. Bewegen wir das Pleuel in senkrechter Richtung, so darf sich hier kein fühlbares Spiel bemerkbar machen. Als nächstes versuchen wir, das Pleuel seitlich nach beiden Seiten zu kippen. Eine leichte Kippbewegung ist hierbei absolut normal und unbedenklich. Bewegt sich das Pleuel, gemessen am oberen Ende des Kolbenbolzenlagers um mehr als 2 Millimeter, so ist bereits eine Instandsetzung empfehlenswert. Beträgt das Mass jedoch schon 4 oder gar 5 Millimeter, so ist eine Reparatur unbedingt erforderlich. Wälzkörper und Laufbahnen haben sich mit der Zeit abgenutzt und übermäßiges Spiel erhalten, die Welle muss zerlegt werden. Sitzen die Schwungscheiben auf Konen, können wir die Welle, wie im Kapitel Kurbelwellenlagerung beschrieben, selbst zerlegen. Haben wir es mit einer gepressten Welle zu tun, sollten wir sie in einem Fachbetrieb mit Hilfe einer Presse demontieren lassen. Auf gar kei-

Prüfung eines Pleuels auf Verbiegung.

Prüfung eines Pleuels auf Verdrehung.

nen Fall versuchen, durch Schläge mit einem Hammer die Schwungscheiben voneinander zu trennen. Das geht mit Sicherheit schief.

Nach dem Zerlegen werden Hubzapfen und Pleuelaugenbohrung genau untersucht und mit einer Mikrometerschraube gemessen. Ist der Verschleiß größer als 0,04 Millimeter, zeigt die Lauffläche des Hubzapfens Pittingbildung oder andere Einschlüsse, beispielsweise durch Korrosion, so ist die Anfertigung eines neuen Hubzapfens meist unumgänglich. Klar, dass dann auch neue Rollen eingebaut werden. Sind die Laufflächen jedoch noch völlig rund und der Verschleiss beträgt nur einige Hundertstel Millimeter, besteht die Möglichkeit, zu viel Spiel mit sogenannten Übermaßrollen auszugleichen. Die Differenz zwischen dem Pleuelaugendurchmesser und dem Durchmesser des Hubzapfens muss unter Berücksichtigung des Rollendurchmessers 0,02 bis 0,03 Millimeter betragen. Eine weitere Möglichkeit der Pleuellager-Instandsetzung ist die Umrüstung auf moderne Nadellager. Dafür kann eventuell der alte Hubzapfen noch einmal überschliffen werden. Das Differenzmaß der ursprünglichen Rollen zu den wesentlich dünneren Nadeln lässt sich danach durch einen gehärteten Laufring, der in das Pleuelauge eingesetzt wird, ausgleichen. Da derartige Reparaturen neben Spezialwerkzeugen auch ein großes Maß an Präzision und Erfahrung erfordern, sollten wir auf jeden Fall einen Fachmann zu Rate ziehen oder die komplette Kurbelwelle gleich zu einem Fachbetrieb geben.

Einsetzen des Laufrings in das Pleuellager.

5.1.3.7 Das Auslitern von Motoren

Es gibt zahlreiche Gründe, die es als sinnvoll erscheinen lassen, das Verdichtungsverhältnis eines Motors zu ermitteln. Wenn wir beispielsweise einen Motor haben, der trotz korrekter Zündeinstellung und dem vorgeschriebenen Kraftstoff zum „Klingeln" neigt. Ein anderer Grund können ein oder mehrere neue Kolben sein, die im Durchmesser deutlich größer sind als die alten und ein entsprechendes Aufbohren der Zylinder erfordern. Und schließlich soll es ja auch Oldtimer-Besitzer geben, die einfach nur wissen wollen, wie hoch die Verdichtung ihrer Maschine nun wirklich ist. Was auch immer der Grund ist, zunächst ist es wichtig zu wissen, was das Verdichtungsverhältnis bedeutet und wie es ermittelt wird. Ein altes Lehrbuch beschreibt es kurz und knapp: „Der aufwärtsgehende Kolben preßt die gesamte Gasmenge in den oberen Zylinderraum, den Verdichtungs- oder Brennraum. Der Druck steigt dabei gleichmäßig an und erreicht einen bestimmten Wert, der sich aus dem Verhältnis des Hubraums zum Brennraum ergibt. Dieses Verhältnis bezeichnet man als Verdichtungsverhältnis Epsilon eines Motors." Der Hubraum ist – wenn unbekannt – recht einfach nach der Formel zu berechnen:

$$\text{Volumen} = \frac{3{,}14 \times D \times D \times h}{4} \quad (\text{cm}^3)$$

D = Zylinderdurchmesser in cm

h = Kolbenhub in cm

Die Volumenbestimmung des Brennraums ist dagegen nicht so einfach. Seine Oberfläche besitzt meist keine gleichmäßige Form. Sie ist dach- oder halbkugelförmig, unterbrochen durch Ventile, Zündkerzen und nicht zuletzt durch die Form des Kolbenbodens. Am einfachsten lässt sich die Größe des Brennraums durch das Auslitern ermitteln. Auslitern bedeutet nichts anderes, als den Brennraum bei der höchsten Kolbenstellung und geschlossenen Ventilen mit einer Flüssigkeit zu füllen und deren Menge genau zu bestimmen. Aufwendiges Spezialwerkzeug ist dazu ebenso wenig nötig

Das Auslitern eines Brennraums mit Öl und einer Spritze.

wie komplizierte Berechnungen oder dergleichen. Als Zutaten brauchen wir neben Schreibzeug und Taschenrechner ein Messglas oder eine große Spritze mit einer Skalierung von einem Kubikzentimeter pro Teilstrich. Als Ausliterflüssigkeit eignet sich am besten ein dünnes Öl, beispielsweise Zweitaktöl. Ferner brauchen wir etwas Lagerfett und ein paar Holzklötze zum Ausrichten des Motors, denn selbstverständlich lässt sich die Prozedur am besten bei ausgebautem Triebwerk durchführen. Um ein wirklich exaktes Ergebnis zu erhalten, sollten wir den Zylinderkopf demontieren und mit einem Streifen Messingblech (für das Grobe) und einer rotierenden Messingbürste (für das Feine) die Verbrennungsrückstände im Kopf und auf dem Kolbenboden entfernen. Abschließendes Polieren mit einer Filzscheibe verhindert übrigens, dass sich später gleich wieder Ölkohle ablagert. Nun drehen wir die Kurbelwelle in eine Stellung, in welcher der Kolben nach unten fährt, bestreichen den oberen Teil der Zylinderwand mit reichlich Lagerfett und drehen die Kurbelwelle weiter, bis der Kolben seinen höchsten Punkt erreicht hat.

Das nun nach oben geförderte Fett wird gründlich abgewischt, der verbleibende Rest dient als Abdichtung zwischen Zylinderwand und Kolben. Unter Verwendung einer neuen Kopfdichtung montieren wir anschließend den Zylinderkopf und ziehen ihn vorschriftsmäßig fest. Als nächstes gilt es, den Zylinderkopf in eine Lage zu bringen, in der das Kerzenloch den höchsten Punkt des Brennraums markiert. Mit den erwähnten Kanthölzern ist das im Handumdrehen passiert. Jetzt befüllen wir unser Messgefäß mit einer genau bestimmten Menge Öl, im gezeigten Fall eine Spritze mit 80 Kubikzentimeter Automatikgetriebeöl. Bevor wir den Brennraum auslitern, sollten wir ein letztes mal prüfen, ob sich der Kolben wirklich in seiner höchsten Stellung befindet. Ist das der Fall, können wir den Brennraum mit Öl füllen, bis er zur Unterkante des Zündkerzenloches gefüllt ist. Die in der Spritze verbleibende Menge ziehen wir nun von den 80 Kubikzentimetern ab und erhalten so die Ölmenge, die sich im Brennraum befindet. Anschließend kann das Öl mit einer Spritze und einem Schlauch wieder abgesaugt werden. Der praktische Teil wäre damit beendet. Zur Berechnung des Verdichtungsverhältnisses ermitteln wir nun den genauen Hubraum, wenn er denn nicht zuverlässig bekannt ist. In unserem Fall beträgt der Zylinderdurchmesser 72 Millimeter, der Kolbenhub 85 Millimeter. Ergebnis der Rechnung: 349,9 Kubikzentimeter. Um jetzt das Verdichtungsverhältnis zu ermitteln, addieren wir diesen Hubraum zu dem Ergebnis des Auslitern. Beim gezeigten MAG-Motor waren das genau 70 Kubikzentimeter und teilen die Summe eben durch diesen Brennrauminhalt.

$$\text{Verdichtungsverhältnis Epsilon} = \frac{Vh + Vk}{Vk}$$

Vh = Hubraum in cm³

Vk = Verdichtungsraum in cm³

419,9 Kubikzentimeter geteilt durch 70 ergibt 5,94 – was nichts anderes bedeutete, als dass unser MAG-Treibsatz 5,94:1 verdichtet ist. Nun ist viel-

Kapitaler Motorschaden durch zu hohe Verdichtung.

fach bekannt, dass eine höhere Verdichtung zu einer höheren Motorleistung führt. Aber Vorsicht! Das Ganze funktioniert nur bis zu einem gewissen Grad, und sollte – wenn überhaupt – nur kerngesunden Motoren zugemutet werden. Wieviel „Druck" das Triebwerk verträgt, kann nur die Erfahrung zeigen. Die Verdichtung unseres „Schweizer Krachers", des 350er MAG, kann ohne Probleme auf 7:1 erhöht werden. Um das zu erreichen, muss natürlich das Brennraumvolumen verkleinert werden. Der einfachste Weg dazu ist der Einbau einer möglichst dünnen Kopfdichtung. Ist das nicht möglich, weil sie ohnehin sehr dünn ist, muss an einer der Zylinderstirnseiten Material abgedreht werden. Wieviel genau, lässt sich mit der folgenden Formel berechnen:

$$HM = \frac{\text{Kolbenweg in mm}}{(\text{alte Verdichtung-1})} - \frac{\text{Kolbenweg in mm}}{(\text{neue Verdichtung-1})} \text{ (mm)}$$

HM = Höhenmaß

Im konkreten Fall endet die Rechnung bei drei Millimetern. Sollten wir einen hochverdichteten Motor niedriger verdichten wollen, können wir uns übrigens derselben Formel bedienen. Logischerweise muss dann eine dickere Kopfdichtung oder eine Platte zwischen Kurbelgehäuse und Zylinder montiert werden. Auf solche Art lässt sich ein Motor beispielsweise an niedrigoktaniges Benzin anpassen oder auch einfach nur die Materialbelastung senken. Abschließend noch eine Warnung: Zu hohe Verdichtung kann sich schmerzlich bemerkbar machen! Bei einer Verdichtung von 8:1 rissen die Zugankerschrauben des abgebildeten Motors aus dem Aluminium-Kurbelgehäuse aus und hinterließen einen nur noch schwer zu reparierenden Schaden. Also bitte nicht zu viel des Guten...

5.1.3.8 Zündkerzenadapter

Zündkerzen für Vorkriegsklassiker, die dicken mit dem M18-Gewinde, sind teuer, und es gibt sie nicht an jeder Straßenecke. Original hin, original her, es bietet sich ein Umbau auf die Verwendung heute

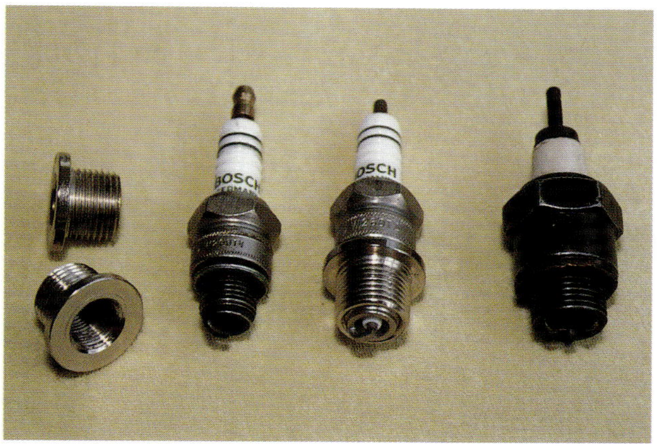

Mit entsprechenden Kerzenadaptern lassen sich auch moderne Zündkerzen in Oldtimern verwenden. Von links: Adapter, moderne Kerze M14 x 1,25 ohne Adapter, moderne Kerze mit Adapter, alte Kerze M18 x 1,5.

gängiger Zündkerzen an, der sich günstig und ohne allzu großen Aufwand durchführen lässt. Die Kerzen mit M18-Gewinde sind zwar noch verfügbar, aber eben nicht so einfach zu bekommen wie die aktuellen Exemplare. Überdies sind sie rund vier mal so teuer, und wer Sonntag abends bei Nieselregen auf der Landstraße Ersatz braucht, wird weder beim ADAC-Mann noch an der nächsten Tankstelle Hilfe bekommen. Dass die Panne ausgerechnet dann passiert, wenn die Ersatzkerze zuhause geblieben ist, versteht sich von selbst...

Es gibt eine sehr einfache und billige Methode, unsere alte Maschine auf die heute verwendeten, in jedem Baumarkt erhältlichen Kerzen mit den Gewindemaßen M14 x 1,25 umzurüsten. Eine Methode, bei der in den meisten Fällen nicht einmal der Zylinderkopf demontiert werden muss. Spezialwerkzeug ist nicht erforderlich, lediglich eine Drehmaschine ist für die Anfertigung des Adapters nötig. Nun versteht natürlich nicht jedermann, mit einer Drehmaschine umzugehen, aber eine gute Schlosserei kann für kleines Geld weiterhelfen. Eine Skizze mit allen erforderlichen Maßen und im Nu ist das Ding gedreht...

Der fertige Adapter hat außen das alte Kerzengewinde M18 x 1,5 und innen das bereits erwähnte Gewinde M14 x 1,25. Es sind seit einiger Zeit Zündkerzen mit noch dünnerem Gewinde für verschiedene Auto- und Motorradtypen auf dem Markt. Sie sind in erster Linie für moderne Vier-

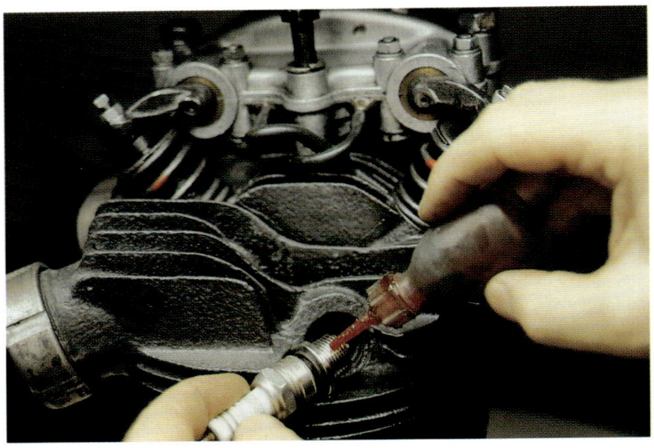

Einsetzen des Adapters mit Schraubensicherungsmittel.

Bohren der Stiftlöcher.

ventilmotoren gedacht, bei denen der Platz für die Kerze zwischen den Ventilen eng wird, bringen in unserem Fall aber keinerlei Vorteile. Mit dem einfachen Hineinschrauben des Adapters ist es natürlich nicht getan. Zuerst sollte das Gewinde der zukünftigen Zündkerze mit Graphit – beispielsweise aus einer Bleistiftmiene – bestrichen werden. Anschließend kann die Kerze in den Adapter eingedreht werden. Als nächstes geben wir einen Tropfen Schraubensicherungsmittel auf das saubere, entfettete Außengewinde und schrauben die Kerze gemeinsam mit dem Adapter fest in das originale, ebenfalls gereinigte Kerzenloch ein. Sobald das Schraubensicherungsmittel fest ist – Angaben dazu finden sie auf der Packungsbeilage der verschiedenen Fabrikate –, kann die Kerze wieder herausgeschraubt werden. Das aufgetragene Graphit stellt im Normalfall sicher, dass dies problemlos geschieht, sprich ohne den Adapter wieder zu lösen. Sollte das dennoch geschehen, können wir die Prozedur einfach noch einmal wiederholen. Dieses mal mit etwas mehr Sicherungsmittel und etwas längerer Wartezeit.

Als nächstes bohren wir zwei Stiftlöcher mit zwei bis drei Millimeter Durchmesser durch den Kragen des Adapters etwa 5 Millimeter tief in den Zylinderkopf hinein. Die Bohrungen sollten nach Möglichkeit am äußeren Rand des Adapters angebracht werden, um eine einwandfreie Dichtfläche für die Zündkerze zu gewährleisten. Bevor die Löcher gebohrt werden, muss selbstverständlich das Kerzenloch verschlossen werden, um zu verhindern, dass beim Bohren Späne in den Brennraum fallen. Dazu eignet sich Klebeband, aber auch Knetmasse taugt hervorragend für diesen Zweck. Nach dem Bohren werden die Späne sorgfältig entfernt und zwei leicht übermaßige Stifte, die wir uns aus Stahlnägeln einfach selber herstellen, in die Bohrung eingesetzt. Die Stifte sollten stramm in den Bohrungen sitzen. Wenn sie geringfügig kürzer sind als die Bohrungen tief, können sie zusätzlich noch mit einem Dorn verstemmt werden. Diese Sicherungsstifte gewährleisten, dass der Adapter auch bei einem Zündkerzenwechsel bei heißem Motor fest an seinem Platz bleibt. Das Schraubensicherungsmittel ist dazu bei mehreren Hundert Grad Celsius nämlich nicht mehr in der Lage. Originalfetischisten mögen die Stirn in Falten ziehen, doch letztendlich besteht jederzeit die Möglichkeit, den kleinen Eingriff ohne große Probleme wieder rückgängig zu machen. Das Einzige was dann zurückbleibt, sind die winzigen Löcher im Zylinderkopf für die Aufnahme der Sicherungsstifte. Es versteht sich von selbst, dass sich auf die gleiche Weise auch „morsche" Kerzengewinde im Zylinderkopf instandsetzen lassen, indem eine entsprechende Buchse eingesetzt wird.

5.1.3.9 Die Schmierung

Zur Schmierung des Motors kommen ausschließlich Öle zum Einsatz, die genau auf die speziellen Anforderungen abgestimmt sind. Neben seiner Hauptaufgabe, nämlich die Reibung der aufeinander gleitenden Teile zu minimieren und somit übermäßigem Verschleiß aller Motorenbauteile entgegen zu

Ölpumpe an einer Zweitakt-Yamaha mit Getrenntschmierung.

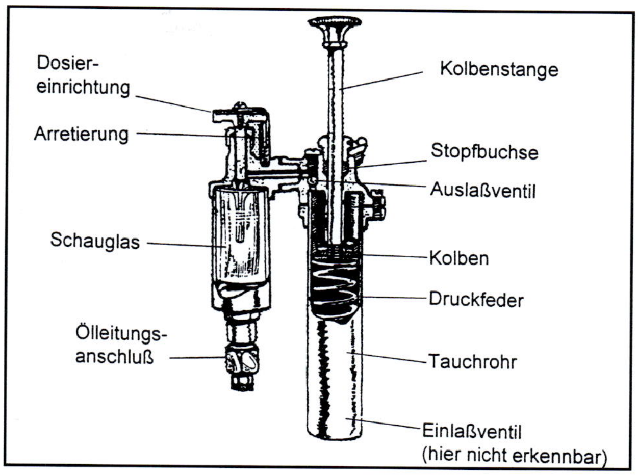

Handölpumpe von Best & Lloyd aus den 20er Jahren.

Öltank mit Handölpumpe an einer Opel-Bahnrennmaschine.

Auch die Norton-Modelle besaßen die in den 20er Jahren weit verbreitete Frischölschmierung.

NSU OSL 251-Motor mit Trockensumpfschmierung und angegossenem Öltank.

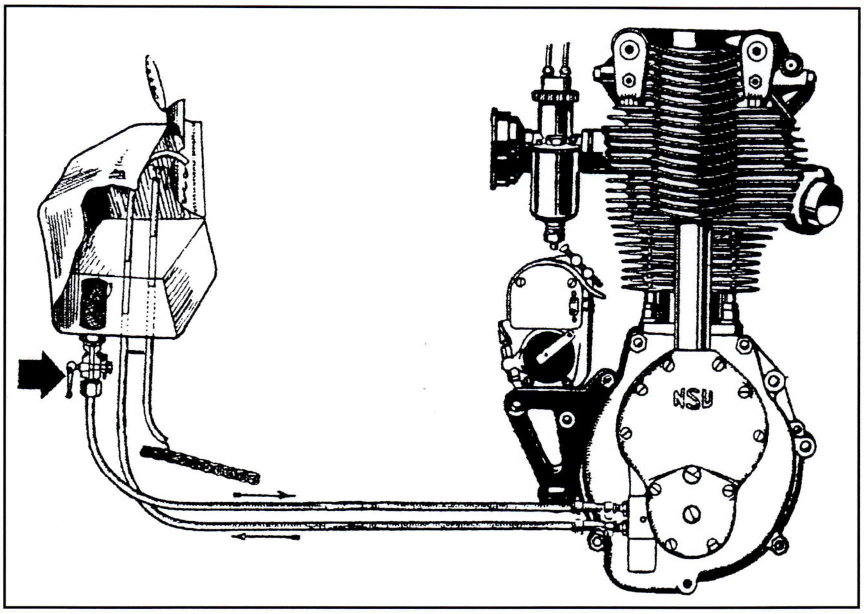

Betriebsbereit: Der Ölhahn für die Trockensumpfschmierung muss vor dem Start immer geöffnet werden. Sonst geht der Motor fest.

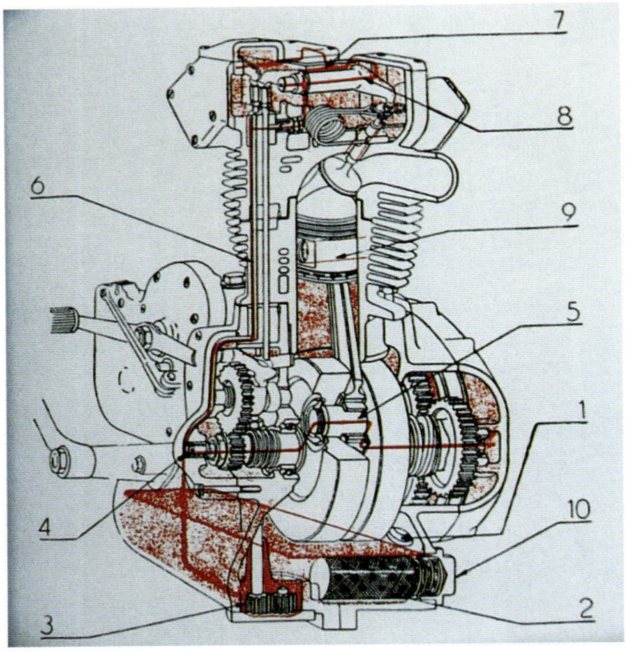

In den 30er Jahren setzte sich die Druckumlaufschmierung, hier an einem Gilera Saturno-Motor dargestellt, immer mehr durch.

wirken, soll das Öl auch kühlen, dichten und die Bildung von Korrosion verhindern. Zu den einfachsten Arten der Schmierung zählt die Mischungsschmierung, wie sie über viele Jahrzehnte in den Zweitaktmotoren Verwendung fand. In einem vom Hersteller angegebenen Mischungsverhältnis von ca. 1:20 bis 1:25 wird Öl dem Kraftstoff zugeführt und gelangt mit ihm in das Motorinnere und so an alle Schmierstellen. Die Mischungsschmierung ist preiswert, arbeitet absolut zuverlässig und erfordert keinerlei mechanische Zusatzaggregate wie beispielsweise Öltank, Ölpumpe oder dergleichen. Erst nach dem zweiten Weltkrieg, besonders mit der Einführung fernöstlicher Zweitakt-Maschinen setzte sich die Getrenntschmierung mehr und mehr durch. Vorteile dieser Schmierung sind eine exaktere, drehzahl- und lastabhängige Dosierung des zugeführten Motoröls und das Tanken von gewöhnlichem Kraftstoff anstelle des bis dahin erforderlichen Gemisches. Für Viertakt-Motoren sind die genannten Schmierungsarten jedoch nicht einsetzbar, da hier das Gemisch nicht das Kurbelgehäuse durchströmt und obendrein die dem Zweitakter fremde Ventilsteuerung mit Öl versorgt werden muss. Das in den Jahren vor 1935 gebräuchlichste Verfahren war die Frischölschmierung. Sie erforderte einen Öltank, aus dem das Schmiermittel über eine Pumpe zu den Schmierstellen des Motors befördert wurde. Anfangs handelte es sich hierbei um handbetriebene, nach dem ersten Weltkrieg zunehmend um automatische Ölpumpen, deren Antrieb meist durch die Nockenwelle erfolgte. Bei der Frischölschmierung erhält der Motor stets kühles, frisches und daher absolut sauberes Öl. Die Ölpumpen besitzen einen oder mehrere getrennt regulierbare Wege, die nach Herstellerangaben einzustellen sind. Ein kleines Schaufenster erlaubt die einfache Kontrolle. Liegen keine exakten Angaben zu den einzelnen Fördermengen vor, genügt es in den meisten Fällen, den Zufluss zu den Kurbelwellenlagern so zu dosieren, dass im Leerlauf ungefähr alle 3 bis 4 Sekunden ein Tropfen befördert wird. Der zur Versorgung der Kipphebel zuständige Pumpenteil wird etwa auf die halbe Fördermenge eingestellt. Sollte sich im Fahrbetrieb herausstellen, dass blauweiße Wölkchen aus dem Auspuff entweichen, fördert die Ölpumpe zu viel. Die Einstellung sollte dann noch einmal korrigiert werden. Auch unsere Indian verfügt über ein derartige automatische Frischölpumpe. Der Öltank ist geschickt im Benzintank integriert und mit einer zusätzlichen Handpumpe ausgestattet. Sie erlaubte dem Fahrer, auf Vollgasstrecken oder an langen Steigungen zur normalen Fördermenge zusätzliches Schmieröl zum Motor zu pumpen.

Ab den 30er Jahren fand die auch heute noch weit verbreitete Druckumlaufschmierung mehr und mehr Verwendung. Hier wird das Motoröl in ständigem Kreislauf gehalten und von einer Pumpe unter Druck zu den Schmierstellen transportiert. Das abtropfende Öl sammelt sich in einer Ölwanne, von wo es gefiltert gleich wieder in Umlauf gebracht wird. Bei den Pumpen handelt es sich meist um Zahnradpumpen, es kommen aber auch Kolbenpumpen zur Anwendung. Die bei Motorradmotoren nach 1935 am häufigsten anzutreffende sogenannte Trockensumpfschmierung ist eine Abart der Druckumlaufschmierung. Hierbei besitzen die Fahrzeuge separate Ölbehälter. Die Motoren arbeiten mit zwei Ölpumpen. Eine, die das Öl zu den Schmierstellen pumpt, und eine zweite, die die Ölwanne ständig leersaugt – daher Trockensumpf – und das Öl in den Öltank zurück transportiert. Um sicher zu stellen, dass die Ölwanne immer leer ist, besitzt die Trockensumpfpumpe eine größere Fördermenge als die Druckpumpe. Es ist daher wichtig, dass nach Reparaturarbeiten die Verbindungsleitungen zwischen den Pumpen und dem Öltank wieder richtig zugeordnet und nicht vertauscht werden. Einige Hersteller haben den Ölkreislauf ihrer Motoren mit Entlüftungsventilen ausgestattet. Bei der Inbetriebnahme nach abgeschlossener Restaurierung ist es ganz wichtig, dass diese Ventile bei laufendem Motor geöffnet werden, bis die Luft entwichen ist und Öl austritt.

Wie man einen kleinen Viertakt-Motor ganz ohne Ölpumpe auch noch bei 6000 U/min ausreichend mit Öl versorgen kann, zeigte NSU in der 50er Jahren am Beispiel der 98er Fox-Modelle. Das Pleuel der fliegend gelagerten Kurbelwelle taucht bei jeder Umdrehung in eine kleine Ölwanne ein und versorgt so alle schmierungsbedürftigen Stellen mit Motoröl. Um einem Plantschen der Welle und einer damit verbundenen schädlichen Ölverschäumung entgegen zu wirken, haben die Konstrukteure sich etwas einfallen lassen: Im Seitenteil der Ölwanne befindet sich eine kleine Bohrung, die den Ölzulauf in die Wanne begrenzt. So fließt nur soviel Öl nach, wie von dem eintauchenden Pleuel mühelos verdrängt werden kann. Bei der Überprüfung der Ölpumpen ist in erster Linie auf Verschleiß zu achten. Bei Kolbenpumpen sollten die Kolben kein übermäßiges Spiel in ihren Zylindern haben. Bei Zahnradpumpen laufen mit der Zeit die Zahnräder an den Seitenwänden der Pumpen ein, was zu einer Vergrößerung des Achsialspiels der Zahnräder führt. Durch diese Undichtigkeiten entstehen so genannte Spülverluste, wodurch die Förderleistung der Pumpen sinkt. Sollte dies der Fall sein, müssen die Teile ausgetauscht werden.

5.1.4 Zusammenbau

Bevor wir mit dem Zusammenbau des Motors beginnen, holen wir alle Bauteile zusammen, breiten sie auf der Werkbank oder einem Tisch aus und überprüfen ihre Vollständigkeit. Dichtungen, Öl, Fett und Werkzeug sollten bereit stehen. Auch einige saubere Putzlappen liegen griffbereit. Arbeitsplatzhygiene ist angesagt. Auf der Werkbank haben jetzt weder Feilspäne noch Schweißschlacke aus vorangegangenen Tätigkeiten etwas verloren. Dann kann es los gehen. Der Zusammenbau des Motors erfolgt in der umgekehrten Reihenfolge wie die Demontage. Falls Kurbelgehäuse, Zylinder und Kopf zum Sand- oder Glasstrahlen waren, ist sicher zu stellen, dass sich kein Strahlmittel mehr in irgendwelchen Ecken und Winkeln befindet, dass uns den neu aufgebauten Motor im Fahrbetrieb in kürzester Zeit wieder ruinieren könnte. Alle Ölbohrungen sind gereinigt und mit einem Ölkännchen auf Durchgang überprüft. Etwaige Rückstände können durch die Verwendung moderner Öle gelöst werden, aufquellen und die Ölkanäle verstopfen. Es bedarf keiner übermäßigen Phantasie, um sich etwaige Folgen vorzustellen. Dichtflächen müssen frei sein von Riefen, Kerben und dergleichen. Sie können mit Flüssigmetall ausgeglichen werden. Unter jede Schraube gehört eine Unterlegscheibe und bei Muttern verwenden wir zusätzlich noch einen neuen Federring. Anstelle von Federringen kann man auch ein flüssiges Schraubensicherungsmittel benutzen.

Vor dem Zusammenbau des Motors werden alle Bauteile bereit gelegt.

Dichtflächen werden gereinigt und entfettet...

...bevor das Dichtungsmittel aufgebracht wird.

Beim Zusammenbau ist unbedingt darauf zu achten, dass die Markierungen der einzelnen Zahnräder übereinstimmen.

Lager und alle aufeinander gleitenden Bauteile werden vor dem Zusammenbau gründlich eingeölt, damit von Beginn an eine ausreichende Schmierung gewährleistet ist, noch bevor das durch die Ölpumpe geförderte Schmiermittel zu den Schmierstellen gelangt. Neue Dichtungen sollten in etwa der Dicke der alten Dichtungen entsprechen, damit sichergestellt ist, dass das Achsialspiel der Wellen nicht verändert wird. Dies ist besonders wichtig, wenn anstelle von neuen Papierdichtungen flüssiges Dichtungsmaterial aus der Tube verwendet wird. Nicht vergessen, etwaige Distanzscheiben wieder einzubauen.

Alle Teile müssen sich leicht zusammensetzen lassen. Außer einem leichten Gummi- oder Plastikhammer hat hier kein anderer Hammer etwas zu suchen. Ab in die Kiste. Wenn die Kurbelgehäusehälften mit einander verschraubt werden, ist darauf zu achten, dass sie eine einwandfreie Dichtfläche für den Zylinder bilden. Es darf kein fühlbarer Stoß entstehen. Die Kurbelwelle muss sich frei, das heißt ohne jeglichen Widerstand in ihren Lagern drehen lassen. Sie darf nur ein kaum merkliches Achsialspiel haben. Bei der Montage des Kolbens werden ausschließlich neue Sicherungsringe verwendet. Wer schon einmal den Schaden gesehen hat, den ein wieder benutzter, und aufgrund von zu geringer Spannung heraus gefallener Sicherungsring an Kolben und Zylinder anrichten kann, wird nie wieder an diesen Pfennigartikeln sparen. Vor der Montage des Zylinders werden die Kolbenringe so gedreht, dass die Ringstöße versetzt sind. Das Aufsetzen des Zylinders geht am Besten zu zweit. Während die eine Person mit beiden Händen den obersten Kolbenring in der Nut des Kolbens zusammendrückt, setzt die zweite Person vorsichtig den Zylinder auf. Dabei ist wichtig, dass, wenn der oberste Ring in den Zylinder rutscht, der Zylinder nicht auf den darunter sitzenden zweiten Kolbenring schlägt und diesen dabei zerbricht. Die Ringe sind gewöhnlich aus Guss, sehr spröde und daher äußerst zerbrechlich.

Für den Fall, dass wir keine originale Zylinderkopfdichtung mehr bekommen, wird eine neue aus Kupferblech angefertigt und vor der Montage mit einer Lötlampe ausgeglüht. Wer will, hat jetzt die Gelegenheit, in der bereits beschriebenen Weise das Verdichtungsverhältnis des Motors zu ermitteln und gegebenenfalls durch unterschiedlich dicke Kopfdichtungen zu korrigieren. Die zulässige Verdichtung ist einerseits abhängig von der Klopffestigkeit des verwendeten Kraftstoffes, andererseits aber auch von der konstruktiven Auslegung der Bauteile des Motors. Mitte bis Ende der 20er Jahre lagen die üblichen Verdichtungsverhältnisse von Motorrad-Motoren bei ca. 5 : 1. Im Laufe der Zeit stiegen sie bis auf etwa 7 : 1 in den 50er Jahren an. Beim Einbau der Nockenwelle(n) achten wir darauf, dass die Markierungen der einzelnen Zahnräder übereinstimmen. Sind keine Markierungen vorhanden und die Steuerzeiten der Ventile nicht bekannt, stellen wir sie auf Überschneidung ein. Das bedeutet, dass man das Einlassventil soviel Millimeter oder Grad vor dem oberen Totpunkt öffnen lässt, wie das Auslassventil nach dem oberen Totpunkt schließt. Sollte der Motor damit wider Erwarten nicht ordentlich laufen, wird der Einlass um einen Zahn früher öffnen oder der Auslass um einen Zahn später schließen lassen.

5.1.5 Ventilspiel

Zwischen den Ventilen und deren Antrieb muss immer ein gewisses Spiel vorhanden sein. Dies ist konstruktionsbedingt unterschiedlich und wird vom Hersteller vorgeschrieben. In den meisten Fällen beziehen sich diese Angaben auf die Einstellung bei kaltem Motor. Da sich die Ventile im Betrieb stark erwärmen – das Auslassventil noch mehr als das Einlassventil –, dehnen sich die Ventilschäfte aus und werden länger. Um sicher zu stellen, dass das betriebswarme Ventil noch einwandfrei schließt, muss das Spiel bei kaltem Motor noch etwas größer sein als die zu erwartende Wärmeausdehnung. Das Ventilspiel eines kalten Motors liegt meist zwischen 0,05 und 0,3 Millimeter. Die Einstellung bzw. Kontrolle erfolgt immer im Verdichtungs-OT, das heißt, wenn beide Ventile sicher geschlossen sind. Mit Hilfe einer Fühlerlehre wird das Spiel in der vom Hersteller vorgesehenen Weise eingestellt. Meist ist dabei eine Kontermutter zu lösen, die

Skalierte Einstell-Laschen erlaubten an den NSU OSL-Motoren ein Einstellen des Ventilspiels von außen ohne Fühlerlehre.

Einstellschraube zu positionieren und dann wieder zu kontern. Sind die Herstellerangaben nicht mehr aufzutreiben, stellen wir wie folgt ein:

OHV-Motoren	**0,05 Millimeter**	
SV-Motoren	**Einlass**	**0,15–0,20**
	Auslass	**0,20–0,30 Millimeter**
OHC-Motoren	**Einlass**	**0,20–0,35**
	Auslass	**0,30–0,45 Millimeter**

Mit dieser vorläufigen Einstellung wird der Motor richtig heiß gefahren und dann das Ventilspiel noch einmal kontrolliert und gegebenenfalls korrigiert. Beide Ventile müssen jetzt immer noch ein minimales Spiel besitzen. Dabei sollten sich die Ventilkäppchen gerade noch drehen lassen. Der Fachmann spricht von „Drehluft“. Ist das nicht der Fall, können die Ventile nicht richtig schließen. Kompressions- und Leistungsverlust sind die Folge.

Bei betriebswarmem Motor wird das Ventilspiel so eingestellt, dass sich die Stahlkäppchen gerade noch drehen lassen. Der Fachmann spricht von „Drehluft".

Zudem können die Ventile die Wärme nicht richtig an die Sitze abführen, was die Zerstörung des Ventiltellers durch Verbrennen nach sich zieht. Bei zu großem Ventilspiel „klappern" die Ventile, das heißt der Ventiltrieb arbeitet sehr geräuschvoll und der Motor bringt in Folge seiner verringerten Ventilöffnungszeiten nicht mehr seine volle Leistung.

5.2 Zündmagnet und Lichtmaschine

5.2.1 Das Ausbauen des Zündmagneten

Bis weit in die 30er Jahre war die Magnetzündung am Motorrad dominierend. Erst ganz allmählich setzte sich die Batteriezündung wieder durch. Wieder, weil sie in den Kindertagen des Motorrades, also in der Zeit vor 1910 schon einmal sehr verbreitet war. Dann dominierten aber die bis dahin recht anfälligen Magnetzünder mehr und mehr. Bei Batteriezündungen wird die für den Zündfunken erforderliche Spannung von 8000 bis 12.000 Volt in der Zündspule erzeugt, die den niedergespannten Batteriestrom in hochgespannten Zündstrom umwandelt. Die Magnetzündung ist dagegen von einer Batterie unabhängig, da der Magnetzünder den Strom selbst erzeugt. Prinzipiell unterscheidet man zwei Arten von Magnetzündern: Die Standmagnetzünder, die zwar nicht ausschließlich, aber doch überwiegend bei Viertakt-Motoren eingesetzt wurden, und die Schwungmagnetzünder, die hauptsächlich bei Zweitakt-Motoren Verwendung fanden. Während der Antrieb der Standmagneten meist durch die Nockenwelle erfolgt, sitzt der Schwungmagnet fliegend gelagert direkt auf einer Seite der Kurbelwelle. Der Antrieb der Standmagneten erfolgt hauptsächlich über Stirnräder oder über eine Rollenkette. Während der Antrieb über Stirnräder quasi wartungsfrei ist, muss bei Ketten von Zeit zu Zeit deren Spannung überprüft und gegebenenfalls korrigiert werden. Meist sind die Magnetzünder auf einem am Kurbelgehäuse angegossenen Tisch vor oder hinter dem Zylinder des Motors montiert. An unserem MAG-Motor müssen zum Prüfen der Kettenspannung die Kettenabdeckung und, weil die Ölpumpe daran angegossen ist, deren Verbindungsleitungen demontiert werden. Danach lässt sich die Kettenspannung mühelos überprüfen. Eine zu stark gespannte Kette führt zu einer Überbeanspruchung der Lager von Zündmagnet und Nockenwelle sowie der Kette selbst. Eine lose Kette kann im Kettengehäuse peitschen und dieses letzen Endes sogar durchschleifen.

Muss der Zündmagnet aus irgendwelchen Gründen einmal demontiert werden, lösen wir zunächst die meist von unten angebrachten Befestigungsschrauben, das Spannband oder die Befestigungsbrücke, mit der das Aggregat gehalten wird. Mit einem Steckschlüssel lösen wir die Mutter, mit der das Kettenritzel bzw. das Antriebsrad auf dem Konus der Ankerwelle befestigt ist. Nun lässt sich das Kettenritzel mit einem kleinen Abzieher vom Konus

Das Lösen der Kettenabdeckung.

Mit einer Abziehvorrichtung wird das Ritzel von seinem konischen Sitz gelöst.

ziehen. Sitzt das Ritzel sehr fest, hilft oftmals ein leichter Schlag mit dem Hammer auf die Gewindespindel des Abziehers. Nachdem das Zündkabel von der Zündkerze abgenommen und der Seilzug für die manuelle Zündverstellung ausgehängt ist, lässt sich der Zündmagnet im Allgemeinen einfach vom Spanntisch herunter nehmen. Die Schweizer MAG-Motoren besitzen zum Einstellen der Kettenspannung vier kleine Gewindestücke im Spanntisch, durch deren Hinein- oder Herausschrauben die Lage des Magneten verändert werden kann. Andere Firmen, wie beispielsweise Norton, versahen den Spanntisch zum Korrigieren der Kettenspannung mit Langlöchern, wieder andere, wie NSU, setzten schwenkbare Spanntische ein.

5.2.2 Prüfung und Instandsetzungsarbeiten

Die Instandsetzung von Zündmagneten ist die Sache von Spezialisten, heißt es allgemein. Einverstanden – wenn es sich um defekte Spulen, Kondensatoren und dergleichen handelt. Nur gibt es bei diesen Geräten aber auch Defekte, die rein mechanischer Natur sind. Die können wir unter Umständen selbst reparieren und dabei so manche Mark sparen. Da benötigen wir keine besonderen Prüf- und Messgeräte, wie man sie normalerweise nur in der Werkstatt eines Kraftfahrzeug-Elektrikers findet, sondern einfach etwas Geschick und technisches Verständnis. Die schlimmsten Fehler werden häufig schon beim Zerlegen gemacht. Als Beispiel nehmen wir einen Zündmagneten, der trotz optisch gutem Eindruck nicht mehr die Spur eines Zündfunkens liefert. Nachdem der Deckel zum Unterbrecher und die Zentralschraube der Kontaktplatte entfernt sind, wird mit einem kleinen Abzieher oder mit zwei Schraubendrehern die Kontaktplatte vom Konus der Ankerwelle abgenommen. Nachdem auch der vordere Gehäuseteil ohne Schwierigkeiten entfernt ist, müsste sich eigentlich die Welle nach vorn heraus ziehen lassen. Wer jetzt mit einem leichten Hammerschlag die Welle aus dem Gehäuse austreibt, hat unter Umständen schon den ersten Schaden angerichtet. Die Welle kann nämlich nicht aus dem Gehäuse genommen werden, solange der Stromabnehmer nicht ausgebaut ist. Wer es hier mit dem Hammer versucht, riskiert eine Zerstörung des Stromabnehmers und der Isolierscheiben, zwischen denen sich der Stromabnehmer befindet.

Und genau das war vermutlich mit unserem Magneten passiert. Ein Schlag, und die Bakelitscheibe war hinüber. Durch die fehlende Isolation, der Funke geht natürlich den Weg des geringsten Widerstandes, springt er nun vom Kollektor direkt auf das unmittelbar daneben sitzende Kugellager über und erreicht demzufolge nie die Zündkerze. Doch trotz dieses Schadens ist der Magnet noch nicht hoffnungslos verloren. Zunächst nehmen wir zwei mittelgroße Schraubendreher zur Hand, mit denen wir vorsichtig die Lagerkäfige mit ihren Kugeln von den Laufbahnen drücken. Käfige und Kugeln werden mit Petroleum oder Waschbenzin gereinigt. Befinden sie sich noch in gutem Zustand, erhalten

Verschiedene Bauformen von Magnetzündern.

Vor dem Zerlegen muss zuerst der Stromabnehmer demontiert werden, sonst gibt es Trümmer.

Zu spät, die Bakelitscheibe ist zerbrochen.

Mit zwei Schraubendrehern werden die Kugellager von der Welle gedrückt.

Auf der Drehmaschine entsteht eine neue Scheibe.

sie eine frische Füllung Heißlagerfett, das wir mit den Fingern fest zwischen die Kugeln drücken. Überschüssiges Fett wird abgewischt, es schadet nur. So legen wir die Teile erst einmal zur Seite und nehmen uns die defekte Ankerwelle vor. In einer Drehmaschine wird die beschädigte Bakelitscheibe soweit abgedreht, dass von der Bruchstelle nichts mehr zu sehen ist. Aber vorsichtig. Das Bakelit ist spröde. Wenn wir zu ungestüm mit dem Drehmeißel an das Werkstück heran fahren, kann noch mehr abplatzen. Beim Drehen ist es wichtig, dass wir das freie Ende der Welle im Reitstock abstützen, damit sie nicht herausspringen kann.

Als nächstes besorgen wir uns ein Stück Novotex, das in Stangenform und auch als Platten unterschiedlicher Dicke im Handel erhältlich ist. Wir benötigen nur ein kleines Stück, ca. 80 x 80 Millimeter und etwa 4 Millimeter dick. In die Mitte dieser Platte bohren wir ein Loch von 8 Millimeter Durchmesser. Zusammen mit einer Mutter und zwei Unterlegscheiben spannen wir die Scheibe mit einer Schraube M8 zusammen. Diese Schraube dient uns als Spannvorrichtung für die Drehmaschine. Sie sollte ausreichend lang sein, damit sie gut ins Dreibackenfutter eingespannt werden kann. Nun wird die Platte vorsichtig auf den Durchmesser der zweiten, nicht abgebrochenen Bakelitscheibe gedreht. Danach entfernen wir die Schraube, nehmen unser Werkstück am äußeren Durchmesser ins Dreibackenfutter auf und drehen die 8-Millimeter-Bohrung mit einem Innendrehmeißel aus. Die Scheibe muss sich danach noch mit sanfter Gewalt auf das zuvor abgedrehte Bakelitstück schieben lassen. Dann ist der Durchmesser richtig. Wir nehmen nun die Scheibe von innen ins Futter auf und drehen von einer Seite die erforderliche Schräge an. Mit einem geeigneten Kleber, zum Beispiel UHU plus, wird jetzt die Scheibe auf dem Bakelitbund fixiert. Wir nehmen die Welle nochmals in der Drehmaschine auf und prüfen bei langsamer Drehzahl, ob unsere neue Scheibe schlagfrei rund läuft. Mit einem Gummihammer lassen sich jetzt noch, solange der Kleber frisch ist, eventuell erforderliche Korrekturen vornehmen. Dann muss der Kleber aushärten. Auf beiden Seiten der Welle werden anschließend die mit frischem Fett versehenen Kugellager montiert und der Zündmagnet wieder zusammengebaut. Ein abschließender Probelauf, bei dem wir den Zündmagneten über eine Nuss mit der Handbohrmaschine antreiben, wird zeigen, ob unsere Reparatur erfolgreich war...

Auch der Zündmagnet der Indian wollte nicht so recht funken. Oder, genauer gesagt, nicht zum richtigen Zeitpunkt. In der Annahme, dass sich der amerikanische Zündapparat von seinen deutschen Kollegen nur unwesentlich unterscheidet, entschloss ich mich, zuerst einmal selbst nach der Ursache zu forschen. Während Indian zu Beginn der 20er Jahre Zündmagnete der Firma Aero einbaute, kamen in den Folgejahren Aggregate von Splitdorf zum Einsatz. Das klingt zwar deutsch, ist aber ebenso amerikanisch wie die ganze Maschine. Bis 1926 fand das Modell S2 Verwendung, das Nachfolgemodell hieß dann NS2. Nachzulesen in einer Original-Ersatzteilliste für Indian Scout-Modelle von 1920 bis 1928, die ich mir inzwischen besorgt hatte. Demnach war unser Zünder also ein S2-Typ. Das Zerlegen funktionierte relativ einfach, erforderte allerdings einen langen 8-Millimeter-Steckschlüssel zum Lösen der drei Gewindestifte. Ferner war eine kleine Abziehvorrichtung mit extrem flachen Klauen zur Demontage des auf der Ankerwelle sitzenden Antriebsrades erforderlich. Nachdem dieses Stirnrad abgenommen war, kam auch schon die Ursache für die Fehlfunktion des Zündapparates zum Vorschein. Durch das Fehlen eines kleinen Keils, der das Antriebsrad auf der Ankerwelle positionieren soll, hatte sich das Stirnrad samt Steuernocken verdreht. Demzufolge wurde der Unterbrecher zu einem völlig falschen Zeitpunkt abgehoben, was bedeutete, dass die Funken an den Zündkerzen irgendwann, aber nicht zum richtigen Zündzeitpunkt ankamen. Gründlich gereinigt und mit frisch gefetteten Kugellagern wurde der Splitdorf wieder zusammengebaut. Das einzige Neuteil, das erforderlich wurde, war der selbst gefertigte kleine Keil. In der Hoffnung, dass das verdrehte Zahnrad das einzige Problem war, das einem ordentlichen Zündfunken im Wege stand, wagten wir den Test. Für den Probelauf wurde zunächst eine passende Sechskantmutter auf die Antriebswelle geschraubt. Als Antrieb kam eine Handbohrmaschine mit einer entsprechenden Sechskantnuss aus dem Ratschenkasten zum Einsatz. Für ein langsames, gefühlvolles Hochfahren eignet sich eine Maschine mit stufenloser Drehzahlregelung besonders gut.

Der Magnetzünder kann für einen derartigen Probelauf mit einer Schraubzwinge auf der Werkbank befestigt werden oder eine zweite Person leistet Hilfestellung, indem sie den Apparat fest hält. Aber Vorsicht! Im Fall des Splitdorf war die zweite Person meine stets hilfsbereite Gattin. Langsam versetzte ich mit der Handbohrmaschine die Ankerwelle in Drehbewegung, während meine „bessere

Die Magnetankerwelle nach der Reparatur.

Probelauf mit Funkenprüfung. Anstelle des Indian-Motors treibt eine Handbohrmaschine den Zündapparat an.

Die beiden Zündkabelanschlüsse am Splitdorf-Zünder der Indian.

Hälfte" die beiden Zündkabel mit den Zündkerzen am anderen Ende auf das Zündergehäuse presste. Obwohl sie dabei die Kerzen an den Gummi-Kerzensteckern festhielt, schlugen schon bei geringer Drehzahlerhöhung die Funken kräftig durch. Ein abruptes Ende des Testlaufs war natürlich die Folge. Fast wäre noch der gute Splitdorf zu Boden gestürzt, so hatte sich meine liebe Ingrid erschrocken. Aus verständlichen Gründen war sie auch in der nächsten Zeit nicht mehr für derart dubiose Tests zu gewinnen.

5.2.3 Einstellung der Zündung

Bei der Montage setzen wir den Magneten zunächst auf den Spanntisch, ziehen jedoch die Befestigungsmuttern des Spannbandes nur so fest, dass sich der Magnet noch verschieben lässt. Nun legen wir die Kette auf das Ritzel und schieben dieses mit der Kette zusammen auf den Konus der Magnetankerwelle. Anschließend wird die Mutter des Ritzels auf die Welle gedreht, aber noch nicht endgültig festgezogen. Das Ritzel soll lediglich ganz auf dem Konus sitzen, damit die Kettenspannung eingestellt werden kann. Jetzt wird der Zündmagnet festgespannt. Falls erforderlich, lässt sich die Spannung der Kette jetzt noch einmal korrigieren. Gegebenenfalls muss hierfür das Kettenritzel mit zwei Schraubendrehern noch einmal von seinem Sitz auf dem Konus gelöst werden, damit es sich für die Einstellung des Zündzeitpunktes beim Drehen der Nockenwelle auf dem Konus der Magnetankerwelle frei mitdrehen kann.

Zur Einstellung des Zündzeitpunktes befestigen wir zunächst den Seilzug des Zündverstellhebels und stellen diesen auf maximale Frühzündung. Das ist die Stellung, bei der der Nockenring am weitesten gegen die Drehrichtung der Ankerwelle verdreht ist. Diese Drehrichtung ist bei den meisten Magneten durch eine Pfeil-Markierung auf dem Gehäuse gekennzeichnet. Der Abstand der Unterbrecherkontakte sollte etwa 0,4 Millimeter betragen. Eventuell erforderliche Korrekturen sind immer vor der Einstellung des Zündzeitpunktes durchzuführen, da sich mit dem Kontaktabstand auch die Zündeinstellung wieder verändert. Die Kontaktflächen sollten frei von Abbrand, das heißt glatt sein und eben aufliegen. Gegebenenfalls lassen sich die Kontaktflächen mit einer kleinen Kontaktfeile glätten und danach mit einem in Spiritus getränkten Pinselchen reinigen. Sie müssen immer frei von Fett und Öl sein, da beides den unliebsamen Abbrand der Kontaktplättchen begünstigt. Nun schrauben wir die Zündkerze heraus und versuchen durch „Pendeln" der Kurbelwelle möglichst genau die obere Totpunktstellung des Kolbens zu ermitteln.

Da ein Viertakter einen „richtigen" und einen „falschen" OT besitzt, ist bei der Zündeinstellung darauf zu achten, dass wir den richtigen erwischen, da sonst der Motor immer dann einen Zündfunken erhält, wenn überhaupt kein zündfähiges Gemisch im Zylinder ist. Klar, dass er mit dieser Einstellung nicht laufen kann. Der richtige OT ist der, bei dem sowohl Einlass- wie Auslassventil geschlossen sind.

Das Ritzel muss sich noch frei auf der Welle drehen lassen.

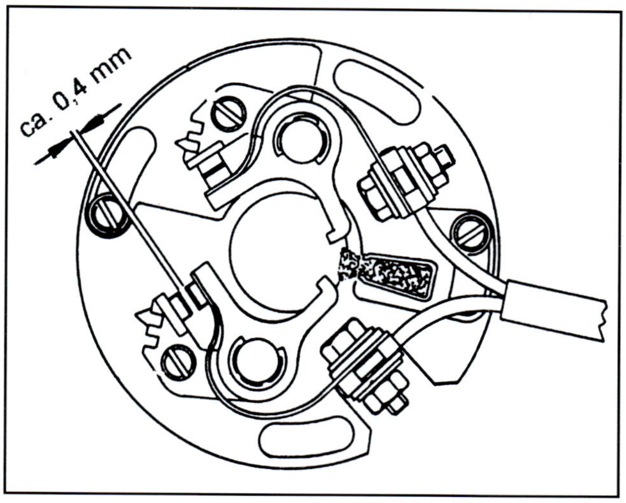

Kontaktplatte eines Zweizylindermotors mit zwei Unterbrecherkontakten.

Stehen beide Ventile auf „Überschneidung", das heißt sind sie zum Teil noch bzw. schon geöffnet, befindet sich der Kolben im falschen OT. Zum Auspendeln der Kurbelwelle drehen wir bei eingelegtem Gang am Hinterrad oder am Kupplungskorb. Ein durch das Kerzenloch in den Brennraum gehaltener Blechsteifen, Draht oder Schraubendreher lässt uns fühlen, wenn der Kolben seine oberste Stellung erreicht hat. Noch genauer lässt sich der obere Totpunkt mit einer Messuhr ermitteln, die mit einem entsprechenden Gewindestück durch das Zündkerzenloch in den Brennraum eingeschraubt wird. Derartige Adapter sind im Handel erhältlich, berücksichtigen aber meist nur das neuere Zündkerzengewinde M14 x 1,25. Für die alten Gewinde M18 x 1,5 werden wir uns wohl oder übel einen Adapter selbst anfertigen müssen. Dafür verwenden wir am besten eine alte ausgediente Zündkerze, die entsprechend durchgebohrt wird, um die Messuhr aufnehmen zu können. Oder wir rüsten unseren Motor, wie bereits beschrieben, auf Gewinde M 14 x 1,25 um.

Eine weitere Möglichkeit, den OT exakt zu bestimmen, ist die Verwendung eines Anschlages, der über dem Kolben angebracht wird. Dieser Anschlag kann beispielsweise ein Stück Flacheisen sein, das so am Motor befestigt wird, dass es in den Brennraum hinein ragt und den Kolben kurz vor dem OT an seiner weiteren Aufwärtsbewegung hindert. Wir drehen die Kurbelwelle vorsichtig jeweils einmal nach links und rechts bis an den Anschlag, und markieren uns die Punkte, an denen der Kolben gegen den Anschlag läuft auf der Gradscheibe. Der genaue OT befindet sich exakt in der Mitte zwischen diesen beiden Markierungen. In dieser Stellung bringen wir einen provisorisch aus Draht am Motor befestigten Zeiger mit der OT-Markierung der Gradscheibe in Übereinstimmung. Die Gradscheibe wird für die Dauer der Einstellung auf der Kurbelwelle befestigt. In unserem Beispiel mittels Magnethalter direkt auf der Mutter des Kurbelzapfens. Wir drehen jetzt die Kurbelwelle entgegen der normalen Drehrichtung um etwa eine halbe Umdrehung. Danach ändern wir die Drehrichtung so, dass der Kolben wieder nach oben kommt. Bei der vom Werk angegebenen Kurbelwellenstellung – die liegt für die alten Viertakt-Motoren in der Regel zwischen 38 und 45 Grad – halten wir die Welle an. Der Kolben befindet sich nun exakt in der Position, in der die Zündung erfolgen soll. Für unseren Schweizer „Kracher", dem MAG-Motor von 1929, liegt der Wert des Zündzeitpunktes bei 45 Grad Kurbelwinkel. Wenn wir als nächstes den Anker des

So wird die oberste Stellung des Kolbens ermittelt.

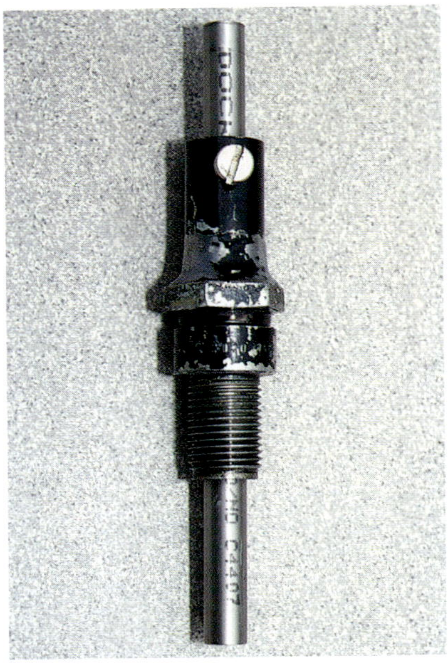

Dieser, aus einer defekten Zündkerze selbst gebaute Adapter kann als Kolbenanschlag bei der OT-Suche...

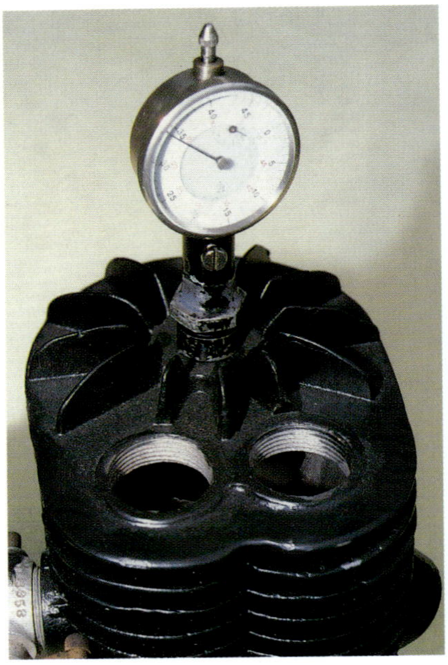

...aber auch zur Aufnahme einer Messuhr während der Zündeinstellung eingesetzt werden.

An einem behelfsmäßig angebrachten Zeiger aus Draht wird, wenn der Kolben seine oberste Stellung erreicht hat, die Gradscheibe auf Null gestellt.

Zündmagneten verdrehen, sehen wir, dass das Gleitstück des Unterbrechers an einer bestimmten Stelle von einer Erhebung auf dem Inneren des Nockenringes angehoben und somit der Zündunterbrecher geöffnet wird. Beim Öffnen dieser Kontakte entsteht der Zündfunke, und zwar genau bei der von uns eingestellten Kolbenposition.

Da die Zündmagnete üblicherweise über eine Verstelleinrichtung für Früh- und Spätzündung verfügen, ist es ganz wichtig, dass diese nun auf voller Frühzündung steht. Mit Hilfe eines kleinen Ring- oder Gabelschlüssels, den wir an der Zentralbefestigungsschraube in der Mitte der Kontaktplatte ansetzen, drehen wir jetzt den Anker in die vorgeschriebene, durch den bereits erwähnten Pfeil markierte Drehrichtung, bis die Kontakte gerade öffnen. Um diesen Punkt möglichst genau zu ermitteln, klemmt man zwischen die geschlossenen Kontakte ein dünnes Blech von nur 0,03 Millimetern Dicke, und dreht nun die Kontaktplatte so weit, bis sich das Blech, noch zwischen den Kontaktblättchen haftend, saugend heraus ziehen lässt. Das funktioniert zum Beispiel auch mit sehr dünnem Zigarettenpapier. Noch feiner geht es mit einer Prüflampe. Das eine Kabel der Lampe verbinden wir mit dem einen Kontakt des Unterbrechers, das zweite Kabel mit dem Pol einer Batterie. Mit einem weiteren Kabel verbinden wir den zweiten Batteriepol mit dem anderen Kontakt des Unterbrechers. Der genaue Abriss ist der Punkt, bei der die Lampe gerade erlischt. Wir vergewissern uns noch einmal, ob die Kolbenstellung noch bei 45 Grad ist und ziehen dann das Kettenritzel mit der Mutter auf dem Konus fest. Zur nochmaligen, sozusagen abschließenden Kontrolle drehen wir die Kurbelwelle noch einmal eine Viertel- bis halbe Umdrehung gegen die normale Drehrichtung und dann wieder langsam zurück. Wenn wir alles richtig gemacht haben, öffnen sich nun die Unterbrecherkontakte, wenn die 45-Grad-Markierung gerade am Zeiger vorbei kommt. Aus Papier schneiden wir uns nun eine neue Dichtung für die Magnetketten-Abdeckung, die mit etwas Fett bestrichen auf die Dichtfläche geklebt wird. Nachdem der Kettenkasten mit einer ordentlichen Portion Fett gefüllt ist, kann der Deckel aufgeschraubt und die Ölleitungen wieder angeschlossen werden. Falls noch nicht geschehen, hängen wir abschließend den Seilzug der Zündverstellung wieder ein und spendieren dem kleinen Filzstreifen im Schleifring noch zwei Tropfen Öl. Jetzt noch die Zündkerze eingeschraubt, Zündkabel aufgesteckt und fertig...

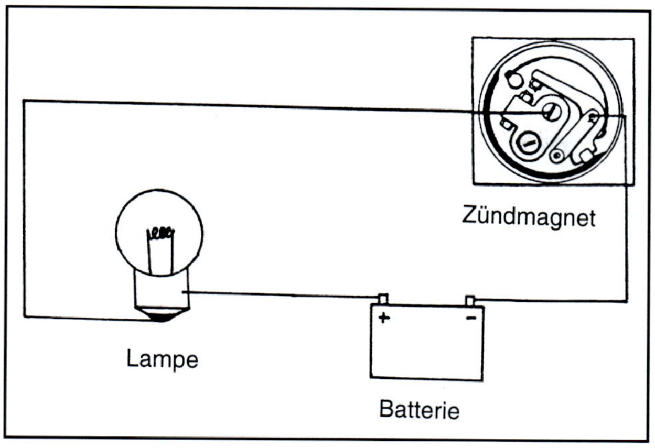

Zündeinstellung mittels Prüflampe.

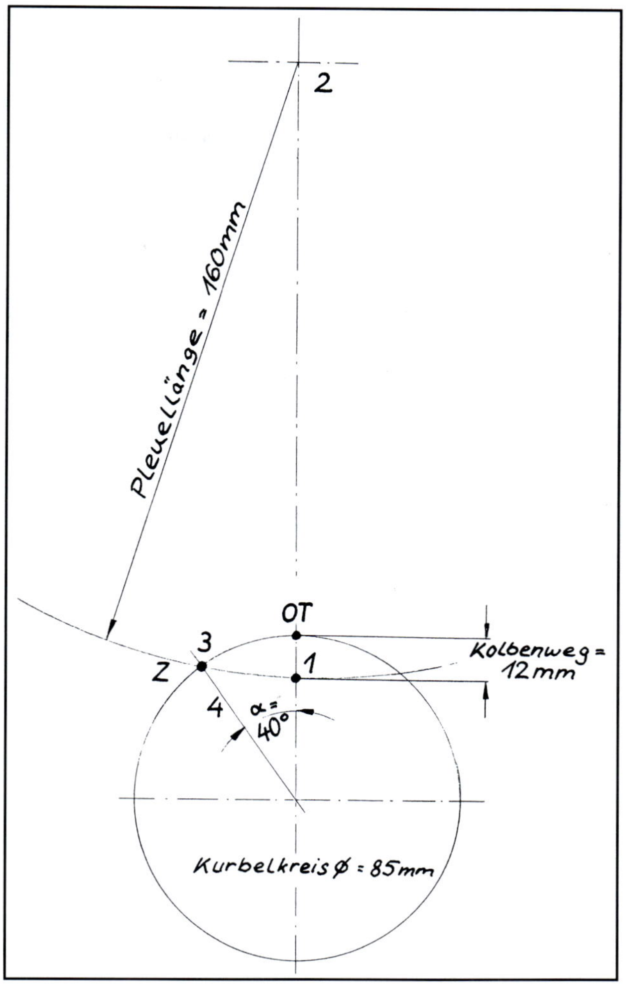

Ermittlung der Winkelgrade aus der Zündzeitpunkt-Angabe in Millimeter vor OT.

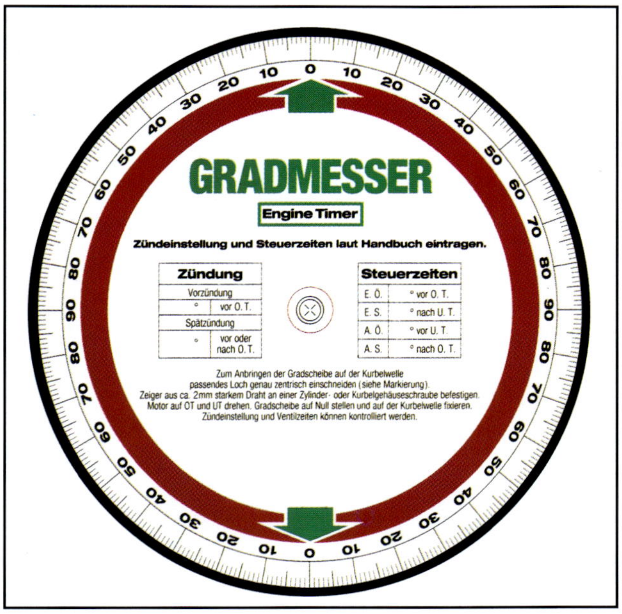

Gradscheibe zum Einstellen von Zündzeitpunkt und Ventilsteuerzeiten. In Originalgröße auf Seite 180.

Der Tipp: Eine tolle Sache, die Zündung mit einer Gradscheibe einzustellen. Was aber, wenn der Zündzeitpunkt in Winkelgrad nicht bekannt ist? In den Vorkriegsjahren und teilweise auch noch nach dem Kriege, war es vielfach üblich, den Zeitpunkt für das Öffnen der Kontakte in Millimeter Kolbenweg vor OT anzugeben, beispielsweise: Zündzeitpunkt = 12 Millimeter vor OT. Hier gibt es eine einfache, hinreichend genaue Methode, diese Millimeterangaben in Winkelgrade umzuwandeln bzw. umgekehrt. Wir benötigen dazu lediglich einen Zirkel, einen Winkelmesser sowie Bleistift und Papier (vgl. Zeichnung rechts oben). Millimeterpapier am besten. Nehmen wir einmal an, unser Motor hat einen Hub von 85 Millimetern, eine Pleuellänge von 160 Millimetern und der Zündzeitpunkt wurde vom Hersteller mit 12 Millimetern vor OT angegeben. Dann zeichnen wir zuerst den Kurbelkreis, das heißt einen Kreis mit dem Durchmesser, der dem Hub des Motors entspricht. Es bedarf wohl keiner besonderen Erwähnung, dass wir hierbei mit größtmöglicher Genauigkeit arbeiten müssen. Die Geschichte wird genauer, wenn wir beim Zeichnen mit dem doppelten Maßstab arbeiten, das heißt alle Maße verdoppeln.
Auf der senkrechten Mittellinie tragen wir die 12 Millimeter für den Zündzeitpunkt vom Kreisdurchmesser in Richtung Mittelachse ein (1). Von diesem Punkt gehen wir um das Maß der Pleuellänge, also 160 Millimetern auf der Senkrechten nach oben und bringen hier ebenfalls eine Markierung an (2). In diesen Schnittpunkt setzen wir den Zirkel, der ebenfalls auf die Pleuellänge eingestellt wird und schlagen einen Kreisbogen, der den Kur-

belkreis schneidet (3). Die Mittelachse des Kurbelkreises und der Schnittpunkt der beiden Kreise werden jetzt mit einer Geraden verbunden (4). Wenn wir jetzt noch den Winkel α dieser Linie zur senkrechten Mittellinie des Kurbelkreises mit einem Winkelmesser bestimmen, haben wir die gesuchte Gradzahl für den Zündzeitpunkt unseres Motors. In unserem Beispiel wären das 40 Grad. Für den Fall, dass uns die Länge des Pleuels nicht genau bekannt ist, rechnen wir mit dem doppelten Kurbelkreis-Durchmesser, in unserem Beispiel wären das 170 Millimeter. Hierdurch ergibt sich noch immer eine ausreichende Genauigkeit, und das Zerlegen des Motors bleibt uns erspart.

5.2.4 Lichtmaschinen

Grundsätzlich unterscheiden wir zwischen Wechselstom- und Gleichstromlichtmaschinen bzw. -generatoren. Beide haben die Aufgabe, den erforderlichen Strom für alle elektrischen Verbraucher des Motorrades zu erzeugen und, sofern vorhanden, die Fahrzeug-Batterie während des Fahrbetriebes aufzuladen. Im Regelfall handelt es sich bei Motorrädern bis in die 50er Jahre um 6-Volt-Anlagen. Kleinere Motorräder wurden meist mit Wechselstrom-Generatoren ausgestattet, deren Leistung etwa zwischen 30 und 40 Watt beträgt. Besitzt die Maschine eine Batterie, so benötigt der Generator neben Licht- und Zündanker auch einen Ladeanker sowie einen Gleichrichter. Die Anker sind ringförmig auf einer Platte angeordnet, auf der auch der bzw. die Unterbrecherkontakte für die Zündung Platz finden. Der umlaufende Teil mit Polschuhen und Magneten sitzt auf der Kurbelwelle und ist gleichzeitig als Motorschwungrad ausgebildet. Wechselstrom-Lichtmaschinen sind verhältnismäßig einfache Geräte. Sie sind daher betriebssicher und erfordern im Grunde genommen keine Wartung, da sie keine beweglichen Teile besitzen. Unsere Arbeit beim Restaurieren beschränkt sich daher auf eine Reinigung mit Waschbenzin, eine Kontrolle der Kabel, die sich im Laufe der Jahre schon einmal abvibriert haben können sowie auf eine Kontrolle, gegebenenfalls auch Neueinstellung der Zündkontakte.

Größere Motorräder wurden in den meisten Fällen mit Gleichstrom-Lichtmaschinen ausgerüstet, deren Leistung zum Teil mehr als doppelt so hoch war, wie die der Wechselstrom-Anlagen. Bei Gleichstrom-Lichtmaschinen handelt es sich um völlig selbstständige Maschinen, die meist über eine Rollenkette, einen Riemen oder über Zahnräder angetrieben werden. Unsere Indian war mit einer Lichtmaschine nach Deutschland gekommen, die, ähnlich einem Fahrrad-Dynamo, über eine Reibrolle vom Reifen des Hinterrades angetrieben wurde. Und überhaupt: Ein vergrößerter Fahrrad-Dynamo am Motorrad galt zu Zeiten der Karbid-Funzeln mit all ihren Unzulänglichkeiten als außerordentlich modern und „schicklich“. Besonders zwischen den beiden Weltkriegen waren Kombinationen aus Gleichstrom-Lichtmaschine und Stand-Magnetzünder, beides in einem gemeinsamen Gehäuse untergebracht, sehr verbreitet. Die reinen Lichtmaschinen

Verschiedene Bauformen von Motorrad-Lichtmaschinen.

Lichtmaschinenantrieb durch die Hinterradfelge.

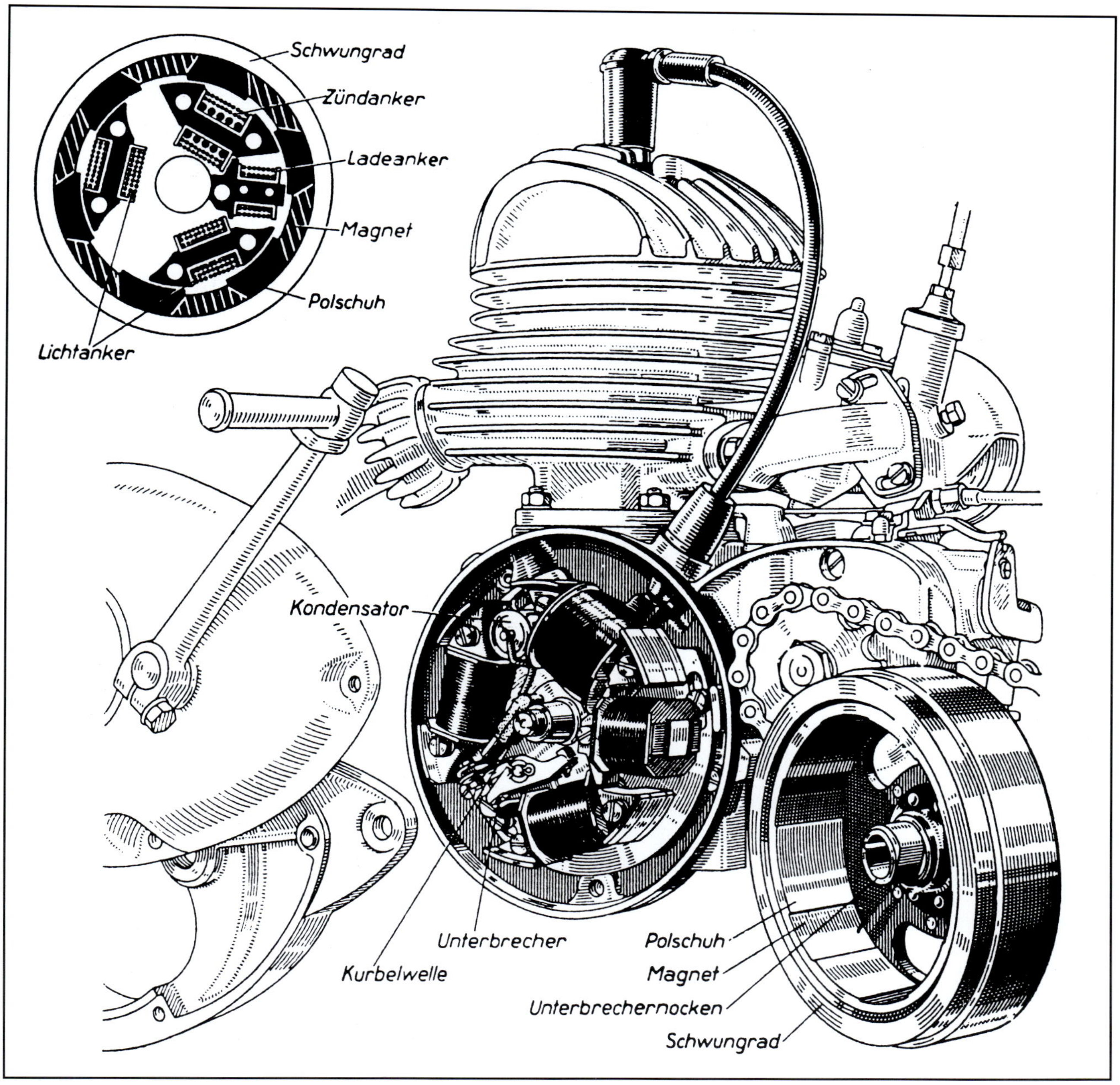

Wechselstromanlage als Schwunglicht-Magnetzünder an einem Zweitaktmotor (Robert Bosch GmbH).

besitzen eine exzentrisch gelagerte Ankerwelle, die es gestattet, durch Verdrehen der Maschine den Antriebsriemen beziehungsweise die Kette zu spannen. Auf der gegenüber liegenden Seite des Lichtmaschinenantriebs befindet sich, durch einen Deckel geschützt, der Lichtmaschinen-Regler. Seine wesentliche Aufgabe besteht darin, die durch wechselnde Motor- bzw. Lichtmaschinendrehzahl schwankende Spannung auf einem vorgegebenen Wert zu halten. Der Regler besitzt mehrere Kontakte, die nicht mit den Zündkontakten verwechselt werden dürfen. Je nach Reglertyp sind Kontaktabstände vorgeschrieben, die sich, einmal eingestellt, eigentlich nicht mehr verändern. Auch hier wird sich unsere Arbeit auf eine entsprechende Reinigung der Kontakte sowie eine Kontrolle der Kabelanschlüsse beschränken. Ähnlich wie bei den Standzündmagneten sollten jedoch die Kugellager der Ankerwelle einmal kontrolliert, gereinigt und mit frischem Fett versehen werden.

Ferner besitzen Gleichstom-Lichtmaschinen mit umlaufendem Anker sogenannte Kollektoren, von denen mit Hilfe von Kohlebürsten der Strom abgegriffen wird. Diese kleinen Kohlestücke werden

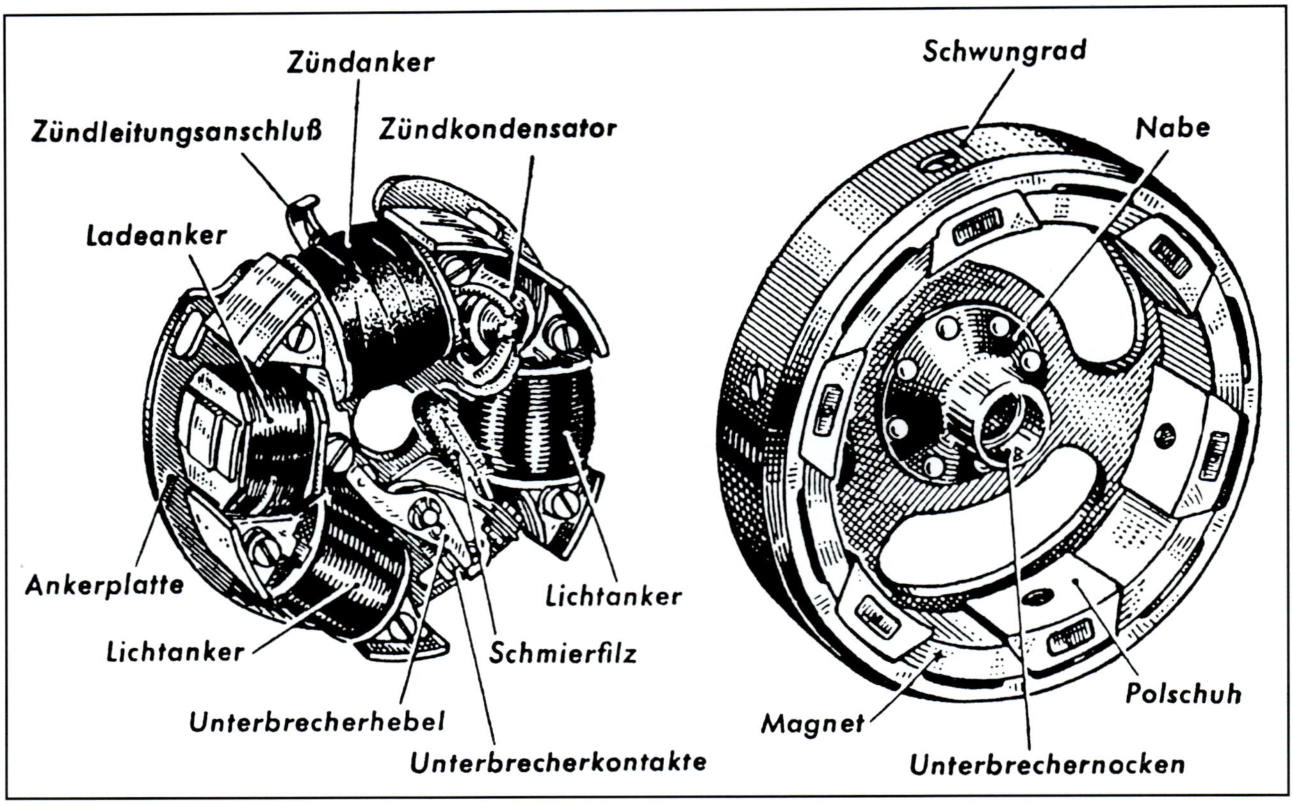

Einzelteile des Schwunglicht-Magnetzünders (Robert Bosch GmbH).

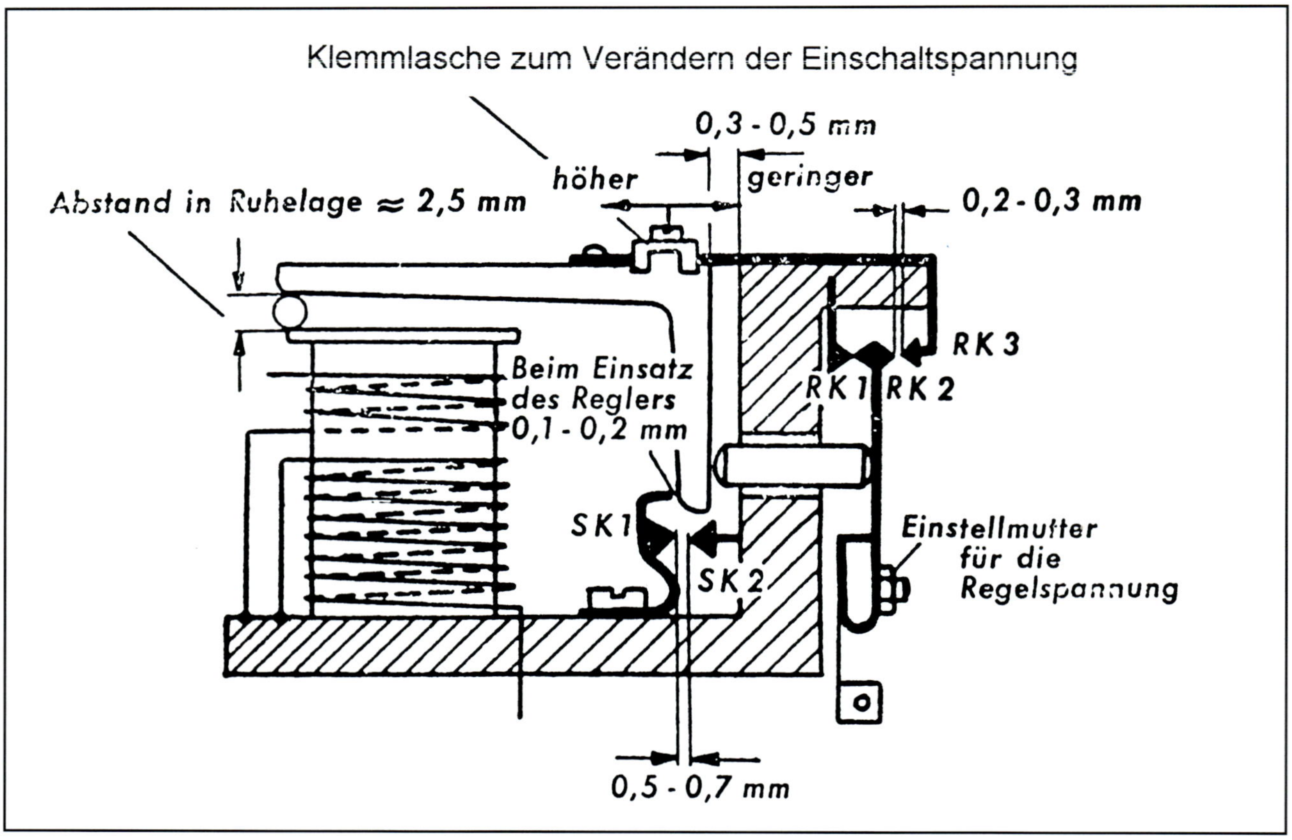

Spaltmaße zur Grundeinstellung eines Bosch-F-Reglers (Robert Bosch GmbH).

SK1 und SK2 Schalterkontakte · RK1 und RK 2 untere Reglerkontakte · RK3 und RK4 obere Reglerkontakte

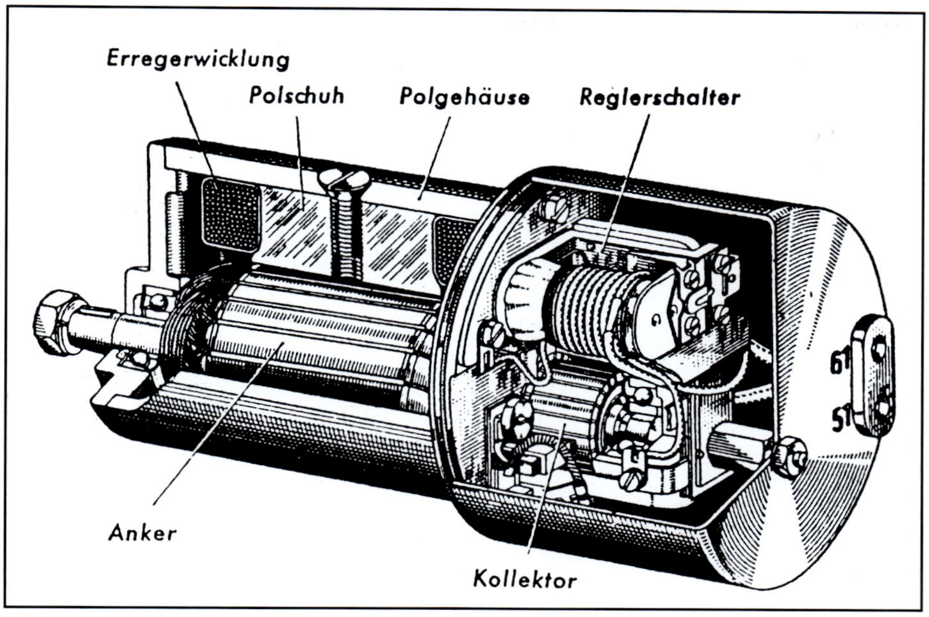

Lichtmaschine mit Eigenlagerung und nur eienem ausgeprägten Feldpol (Bosch Type RD).

prüft zu haben: Die häufigste Ursache von derartigen Brandflecken sind hüpfende und dadurch „feuernde" Kohlen. Sie können zum Beispiel dadurch hervorgerufen werden, dass die Glimmerisolation durch Erwärmung in die Höhe gewachsen ist, wodurch die Kohlen keinen richtigen Kontakt mehr zu den Kollektoren haben. Im Neuzustand ist die Isolation etwa einen Millimeter tief ausgeschabt. Sind diese radialen „Rillen" nicht mehr vorhanden, muss neu ausgeschabt werden. Fachwerkstätten benutzen hierfür eigene Kollektor-Fräseinrichtungen. Mit etwas Geschick lässt sich diese Arbeit jedoch zuhause auch mit einem Sägeblatt oder einem scharf angeschliffenen Schraubendreher und viel Geduld durchführen. Dabei entsteht fast unweigerlich am Kollektor ein Grat, der unbedingt vor dem Wiedereinbau entfernt werden muss, damit die Kohlen wieder weich über den Kollektor gleiten können. Das lässt sich zum Beispiel mit einem Dreikantschaber ganz gut bewerkstelligen. Eine andere mögliche Ursache könnten zu weit abgenützte Kohlen sein, die nicht mehr den erforderlichen Anpressdruck auf dem Kollektor haben, weil zum Beispiel die Feder auf dem Führungsschacht aufliegt. Die Kohlen halten zwar unter normalen Betriebsbedingungen zigtausende von Kilometern, aber irgendwann sind auch die einmal gefahren...

durch Führungsschächte in ihrer Position gehalten. Federn sorgen dafür, dass sie mit dem richtigen Anpressdruck an dem Kollektor anliegen. Der Kollektor besteht aus einer Vielzahl von Kupferlamellen, die radial geteilt und durch Glimmer von einander isoliert sind. Ein ordentlich arbeitender Kollektor wird im Normalfall einen dunkel blaugrün glänzenden Laufstreifen im Kontaktbereich der Kohlebürsten aufweisen. Dies ist absolut in Ordnung, also kein Grund zur Beunruhigung. Es macht keinen Sinn, diesen Kollektor wegen der Laufstreifen auf Hochglanz zu polieren. Es sei denn, die Oberfläche der Kollektoren zeigt Riefen. In diesem Fall wird er ganz leicht überdreht, aber wirklich nur dann. Sollte er mit Öl verschmiert sein, genügt eine Reinigung mit Benzin oder Verdünner. Es ist allerdings die Herkunft des Öls festzustellen und die Ursache zu beheben. Ein defekter Wellendichtring könnte die Ursache sein...

Schwarze Brand- oder Schmorstellen auf Teilen des Kollektors oder gar am ganzen Umfang sind Hinweise auf Defekte innerhalb der Wicklung oder des Kollektors. Diese Teile sollten nicht wieder eingebaut werden, bevor die Ursache nicht gefunden und behoben ist. Hier wenden wir uns am besten an entsprechende Fachfirmen, die regelmäßig in den verschiedenen Oldtimer-Zeitschriften inserieren. Jedoch nicht ohne vorher einige Dinge selbst über-

Generell sollten die Kohlen in ihren Führungen leicht hin und her gleiten können. Zuviel Spiel ist dabei genau so schädlich wie zu wenig Spiel. Bei Gleichstromlichtmaschinen, die als sogenannte Scheibendynamos ausgebildet sind, ist der Anker mit Kollektor fliegend auf dem Ende der Kurbelwelle gelagert. Ein sich anbahnender Defekt des Kurbelwellenlagers und der dadurch verursachte Höhenschlag kann ebenfalls der Grund für feuernde Kohlen und hierdurch entstandene Brandflecken auf dem Kollektor sein. Aber auch ein „eiernder"

Eine exzentrisch gelagerte Ankerwelle ermöglicht durch einfaches Verdrehen der Lichtmaschine das Spannen von Antriebskette oder Riemen.

Die Kohlenbürste der Lichtmaschine.

So sieht ein intakter Lichtmaschinenkollektor aus.

Kurbelwellenzapfen. Dabei genügt bereits ein Höhenschlag der Kurbelwelle von nur 0,2 Millimetern und schon beginnen die Kohlen zu springen und verursachen so die Brandflecken. Hier gibt es nur einen Ausweg: die Ursache fachgerecht beheben bzw. beheben lassen. Wer tiefer in die Geheimnisse der Kraftfahrzeug-Elektrik einsteigen möchte, findet in der entsprechenden Fachliteratur – beispielsweise in dem Buch „Der Kupferwurm" von C. Hertweck – jede Menge Wissenswertes zu diesem interessanten Thema.

5.3 Vergaser und Luftfilter

5.3.1 Vergaser

Wenn das Automobil seine Abstammung von der Pferdekutsche nicht leugnen kann und die Dampfmaschine in der Ahnenreihe der Verbrennungskraftmaschinen an vorderster Stelle steht, so sind die Vorläufer des Vergasers die Verdampfungs- oder Vergasungsapparate für kohlenwasserstoffhaltige Flüssigkeiten. Nur so ist die Bezeichnung „Vergaser" zu verstehen. Diese ersten Vergasungsanlagen dienten fast ausschließlich der Erzeugung von Gas für Beleuchtungs- und Heizzwecke. Der heutige Vergaser für den Verbrennungsmotor verdient diese Bezeichnung eigentlich nicht, denn er bemisst und zerstäubt den Kraftstoff. Die eigentliche Vergasung erfolgt vorwiegend im Saugrohr und im Zylinder. Die älteste uns bekannte Form des beim Motorrad verwendeten Vergasers ist der sogenannte Oberflächenvergaser. Bei ihm wird direkt aus dem Tank, über der Oberfläche des Kraftstoffspiegels das Luft-Kraftstoffgemisch angesaugt, mit Zusatzluft gemischt und in den Brennraum geleitet. Wer einen Motorrad-Methusalem mit solch einem Vergaser restauriert, braucht für den späteren Betrieb spezielles Leichtbenzin, da die Oberflächenvergaser mit unseren heutigen Kraftstoffen nicht funktionieren. Manche Besitzer verwenden daher an ihren Uraltmaschinen Vergaser, die mit handelsüblichem Tankstellenkraftstoff betrieben werden können.

Die Umstellung vom Oberflächen- zum Spritzdüsenvergaser, der die Grundlage der modernen Vergasertechnik bildet, erfolgte etwa zwischen 1900 und 1905.

5.3.2 Die Bauteile und ihre Funktion

Die Vergasung oder richtiger gesagt die Zerstäubung des Kraftstoffes im Vergaser wird erreicht, indem man ihn durch eine relativ kleine Öffnung in die vom Motor angesaugte Luft einspritzt. Den hierfür erforderlichen Druck liefert der auf den Kraftstoff wirkende äußere Luftdruck als Differenz zu dem Unterdruck im Ansaugrohr, der durch den Kolben im Zylinder des Motors erzeugt wird. Für das in allen Betriebszuständen des Motors richtige Mischungsverhältnis von Kraftstoff und Luft sind Düsen verantwortlich. Um ihnen den Kraftstoff mit möglichst konstantem Druck anzubieten, erhalten sie diesen nicht direkt aus dem Tank, denn je nach dem, ob der Tank voll oder fast leer ist, variiert auch das Druckgefälle zwischen Tank und Vergaser. Für immer gleichen Kraftstoffstand und somit konstante Druckverhältnisse vor den Düsen sorgen Schwimmernadelventil und Schwimmer in der Schwimmerkammer. Die Funktion ist ebenso einfach wie wirkungsvoll. Füllt sich die Schwimmerkammer mit Kraftstoff, steigt darin der Schwimmer nach oben, bis er in einer bestimmten Höhe das Schwimmernadelventil schließt und so die Kraftstoffzufuhr unterbricht. Sinkt der Kraftstoffspiegel

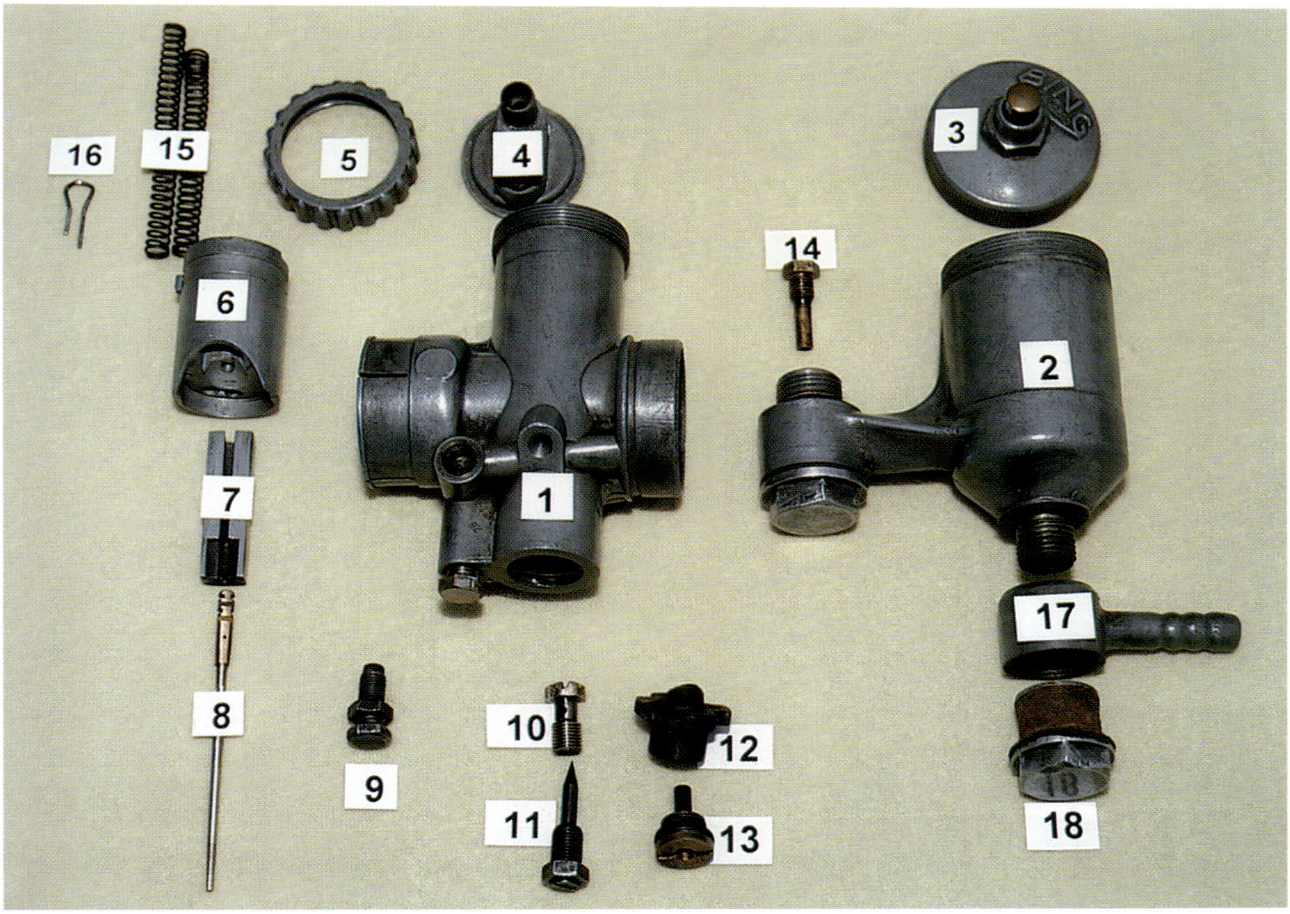

Die Einzelteile des BING-Vergasers:
Gehäuse u. Deckel (1/4), Schwimmerkammer u. Deckel (2/3), Ringmutter (5), Gas- u. Luftschieber (6/7), Düsennadel (8), Schieberanschlagschraube (9), Leerlaufluftdüse (10), Luftkorrekturschraube (11), Mischkammereinsatz (12), Nadeldüse (13), Hauptdüse (14), Federn (15), Klemmbügel (16), Kraftstoffanschluss (17), Kraftstofffilter (18).

in der Kammer ab, senkt sich der Schwimmer, das Ventil öffnet wieder und frischer Kraftstoff strömt aus dem Tank nach. Um eine einwandfreie Funktion dieses sich ständig wiederholenden Vorganges sicher zu stellen, muss die Schwimmerkammer möglichst waagerecht am Motorrad montiert sein. Das im Vergaser erzeugte Gemisch ist grundsätzlich nur für einen betriebswarmen Motor ausgelegt. Beim Kaltstart kondensiert nun aber ein Großteil der feinen Kraftstofftröpfchen an der kalten Zylinderwand. Daraus resultiert eine starke Abmagerung, das Gemisch ist nicht mehr zündfähig, der Motor springt nicht an. Das Gemisch muss also für einen guten Kaltstart angefettet werden. Hierfür befindet sich fast an jeder Schwimmerkammer ein sogenannter Tupfer. Mit ihm lässt sich der Schwimmer nach unten drücken, wodurch zusätzlicher Kraftstoff in die Schwimmerkammer strömt. Damit wird das Kraftstoffniveau vorübergehend erhöht, das Gemisch angereichert und somit für den kalten Motor zündfähig. Das erhöhte Kraftstoffniveau ist erreicht, wenn aus einer kleinen Überlauf-Bohrung aus der Kammer Kraftstoff austritt. Zur Verbesserung der Fahrbarkeit unmittelbar nach dem Kaltstart sind Vergaser häufig mit einem zusätzlichen Luftschieber ausgestattet, der vom Lenker aus über einen Seilzug betätigt wird. Vor dem Kaltstart wird er geschlossen. Dadurch reduziert sich der Ansaugquerschnitt des Vergasers. Hinter dem Schieber steigt der Unterdruck an, wodurch mehr Kraftstoff mitgerissen wird. Das Gemisch, das der Vergaser bei dieser Position des Luftschiebers liefert, ist sehr fett. Durch Hochziehen des Schiebers bei warmem Motor wird der Unterdruck dann wieder auf normale Verhältnisse reduziert. Das Gemisch erhält damit wieder die für den betriebswarmen Motor optimale Zusammensetzung.

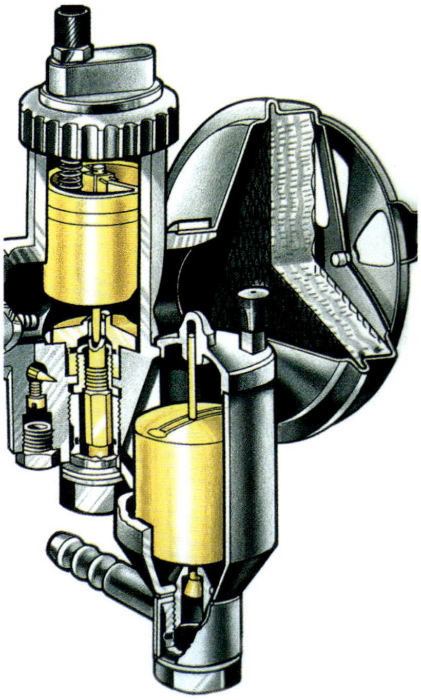
Der Bing-Vergaser im Schnitt.

Unter den zahlreichen Bauformen ist der Schiebervergaser bei unseren alten Motorrädern mit Abstand der am weitesten verbreitete. Mit dem Gasschieber lässt sich der Ansaugquerschnitt innerhalb des Vergasers variieren. Im Leerlauf ist der Schieber bis auf einen geringen Spalt geschlossen, bei Vollgasfahrten dagegen gibt er den vollen Querschnitt des Vergasers frei. Der für jede Gasschieberstellung und der daraus resultierenden Ansaugluftmenge benötigte Kraftstoff wird bei den meisten Vergasern über eine Nadeldüse zugemischt. Nadeldüsen-Vergaser werden bereits seit den frühen 20er Jahren von den meisten Motorradherstellern verwendet. Ähnlich wie bei der elektrischen Ausrüstung wurden auch Vergaser meist zugekauft. Die bedeutendsten Vergaser-Lieferanten in Deutschland waren Fischer-Amal und Bing, in England Amal und in Italien Dell'Orto. Sie alle fertigten nach dem gleichen Prinzip: Der Vergaser ist mit einer Hauptdüse ausgestattet, die nur bei Volllast das richtige Gemisch liefert. Im Teillastbereich des Motors muss nun der Querschnitt dieser Düse und damit der Kraftstoffaustritt reduziert werden. Dies geschieht mit Hilfe einer zweiten, der Nadeldüse sowie einer konischen Düsennadel, die am Gasschieber befestigt ist und sich mit ihm auf und ab bewegt. Die Düsennadel ragt in die Nadeldüse hinein, wodurch sich ein Ringspalt ergibt, an dem der Kraftstoff nun vorbei strömen muss. Über den Konus der Nadel wird der Querschnitt des Ringspaltes abhängig von der Stellung des Gasschiebers größer oder kleiner, wodurch die jeweils richtige Kraftstoffmenge der angesaugten Luftmenge beigemischt wird. Zur individuellen Anpassung des Vergasers an den Motor lässt sich die Düsennadel in meist drei oder vier verschiedenen Höhenpositionen am Schieber befestigen. Die oberste Position ergibt das fetteste, die unterste das magerste Gemisch.

Da dieses System zur Dosierung sehr geringer Gemischmengen zu ungenau ist, besitzen Vergaser meist noch ein separates Leerlaufsystem, das dann einsetzt, wenn infolge des geschlossenen Schiebers

Nadel und Nadeldüse außer Funktion sind. Durch den engen Querschnitt besonderer Düsen und Kanäle wird in deren Innerem eine höhere Luftgeschwindigkeit und damit die für den Leerlauf erforderliche Gemischbildung erreicht. In Strömungsrichtung hinter dem nahezu geschlossenen Gasschieber, wo der Unterdruck durch den Motor am größten ist, strömt dieses Leerlauf-Gemisch in den Ansaugtrakt. Im Bereich der Leerlaufdüse lässt sich dieser Unterdruck mit Hilfe einer Leerlaufluftdüse und der Luftregulierschraube einstellen. Hierzu besitzt die Regulierschraube eine Spitze, die in die Leerlaufluftdüse hinein ragt. Je weiter die Schraube nun hineingedreht wird, je weiter wird die Luftdüse verschlossen und um so höher wird der Unterdruck im Leerlaufmischraum. Das Gemisch wird fetter. Umgekehrt erreicht man durch Herausdrehen eine Abmagerung des Gemisches. Die Gemischmenge, die das Leerlaufsystem liefert, lässt sich zwar beliebig anfetten oder abmagern, reicht aber alleine nicht aus, um den Motor zu versorgen. Erst wenn durch Hineindrehen der Gasschieberanschlagsschraube der Schieber etwas aufgedrückt wird, erhält der Motor die benötigte Füllung. Da es sich bei dieser Zusatzluft nicht um ein zündfähiges Gemisch handelt, sondern tatsächlich um reine Luft, die hinter dem Gasschieber das dort eingespritzte Leerlaufgemisch abmagert, muss das Leerlaufgemisch entsprechend angefettet werden. Größere und vor allem neuere Vergaser besitzen zusätzlich noch diverse Einrichtungen, die die Gemischbildung verbessern, Übergangsfehler verringern und das Ansprechverhalten optimieren sollen.

5.3.3 Arbeiten am Vergaser

Vergaser sollten von Zeit zu Zeit gereinigt werden, da mit dem Kraftstoff auch Wassertröpfchen und Schmutzpartikel vom Tank in die Schwimmerkammer gelangen und dort Störungen verursachen können. Haben wir es mit dem Vergaser einer Maschine zu tun, die bereits seit Jahren oder gar Jahrzehnten nicht mehr in Betrieb war, muss er ohnehin auseinander. Wir müssen bei allen Arbeiten am

Die Schwimmerkammer ist einfach zu demontieren.

Vergaser daran denken, dass es sich hierbei meist um Teile aus Messing oder Zinkdruckguss handelt, die bei Weitem nicht die Festigkeit von Stahl besitzen. Unüberlegtes Hantieren mit Hammer, Schraubstock und großen Zangen schadet den empfindlichen Teilen ebenso wie der unvorsichtige Umgang mit dem Schweißbrenner. Zur Demontage lösen wir zunächst die Schraube, mit der die Schwimmerkammer am Vergasergehäuse befestigt ist und nehmen die Schwimmerkammer ab. Zum Lösen des Schwimmerkammerdeckels muss bei einigen Vergaserfabrikaten zunächst eine Klemmschraube am Rand des Deckels gelöst werden, mit welcher der Deckel gegen Losvibrieren gesichert ist. Zum Herausnehmen des Schwimmers muss dieser meist von der Schwimmernadel abgezogen werden, auf der er mit einer Spange oder einer Klammer befestigt ist. Der Boden der Schwimmerkammer ist häufig mit einem trockenen, weißbraunen Belag bedeckt, der sich recht gut mit einem Stück Holz oder Kunststoff entfernen lässt. Bei dieser Gelegenheit legen wir den Schwimmer, sofern er nicht aus Kork hergestellt ist, in ein Gefäß mit Benzin. Mit einem Stück Metall beschwert wird er untergetaucht und einige Stunden in diesem Bad belassen. Wenn er undicht sein sollte, muss sich das nun beim Schütteln des Schwimmers zeigen. Mit einer Warmluftpistole lässt sich nun der Kraftstoff im Inneren wieder verdampfen, bevor der Schwimmer, sofern er aus Messingblech hergestellt ist, vorsichtig mit Weichlot nachgelötet wird. Dabei ist der sparsame Umgang mit Lötzinn sehr wichtig, da wir das Gewicht des Schwimmers nicht verändern dürfen.

Eine Gewichtszunahme hätte zur Folge, dass der Schwimmer das Nadelventil zu spät schließt und der Vergaser von nun an ein zu fettes Gemisch produziert. Zum Reinigen der Düsen werden diese heraus geschraubt und mit Druckluft ausgeblasen. Falls erforderlich, können wir zum Durchstoßen auch eine dünne Nylonborste von einem Besen oder einer Bürste verwenden oder etwas weichen Kupferdraht aus einem Elektrokabel. Stecknadeln, Nägel und andere harte Gegenstände haben an den weichen Messingdüsen nichts verloren. Gleiches gilt selbstverständlich auch für die feinen Bohrungen im Vergasergehäuse und der Schwimmerkammer. Etwas schlecht zugänglich ist die Leerlaufdüse bei alten Amal-Vergasern. Sie befinden sich im Düsenblock, der zuvor mit einem Holz- oder Aluminiumdorn nach unten aus dem Vergaser-Gehäuse getrieben wird.

Normalerweise sind die Vergaserdüsen vom Hersteller mit Zahlen markiert, die Aufschluss über den Durchsatz oder den Bohrungsdurchmesser der Düse geben. Hierbei ist zu beachten, dass früher bei Bedarf gerne schnell einmal eine Düse mit sogenannten Düsenreibahlen vergrößert wurde, um aus irgendwelchen Gründen den Durchsatz zu erhöhen. Was nicht geändert wurde, war die Markierung. Das bedeutet, dass nicht jede Düse dem Wert entsprechen muss, der auf ihr angegeben ist. Zur Kontrolle gibt es spezielle Düsenlehren. Am stärksten von Verschleiß betroffen sind der Gasschieber und dessen Führung innerhalb des Gehäuses. Besonders bei Motorrädern, die lange Zeit ohne vernünftige Luftfilter gefahren wurden, hat der Straßenstaub das Material buchstäblich abgeschmirgelt. Aber auch mit Luftfilter kann der Verschleiß dieser Teile nur reduziert, jedoch nicht verhindert werden. Die Ansaugluft strömt ja nicht gleichmäßig durch den Vergaser hindurch. Das was vom Fachmann als Gassäule bezeichnet wird, ist nämlich gewaltig in Schwingung begriffen. Diese durch die Gaswechselvorgänge im Motor verursachte Pulsation beginnt bereits am Vergasereinlass und endet erst hinter dem Auspuff der Maschine. Diese Pulsation reißt nun mit einer recht hohen Frequenz den Schieber im Vergasergehäuse hin und her und lässt ihn ausschlagen. Je größer das Spiel ist, je schneller schreitet der Verschleiß fort. Schwere, massive Messingschieber, wie sie bis in die 20er Jahre üblich waren, sind aufgrund ihrer großen Masse davon besonders betroffen. Die Vergaserhersteller wirkten dem entgegen, indem sie die Schieber innen hohl aus dünnwandigem Leichtmetall fertigten.

Die Folge von ausgeschlagenen Schiebern ist, dass sie im Gehäuse durch zu großes Spiel nicht mehr sauber abdichten, so dass besonders im Leerlauf sogenannte Falschluft links und rechts am Schieber vorbei zum Zylinder strömt. Eine ordentliche Leerlaufeinstellung des Motors ist damit nicht mehr zu erreichen. Für Nachkriegsmaschinen sind Vergaserschieber noch häufig zu beschaffen. Die alten Messingschieber werden, wenn kein Ersatz mehr aufzutreiben ist, am Umfang abgedreht. Dann wird eine selbst angefertigte, dünnwandige Messinghülse darüber geschoben und beide Teile miteinander verlötet. Abschließend wird der Schieber in das Vergasergehäuse eingepasst und die äußeren Konturen wieder hergestellt. Durch die gleichen Vorgänge, die den Verschleiß des Schiebers verursachen, nützen sich auch Nadeldüse und Düsennadel mit der Zeit ab, was sich letzten Endes in einem höheren Kraftstoffverbrauch niederschlägt. Vibrationen durch den Motor, aber auch Erschütterungen und Stöße durch die Fahrbahn sind in erster Linie für den Verschleiß am Schwimmernadelventil verantwortlich. Der ist zwar mit bloßem Auge kaum zu erkennen, macht sich aber bei abgestelltem Motor und geöffnetem Benzinhahn durch ständiges Überlaufen des Kraftstoffes im Vergaser bemerkbar. Hier lässt sich oft Abhilfe schaffen, indem man zuerst mit feiner Schleif- und danach mit Polierpaste die Schwimmernadel in ihrem Sitz neu einschleift. Hilft das infolge zu weit fortgeschrittenen Verschleißes nicht, muss Ersatz herbei.

Der Düsenblock des Amal-Vergasers wird vorsichtig herausgeschlagen.

5.3.4 Die Vergasereinstellung

Voraussetzung für eine ordentliche Vergasereinstellung sind neben einem betriebswarmen Motor natürlich auch der einwandfreie Zustand der mechanischen Teile von Motor, Vergaser und der Kraftstoffversorgung. Es lässt sich nun mal keine einwandfreie Einstellung erzielen, wenn die Ventilführungen eines Motors so weit ausgeschlagen sind, dass der Kolben beim Ansaugen mehr Luft an den Ventilschäften vorbei in den Brennraum saugt, als über den regulären Weg durch den Vergaser. Das muss einleuchten. Aber auch eine verstopfte Tankbelüftung, verschlissene Vergaser-Bauteile, Schmutz in der Schwimmerkammer sowie ein stark verschmutzter Benzin- oder Luftfilter erschweren eine gute Einstellung oder machen sie gar unmöglich. Bei Vergasern, die einen Luftschieber besitzen, muss darauf geachtet werden, dass dieser sich in seiner obersten Position befindet. Mit einem Blick in den Vergasereinlass lässt sich das leicht kontrollieren. Der Luftschieber darf dabei nicht in den Ansaugtrakt hinein ragen und dadurch den Ansaugquerschnitt reduzieren. Der Luftfilter, falls vorhanden, muss bei der Vergasereinstellung montiert sein. Besitzt er eine Kaltstarteinrichtung zur Reduzierung des Ansaugquerschnitts, wird diese geöffnet. Zweckmäßigerweise beginnen wir mit der Hauptdüse. Da sie nur unter Vollast richtig beurteilt werden kann, funktioniert das natürlich ausschließlich bei eingelaufenen Motoren.
Wir begeben uns am besten mit der Maschine auf die Autobahn und messen die Höchstgeschwindigkeit mit der momentanen Hauptdüse. Dann fahren wir das gleiche Stück mit der nächst kleineren und der nächst größeren Hauptdüse. Die Düse, mit der sich die größte Höchstgeschwindigkeit erzielen lässt, ist die richtige. Statt auf der Autobahn lässt sich das auch gut auf einer langen, gleichbleibenden Steigung ermitteln. Dabei spielt es keine Rolle, in welchem Gang wir fahren. Wichtig ist nur, dass der Motor etwa Nenndrehzahl erreicht. Zum Ermitteln der optimalen Nadelposition montieren wir am Gehäusedeckel des Vergasers eine Schraube mit Kontermutter, mit der sich der Gasschieberweg etwa auf die Hälfte begrenzen lässt. Dieser Anschlag kann auch konstruktiv anders gestaltet werden, wichtig ist bloß, das er reproduzierbare Schieberstellungen sicher stellt. Nun wird im Fahrversuch ermittelt, bei welcher Nadelposition sich die größte Geschwindigkeit ergibt, wenn der Schieber bis zu seinem Anschlag geöffnet ist. Nachdem die beste Nadelposition gefunden ist, wird unser provisorischer Anschlag wieder ausgebaut. Dann wird der Leerlauf eingestellt.
Noch einmal: Alle Einstellungen werden ausschließlich bei betriebswarmem Motor vorgenommen. Ferner ist darauf zu achten, dass der Gaszug vom Lenker zum Vergaser mindestens 1 Millimeter Spiel hat, so dass sicher gestellt ist, dass der Schieber wirklich auf seiner Anschlagschraube

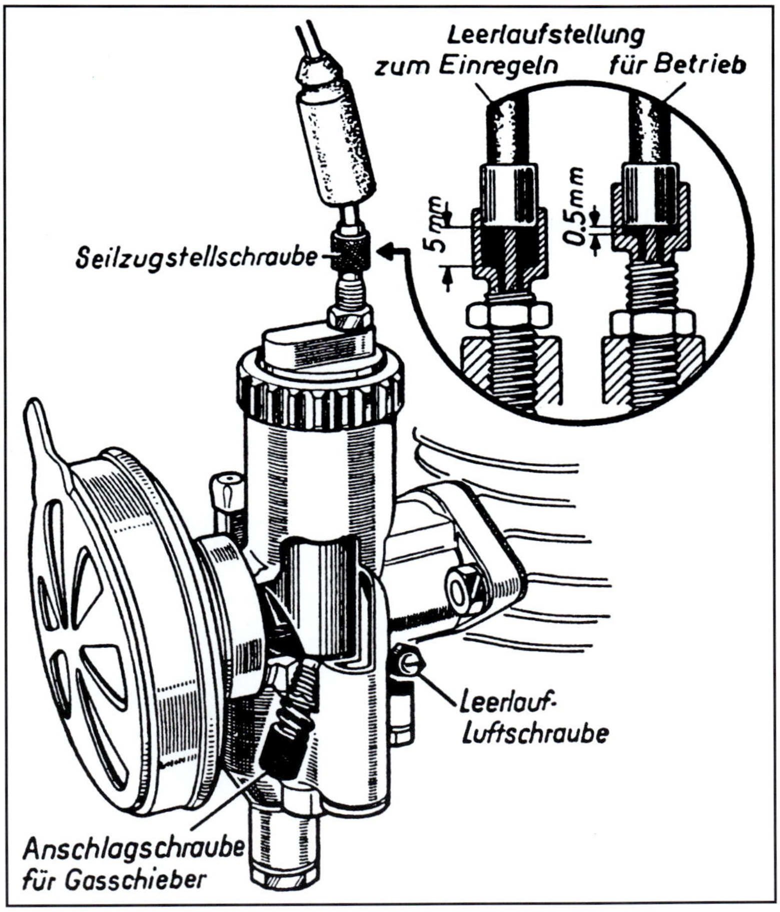

Einstellen des Vergasers (BMW R 25).

sitzt. Wir drehen zunächst die Luftregulierschraube des Vergasers hinein, bis sie leicht ihren Anschlag berührt. Der Motor wird jetzt sehr unrund laufen. Das Gemisch ist zu fett. Droht der Motor abzusterben, wird die Drehzahl an der Schieberanschlagschraube angehoben. Nun drehen wir die Luftregulierschraube heraus, um das Gemisch so weit abzumagern, dass der Motor seine maximale Drehzahl erreicht. An der Schieberanschlagschraube wird dann die Motordrehzahl, falls erforderlich, auf den gewünschten Wert korrigiert. Damit ist die Vergasereinstellung im Wesentlichen abgeschlossen. Muss hierbei die Luftregulierschraube um mehr als 2,5 Umdrehungen herausgeschraubt werden, ist die Leerlaufdüse zu groß. Ist bereits nach einem Herausdrehen von weniger als einer Umdrehung kein weiterer Anstieg der Motordrehzahl festzustellen, ist sie zu klein.

Für den Bereich zwischen Leerlauf und Halbgas ist hauptsächlich der Schieberausschnitt beim Amal- und der Mischkammereinsatz beim Bing-Vergaser verantwortlich. Ein kleiner Schieberausschnitt beim Amal entspricht dabei einem hohen Einsatz beim Bing. Sie werden so ausgelegt, dass der Schieberausschnitt des Amal so groß beziehungsweise der Mischkammereinsatz des Bing so niedrig ist, dass der Motor gerade noch nicht zu nießen beginnt. Ist das Gemisch in diesem Teillastbereich zu fett, reagiert der Motor meist mit einem Beschleunigungsloch und einem dumpfen, matten Auspuffton. Wie bereits anfangs erwähnt, ist es die Aufgabe des Schwimmers, den Kraftstoffpegel für die Vergaserdüsen auf einem möglichst gleichbleibendem Niveau zu halten. Dies bedeutet, dass wir bei jeder Veränderung der Schwimmerposition das Kraftstoffniveau im Vergaser verändern. Hängt der Schwimmer zu hoch, ist das Niveau in der Schwimmerkammer zu niedrig, das Gemisch zu mager beziehungsweise umgekehrt.

Um nach einer Demontage des Vergasers die exakte Schwimmerposition auf der Schwimmernadel wieder zu finden, besitzen die Schwimmernadeln, sofern das Schwimmernadelventil im Boden der Schwimmerkammer angeordnet ist, eine Kerbe. Es ist wichtig, dass die Klammer, die den Schwimmer auf der Nadel festklemmt, in diese Kerbe einrastet, damit nach dem Zusammenbau wieder der korrekte Kraftstoffstand in der Schwimmerkammer gewährleistet ist. Ferner ist darauf zu achten, dass alle Dichtringe wieder ihren Platz einnehmen, da auch sie die Höhenlage der Schwimmerkammer zum Gehäuse des Vergasers beeinflussen.

5.3.5 Luftfilter

Die Aufgabe des Luftfilters ist es, den Motor unserer Maschine vor Schmutz und Straßenstaub zu schützen, da dieser sich an den Zylinderwänden mit dem Ölfilm verbindet und dort wie eine Schleifpaste wirkt. Im Gegensatz zu modernen Maschinen wurden an Motorrädern bis in die 50er Jahre fast ausschließlich Naßluftfilter eingesetzt. Sie waren meist direkt am Vergasereingang mit einem Klemmflansch oder mit einem Feingewinde befestigt. Manche Hersteller integrierten die Filter aber auch in den Preßstahl-Rahmen oder verbargen sie unter speziellen Abdeckungen. Naßluftfilter sind im Regelfall mit einem feinen Drahtgewebe ausgestattet, das mit Öl getränkt ist. An ihm soll sich der Staub der vorbeistreichenden Ansaugluft festsetzen.

Ein Luftfilter kann natürlich nur so gut sein wie seine Pflege. Er gehört in regelmäßigen Abständen mit Benzin ausgewaschen, mit Motorenöl getränkt und, nachdem das überschüssige Öl abgetropft ist, wieder montiert. Da der Luftfilter außerdem die Ansauggeräusche des Motors dämpft, glaubten ver-

Ein Muss vor der Vergasereinstellung: Das Reinigen des Luftfilters.

meintlich sportliche Fahrer, ihren Luftfilter demontieren zu müssen. Aus diesem Grund finden wir heute vielfach Veteranen, bei denen diese sinnvolle Einrichtung fehlt. Da der Luftfilter für die Ansaugluft einen gewissen Widerstand darstellt, ist es wichtig zu wissen, dass beim Fahren ohne Luftfilter die Einstellung des Vergasers korrigiert werden muss. Es besteht sonst die Gefahr, den Motor durch den plötzlichen Luftüberschuss zu mager zu fahren und damit zu überhitzen. Insbesondere Fahrer von Zweitakt-Maschinen haben sich so schon häufig ein Loch in den oder die Kolben gebrannt.

Ein guter Luftfilter soll bei möglichst geringem Ansaugwiderstand eine größtmögliche Oberfläche zur Bindung des Staubes aufweisen. Sogenannte Turbofilter versetzen die Luft in einen Drall, in dessen Folge die Partikel durch die Zentrifugalkraft nach außen getragen werden, um sich am Ölfilm abzusetzen. Luftfilter für Motorräder mit kleineren Hubräumen, deren Vergaser ohne Luftschieber für den Kaltstart ausgestattet sind, besitzen einen fächerartigen Schieber, mit dem der Ansaugquerschnitt zum Starten und Kaltabfahren gedrosselt werden kann. Hierdurch kommt es zu einer Gemischanfettung, der Motor springt besser an. Bei „Scheunenfunden“ müssen wir die Luftfilter vor ihrer Wiederverwendung gründlich untersuchen, um sicher zu gehen, dass wir uns keine Motorprobleme einhandeln durch abgerostetes Metallgewebe, das sich beim Fahren losvibrieren und dann angesaugt werden kann.

5.4 Getriebe und Kupplung

5.4.1 Das Indian-Getriebe

Unsere alte Indian besitzt ein Dreigang-Getriebe mit Handschaltung, wie die meisten Motorräder der 20er Jahre. Fußgeschaltete Getriebe gab es in dieser Zeit nur ganz selten, und wenn, dann fast ausschließlich bei Rennmaschinen. Bei Serienfahrzeugen gingen die Hersteller sehr zaghaft an die Einführung fußgeschalteter Getriebe heran. Anfang der 30er Jahre waren die ersten Modelle erhältlich, aber trotzdem war die Handschaltung bis Mitte dieses Jahrzehnts noch überwiegend. Unser Indian-Getriebe ist in einem separaten Gehäuse untergebracht und mit dem Motorgehäuse verschraubt. Beim Ausbau der Getrieberäder packte mich das kalte Grauen. So gut die bereits erwähnten Kupplungslamellen ausgesehen hatten, so schlecht war der Zustand der Zahnräder. Hier hatte wohl jemand jahrelang Gänge gewechselt, ohne zu wissen, wofür es eine Kupplung gibt. Kein Wunder also, dass die Beläge wie neu aussahen. Was tun? Eine Neuanfertigung der defekten Teile wäre nur mit relativ großem Aufwand möglich gewesen. Ein komplettes Getriebe wäre die Alternative. Noch wenige Wochen, und die Saison der Veteranenmärkte würde wieder beginnen; Kassel, Ludwigshafen, Ulm, Mannheim...

Doch die Suche nach „Zahnersatz“ blieb erfolglos. Zwar hatte ein Aussteller ein komplettes Scout-Getriebe angeboten, dessen Innenleben war aber nur unwesentlich besser als das des vorhandenen Ge-

Das Indian-Getriebe wird demontiert.

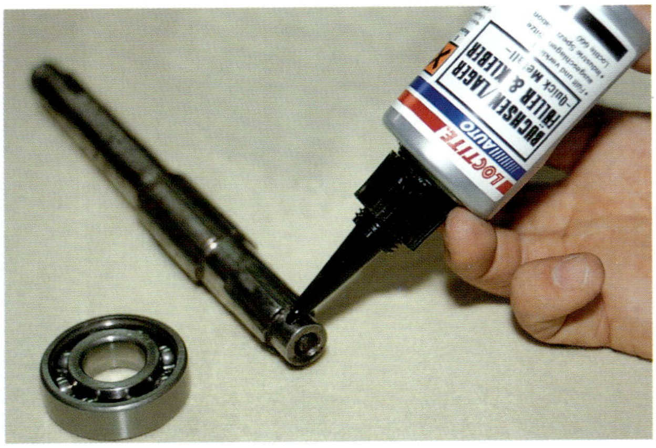

Kugellager, deren Spiel auf der Welle zu groß ist, lassen sich mit flüssigem Lagerkleber gegen Verdrehen sichern.

An dieser Stelle war das Gehäuse gerissen.

Mit einem Zweikomponenten-Metall wurde die Dichtfläche instand gesetzt.

Das Einfüllen von Getriebe-Fließfett geht am besten bei geöffnetem Getriebedeckel.

triebes. Die 800,– DM, die er dafür verlangte, erschienen mir daher zuviel. Da ich ohnehin nicht vor hatte, die Indian als tägliche Gebrauchsmaschine mit vielleicht 10.000 Kilometer Laufstrecke im Jahr einzusetzen, entschloss ich mich, einen Kompromiss einzugehen und die alten Teile nach entsprechender Aufarbeitung wieder zu verwenden. An dieser Stelle sei einmal darauf hingewiesen, dass solche Kompromisse immer wieder eingegangen werden müssen und dies auch absolut vertretbar ist. Lange bevor die Veteranenszene die Dimensionen von heute erreicht hatte, musste bei der Instandsetzung eines Motorradgetriebes ein ähnlicher Kompromiss eingegangen werden. Mangels Ersatz wurden drei bis zur Unkenntlichkeit abgerostete Zähne durch Auftragschweißen wieder aufgebaut und ohne maschinelle Hilfe durch Feilen wieder in Form gebracht. Das ist nun schon 25 Jahre her und obwohl in der Zwischenzeit ein Ersatzgetriebe bereit liegt, verrichtet das reparierte Zahnrad noch immer treu und brav seine Dienste. Selbst das Schleppen eines Seitenwagens, der im Laufe der Jahre montiert wurde, kann dem guten Teil scheinbar nichts anhaben. Womit einmal mehr bewiesen wäre: Nichts hält eben länger als ein Provisorium. Zurück zum Zahnradsatz der Indian. Mit einem groben und einem feinen Schleifstein wurden Schaltklauen und alle deformierten Zähne nachgearbeitet und ordentlich entgratet. Abschließend erhielten die Teile ein gründliches Bad in Waschbenzin, um sie von anhaftendem Schleifstaub zu befreien. Nach dem Trocknen kam eine schützende Schicht Sprühöl darüber, damit nichts rosten konnte. In ein sauberes Tuch eingeschlagen wanderten die Teile bis zum Zusammenbau des Getriebes in einen Karton.

Bei genauerer Betrachtung des Getriebegehäuses war ein Riss unterhalb der Deckel-Dichtfläche sowie ein Bruch eines Befestigungsauges, mit dem das Ge-

Das Anfertigen einer Gehäusedichtung aus speziellem Dichtungspapier.

Die Gangarretierung besteht aus einer Kugel mit Druckfeder.

triebe am Rahmen verschraubt wird, festzustellen. Auch hier war eine Reparatur unumgänglich. Nachdem das Getriebegehäuse gründlich von Schmutz und altem Fett befreit war, wurde der Riss von beiden Seiten mit einem kleinen, ins Futter einer biegsamen Welle gespannten Kugelkopf-Fräser aufgeweitet. Um einer optimalen Schweißnaht Platz zu bieten, mussten die Nuten etwa 3 Millimeter breit und gut 2 Millimeter tief ausgefräst werden. Ihre Länge ging ca. 10 Millimeter über die Enden des Risses hinaus. Ein Schweißfachmann füllte diese Nuten anschließend wieder sauber mit Aluminium auf. Und da die Schweißnaht im eingebauten Zustand des Getriebes nicht sichtbar ist, konnte auf das Verputzen der Reparaturstelle verzichtet werden. Lediglich die Dichtfläche für den Getriebedeckel musste überarbeitet werden, um eine ordentliche Abdichtung zu gewährleisten. Nachdem die Dichtfläche glatt gefeilt war, zeigte sich ausgerechnet hier ein Schweißlunker. Um nun nicht noch einmal den Schweißer bemühen zu müssen, wurde das fehlende Material kurzerhand durch Flüssigmetall aus zwei Komponenten ersetzt. Nach dem Aushärten, das je nach Produkt bis zu 24 Stunden dauern kann, wurde das überflüssige Material wieder mit einer Feile entfernt. Danach erhielt das Gehäuse eine Oberflächen-Veredelung durch Glasperlstrahlen mit anschließendem Reinigungsbad. Es versteht sich von selbst, dass eventuell zurückbleibendes Strahlgut später im Betrieb erhebliche Schäden verursachen kann.

Also, Gründlichkeit war angesagt. Besonders in den Ecken und Lagersitzen. Danach konnte es wieder an den Zusammenbau gehen. Nachdem Lager, Wellen und Zahnräder montiert waren und auch die Ölablassschraube wieder ihren Platz eingenommen hatte, wurde das Schmiermittel, im Fall der Indian Getriebefließfett eingefüllt, selbstgeschnittene Papierdichtungen aufgelegt und der Gehäusedeckel aufgeschraubt. Nach der Montage der Gangarretierung, die aus einer Stahlkugel und einer kurzen Druckfeder besteht, wurde die Verschlussschraube aufgedreht und das Getriebe mit dem Motorblock verschraubt. Dieser Schritt war bei der Indian notwendig, weil sich Motor und Getriebe nur als komplette Einheit in das Fahrgestell einbauen lassen.

5.4.2 Andere Getriebe

Nicht alle Motorradgetriebe sind so simpel aufgebaut wie das der Indian. Wir wollen daher noch ein weiteres unter die Lupe nehmen. Ein Getriebe der Münchner Firma Hurth, die insbesondere vor dem 2. Weltkrieg zusammen mit Burman und Pfeifer zahlreiche Motorradhersteller im In- und Ausland belieferte. Unser Getriebe wurde in der ersten Hälfte der 30er Jahre gefertigt, ist fußgeschaltet und besitzt 4 Gänge. Ganz typisch für die 20er und 30er Jahre waren Getriebe, die vollkommen vom Motor getrennt, nur am Rahmen angeschraubt waren und meist über eine Rollenkette vom Motor angetrieben wurden. Es gehört zu einer UT-Rennmaschine und arbeitete über viele Jahre anstandslos bis

Die Federnippel werden mit einem Schraubendreher gelöst.

Lösen der Zentralmutter.

Gangarretierung und Druckfeder sind einfach zu demontieren.

sich in der letzten Zeit die Gänge nicht mehr so exakt schalten ließen, wie ich das gewohnt war. Vor dem Ausbau aus dem Rahmen wird zuerst der Kupplungszug ausgehängt sowie das Getriebeöl abgelassen. Mit einer Spitzzange öffnen wir dann das Schloss der Primärkette und auch das der zum Hinterrad führenden Sekundärkette. Beide Ketten werden abgenommen und zusammen mit den Schlössern zur Seite gelegt. Übrigens eine gute Gelegenheit, sie einmal gründlich in Petroleum oder Waschbenzin zu reinigen und neu einzufetten. Nach dem Lösen der Befestigungsmuttern lässt sich das Getriebe im Allgemeinen problemlos vom Rahmen abnehmen. So genannte stehende Getriebe haben die Befestigungsbolzen an ihrer Unterseite, das heißt, sie stehen auf der Getriebebrücke und sind von unten mit dem Rahmen verschraubt. Bei hängenden Getrieben befinden sich die Befestigungsbolzen an der Oberseite, sie sind quasi hängend im Rahmen eingebaut. Klar, dass vor dem Zerlegen eine gründliche Reinigung erfolgt. Mit einem Schraubendreher, dessen Klinge gut in die Federnippel (Originaltext des Herstellers) des Kupplungsdeckels passt, werden diese heraus geschraubt. Die sich darunter befindenden Druckfedern dürfen nicht gebrochen oder von unterschiedlicher Länge sein. Defekte oder zu kurze Federn müssen ersetzt werden. Jetzt lassen sich der Kupplungsdeckel und die dahinter liegenden Kupplungslamellen abnehmen sowie die Druckstange(n) aus der hohlgebohrten Getriebehauptwelle heraus ziehen. Der Kupplungskorb wird in der Regel von einer großen Zentralmutter auf dem Konus der Hauptwelle gehalten. Nach dem Lösen dieser Mutter muss der Kupplungskorb mit einer Abziehvorrichtung vom Konus gelöst werden. Dabei ist es hilfreich, auf die Gewindespindel des angesetzten, unter Spannung stehenden Abziehers einen beherzten Schlag mit einem Hammer zu platzieren, um so den Korb von der Welle zu prellen.

Der Tipp: Steht keine derartige Abziehvorrichtung zu Verfügung, bietet sich eine andere Methode an, für die jedoch die Anwesenheit einer zweiten Person erforderlich ist. Hierbei wird die Zentralmutter wieder auf die Hauptwelle gedreht. Drei bis vier Umdrehungen, nicht mehr. Danach hält einer das Getriebe am Kupplungskorb mit dem Gehäuse nach unten, während der Zweite mit einem Messingdorn und einem Hammer, der seinem Namen alle Ehre macht, durch einen kräftigen Schlag den Korb von der Welle löst. Zur Sicherheit legen wir ein Kantholz unter, damit das Getriebe im Falle eines Abrutschens nicht auf den harten Boden schlägt. Nach-

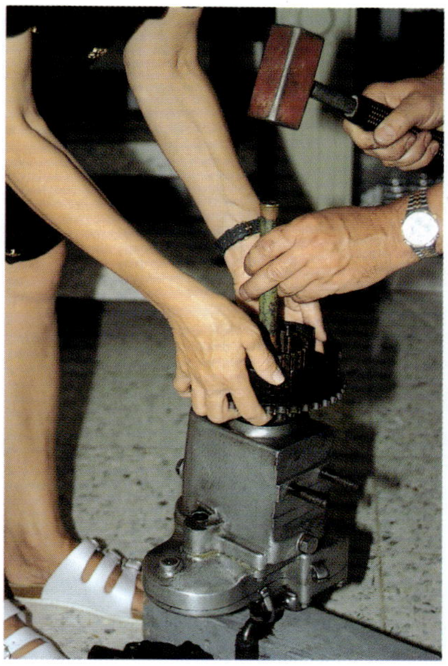

Trennen des Kupplungskorbs von der Getriebewelle.

Aufbiegen des Sicherungsblechs und Lösen der Mutter.

Das 4.-Gang-Rad, die Schaltwalze und die Schaltgabeln bleiben nach der Demontage der Wellen und Schalträder im Gehäuse zurück.

dem die Mutter nun vollständig abgedreht ist, lässt sich der Kupplungskorb abnehmen. Seine Stege dürfen nicht ausgeschlagen sein, wenn ein ordentliches Kuppeln gewährleistet werden soll. Falls sich die Stege in einem schlechten Zustand befinden, und kein Ersatz beschafft werden kann, hilft nur noch die Auftragschweißung mit entsprechend mühsamer Nachbearbeitung. Nachdem der Kupplungskorb demontiert ist, biegen wir mit einem Schraubendreher das Sicherungsblech der Befestigungsmutter auf, mit der das Kettenritzel gehalten wird, und lösen die Mutter. Danach lässt sich bequem auch das Ritzel von seinem Sitz herunter nehmen. Mit einem Körner oder einem wasserfesten Filzstift markieren wir die Stellung des Schalthebels auf der Schaltwelle, bevor wir ihn abnehmen. Jetzt werden die Schrauben und Muttern des äußeren Getriebedeckels entfernt und in ein kleines Kästchen gelegt. Mit einem Plastikhammer lässt sich nun durch leichte Schläge der Deckel vom Gehäuse lösen. Wenn wir beim Abnehmen des Deckels die Welle des Schalthebels mit abziehen, bleibt die Schaltklinkeneinheit komplett im Deckel.

Wir prüfen die Schaltklinken auf Verschleiß, da sie sich im Laufe der Jahre abnützen. Ist dies der Fall, lassen sie sich in den meisten Fällen umdrehen, so dass die unbeschädigten Seiten zum Eingriff kommen. Im Gehäuse lassen sich nun mühelos die Gangarretierung, die dazu gehörige Druckfeder sowie diverse Beilagscheiben entfernen. Zur Sicherheit notieren wir uns deren genaue Anordnung oder binden die Teile in der Reihenfolge, in der wir sie ausbauen, mit einem Stück Draht zusammen. Die Teile des Schaltmechanismus legen wir in ein anderes Kästchen. Schaltrad und Gangarretierung lassen sich jetzt einfach nach vorne heraus ziehen. Nun entfernen wir Schrauben und Muttern des Lagerdeckels, hinter dem sich die eigentlichen Getriebe-Innereien befinden. Und, ganz richtig, wieder ein neues Kästchen. Auch wenn uns das momentan als überflüssig erscheinen mag, es hat seine Berechtigung. Im Moment wissen wir noch genau, wo alles hin gehört. Was aber, wenn wir ein Zahnrad neu anfertigen lassen und darauf vier Wochen warten müssen. Wissen wir dann auch noch genau, was wohin gehört? Ganz gewissenhafte Schrauber fotografieren sogar während der Demontage mit einer Sofortbildkamera. Vorsichtig spannen wir nun das Getriebegehäuse in einen Schraubstock, so dass wir den Lagerdeckel samt Haupt- und Nebenwelle, Schaltwalze und Schaltgabeln nach oben herausziehen können. Dass wir beim Einspannen in den Schraubstock Schutzbacken aus Aluminium verwenden, versteht sich dabei von selbst. Zuvor lösen wir jedoch den Lagerdeckel vom Gehäuse durch leichte Schläge mit dem Kunststoffhammer.

Oberhalb der Zahnräder befindet sich die Schaltwalze.

Leerlauf: Die Schiebestücke zwischen den Schaltwalzen sind nicht im Eingriff.

1.Gang: Das Schiebestück greift in die seitlichen Klauen des 1.Gang-Rades ein.

2.Gang: Dasselbe Schiebestück greift durch Verdrehen der Schaltwalze in das 2.Gang-Rad.

Das Schiebestück zwischen 3. und 4. Gang wird erst beim Aktivieren dieser Fahrstufen verschoben, hier ist der 3. Gang....

...und hier der 4. Gang geschaltet.

Auf keinen Fall versuchen, die Gehäusehälften über die Dichtflächen mit Schraubendrehern oder dergleichen auseinander zuhebeln. Das hinterlässt in der Regel tiefe Schrammen im weichen Aluminium. Spätere Öl-Leckagen sind damit vorprogrammiert.

Nicht immer lässt sich das Getriebe in einem Arbeitsgang restlos ausräumen. Manchmal bleiben, wie in unserem Beispiel, das 4.-Gang-Rad, die Schaltwalze und die Schaltgabeln in der Getriebeglocke zurück. Das ist aber nicht weiter problematisch. Diese Teile

Rundlaufprüfung auf der Drehmaschine. Verbogene Schaltgabelwellen werden gerichtet.

Verschleiss an den Seitenflächen der Schaltklauen.

Haupt- und Nebenwelle lassen sich nur gemeinsam einbauen.

Bevor das Schaftrad auf die Hauptwelle geschoben wird, muss der Druckring montiert werden.

werden, nachdem wir den Radsatz zur Seite gelegt haben, getrennt aus dem Gehäuse entnommen. Um uns die Funktionsweise des Viergang-Getriebes einmal zu verdeutlichen, spannen wir den Lagerdeckel nun so in den Schraubstock, dass sich die Wellen in waagerechter Lage befinden. Wir montieren die Schaltwalze, die Gabeln und alle Teile, die sonst noch zu den Innereien gehören. So lassen sich einfach einmal alle Schaltstellungen durchspielen. Sowohl auf der Getriebe-Hauptwelle, das ist die, auf der die Kupplung montiert ist, wie auch auf der Nebenwelle befinden sich jeweils neben den Zahnrädern Schiebestücke, die sich durch eine Längsverzahnung auf den Wellen verschieben lassen. Befinden sich diese Schiebestücke genau in Mittelstellung, also weder links noch rechts im Eingriff, so steht das Getriebe in Position „Leerlauf". Der Zahnradsatz des ersten Ganges ist der, der unmittelbar neben dem Lagerdeckel angeordnet ist. Das nächste Zahnradpaar bildet den 2. Gang, das übernächste den 3. Gang und so weiter. Durch vorsichtiges Drehen der Schaltwalze versuchen wir nun einmal, den 1. Gang einzulegen. Dabei wird über die Schaltgabel das Schiebestück zwischen dem 1. und 2. Gang so verschoben, dass es in die seitlichen Klauen des 1.-Gang-Rades eingreift. Das Schiebestück zwischen den Gängen 3 und 4 bleibt dabei in seiner neutralen Lage. Wird die Schaltwalze weiter gedreht, wandert das Schiebestück vom Zahnrad des ersten zum Zahnrad des zweiten Ganges, so dass der zweite Gang zum Eingriff kommt. Auch hierbei bleibt das Schiebestück zwischen den Gängen 3 und 4 in der neutralen Zwischenstellung. Es wird erst beim Einlegen der Gänge 3 und 4 verschoben, bei denen sich analog das Schiebestück zwischen den Gängen Gang 1 und 2 in neutraler Stellung befindet.

Nachdem wir nun mit der Funktionsweise des Getriebes etwas vertrauter sind, wenden wir uns der

Begutachtung aller mechanischen Teile zu. Ganz wichtig für ein exaktes Durchschalten der einzelnen Gänge ist der Zustand der Schaltgabeln. Nach entsprechender Reinigung prüfen wir bei den Schaltgabelwellen, ob sie verbogen sind. Sehr einfach lässt sich das machen, indem wir die Welle ins Futter einer Drehmaschine oder einer Bohrmaschine spannen und den Rundlauf kontrollieren. Hier sind wir bei unserem Getriebe schon fündig geworden. Eine Welle ist verbogen. Sie muss gerichtet werden. Aber Vorsicht. Das Material ist oft spröde und kann daher leicht brechen. Wenn ein Richten nicht mehr möglich ist, wird entsprechend dem Original die Herstellung einer neuen Welle erforderlich. Diese verbogene Schaltgabelwelle war die Ursache für die Verschlechterung der Schaltqualität des Getriebes. Da wir aber das Getriebe nun schon einmal zerlegt haben, kontrollieren wir auch gleich die anderen Teile. Um die beiden Getriebewellen mit samt ihren vier Zahnradpaaren aus dem Lagerdeckel entfernen zu können, setzen wir diese zweckmäßigerweise auf zwei gleichlange Kanthölzer und schlagen die Hauptwelle aus ihrem Kugellagersitz. Hierbei kommt automatisch die Nebenwelle mit heraus. Jetzt lassen sich Bronze-Gleitlager und Kugellager gut auf Abnutzungen hin überprüfen. Hakende Kugellager werden dabei ebenso ersetzt wie Gleitlager-Buchsen mit zuviel Spiel.

Zum Aufsetzen des Getriebegehäuses wird der vormontierte Lagerdeckel senkrecht eingespannt.

Die Getrieberäder besitzen an ihrer Stirnseite sogenannte Schaltklauen, in die die Klauen der Schiebestücke eingreifen, um das Getrieberad mit zu nehmen. Die Seitenflächen dieser Klauen sollten sich in einwandfreiem Zustand befinden. Sind die Klauenflächen schräg abgenutzt, führt das häufig zum Herausspringen der Gänge. Die Ursache für herausspringende Gänge, beispielsweise unter Last oder bei hohen Motordrehzahlen und damit verbundenen Vibrationen, wird vielfach in der Gangsicherung bzw. Gangarretierung gesucht, deren eigentliche Aufgabe aber lediglich in der Begrenzung der Schaltwege besteht. Tatsächlich müssen sich einwandfrei ineinander kämmende Zahnräder selbst halten. Erst wenn sie sich infolge allzu großer Lagerspiele auf der Welle schräg stellen können, oder wenn die Schaltklauen schräg abgenützt sind, entstehen Axialkräfte, die zum Herausspringen der Gänge führen. Werfen wir nun noch einen Blick auf die Schaltgabeln. Es sind im Besonderen verbogene Schaltgabelwellen, die im Laufe der Zeit zu einer einseitigen Abnutzung der Schaltgabeln führen. Aber auch Fehler in der Gangarretierung können die Ursache sein. Ein unvollständiges Ineingriffbringen der Klauen und entsprechend hoher Verschleiß sind die Folgen. In vielen Fällen, wenn die Abnutzung der Schaltgabeln noch nicht soweit fortgeschritten ist, können Korrekturen durch das Richten der Gabeln bzw. durch Instandsetzung der Gangarretierung vorgenommen werden.

Im Laufe des Betriebs kommt es an den hoch beanspruchten Getriebeteilen zur Gratbildung, die eine einwandfreie Betätigung des Getriebes beeinträchtigen kann. Wo immer wir einem solchen Grat begegnen, wird er mit einer feinen Feile oder einem Ölstein entfernt. Es versteht sich dabei von selbst, dass nach einer solchen Tätigkeit die Teile nochmals gründlichst gereinigt werden. Bevor wir nun mit dem Zusammenbau beginnen, erhalten alle gleitenden Teile noch einige Tropfen Öl. Damit ist sicher gestellt, dass sie am Anfang nicht trocken laufen. Der besseren Übersicht wegen, legen wir alle Baugruppen auf der Werkbank oder auf einem geeigneten Tisch aus. Das Einsetzen der Haupt- und Nebenwelle in den Lagerdeckel erfolgt wieder gemeinsam. Zuerst die eine und dann die andere Welle funktioniert in den meisten Fällen nicht. Beide müssen parallel eingesetzt werden. Bevor wir das Schaftrad auf die Hauptwelle schieben, muss der Druckring aufgesetzt werden. Zweckmäßigerweise spannen wir nun den Lagerdeckel so in den Schraubstock, dass die

Getriebewellen senkrecht stehen. Die ganze Einheit wird durch die Schaltwalze und die Schaltgabeln komplettiert, bevor wir vorsichtig das Getriebegehäuse aufsetzen. Dabei bedarf es wohl keiner besonderen Betonung, dass wir neue Dichtungen verwenden. Beim Aufsetzen des Getriebegehäuses kann es vorkommen, dass die Wellen nicht alle auf Anhieb in ihre Lagerstellen schlüpfen, wie es wünschenswert wäre. Nicht die Geduld verlieren und bloß keine Gewalt, sonst sind die Schaltgabelwellen gleich wieder krumm! Wir versuchen einfach, durch verschiedene Positionen der Schaltwalze die Gangstellung zu ermitteln, bei der sich das Gehäuse bis auf den Lagerdeckel absenken lässt. Bei unserem Getriebe erwies sich die Schaltwalzenposition, bei der das Getriebe zwischen dem 3. und 4. Gang steht, für den Zusammenbau am geeignetsten. Dabei ist es wichtig, dass die Schaltgabeln mit ihren Führungsaugen korrekt in den Nuten der Schaltwalzen sitzen.

Hat es endlich geklappt, nehmen wir das Kästchen mit den Schrauben und Muttern für den Lagerdekkel und verschrauben diesen mit dem Gehäuse. Zuerst werden alle Verschraubungen handfest beigedreht und abschließend über Kreuz angezogen. Das Zahnsegment des Fußschaltautomaten wird nun mit reichlich Fett versehen und dann so eingesetzt, dass die Verzahnung der Schaltwalze sowohl beim ersten wie auch beim zweiten Gang noch sicher eingreift. Dann wird die Gangarretierung mit der dazugehörigen Druckfeder eingesetzt und, weil die Regularien dies für Rennmaschinen so vorschreiben, die Ölablaßschraube mit Draht gesichert. Jetzt setzen wir den Getriebedeckel auf, in dem sich die Schaltwelle mit den Schaltklinken befindet. Nicht die kleine Druckfeder zwischen den beiden Schaltklinken vergessen, sonst wird das Schalten zum Glücksspiel. Der Deckel lässt sich jetzt erfahrungsgemäß nur soweit aufsetzen, bis die Klinken an das Zahnsegment anstoßen. Mit einem etwa 20 Millimeter breiten Blechstreifen lassen sich die Klinken von außen jedoch soweit spreizen, dass sie sich mühelos über das Zahnsegment schieben lassen.

Nun kann der Getriebedeckel verschraubt und der Fußschalthebel auf der feinverzahnten Schaltwelle montiert werden. Nachdem das Kettenrad auf die Hauptwelle geschoben ist, wird eine Blechsicherungsscheibe und dann erst die große Mutter montiert. Je nach Zustand des alten Sicherungsbleches kann dieses wieder verwendet werden, sofern sich die Biegekante an einer anderen als der früheren Position befindet. Ist die alte Blechsicherung nicht mehr brauchbar, schneiden wir mit einer Blechschere eine neue aus und feilen die Sicherungsnase mit einer kleinen Feile hinein. Fast hätten wir es vergessen: Zwischen Getriebegehäuse und Kettenritzel muss natürlich noch ein Filzring montiert werden. Erst dann können wir die Mutter anziehen und das Sicherungsblech mit einem Schraubendreher umbiegen. Die Montage der Kupplung erfolgt in umgekehrter Reihenfolge wie die anfangs beschriebene Demontage. Die Kupplungsdruckstange(n) wird mit frischem Fett bestrichen und in die Hauptwelle eingesetzt. Wenn das Getriebe wieder im Rahmen sitzt und wir sicher sind, dass sich alle Gänge sauber schalten lassen, füllen wir das

Die Montage der Gangarretierung mit Druckfeder.

Das Einfüllen des Getriebeöls geht bei ausgebautem Getriebe meist einfacher.

vom Hersteller vorgeschriebene Schmiermittel ein. Noch ein Tipp: Bis in die 50er Jahre wurden Motorrad-Getriebe häufig mit „Ambroleum“ befüllt. Hierbei handelte es sich um die Produktbezeichnung eines Herstellers für ein Getriebefließfett von sirupartiger Konsistenz. Dieses Fließfett ist heute nicht mehr überall zu bekommen. Mitarbeiter von Tankstellen wissen oft garnicht mehr, was damit gemeint ist. Dieses Fließfett ist heute noch ab und zu bei Landmaschinen-Reparaturbetrieben erhältlich. Wenn sie dort fündig geworden sind und vielleicht sogar noch die Wahl haben, das Fließfett in Dosen oder in der Tube zu bekommen, entscheiden sie sich für die Tube. Damit lässt sich nämlich das zähe Zeug direkt in die enge Getriebeöffnung hinein drücken, ohne dass es erst mühsam in einem Topf erwärmt und verflüssigt werden muss.

5.4.3 Die Kupplung

Es gibt Bauteile am Motorrad, von denen man zwar weiß, dass sie existieren und dass sie erforderlich sind, die aber oft ein ganzes Motorradleben lang nicht in Erscheinung treten und trotzdem treu und brav ihre Dienste verrichten. Hierzu zählt ganz besonders die Kupplung. Aber irgendwann ist eben doch mal eine Überholung fällig. Die Kupplung hat die Aufgabe, beim Anhalten des Motorrades oder beim Schalten der Gänge den Motor vom Getriebe zu trennen beziehungsweise den Kraftschluß zwischen beiden wieder herzustellen. Die wesentlichen Forderungen an eine Kupplung sind: Hoher Reibkoeffizent, niedrige Betätigungskräfte an den Bedienelementen, weicher Eingriff, kein Rupfen sowie ein möglichst kleines Schwungmoment der kompletten Kupplungseinheit. Häufig finden wir im Kupplungskorb Dämpfungselemente beispielsweise aus Gummi, deren Aufgabe es ist, Motorschwingungen vom Getriebe und dem gesamten Antriebsstrang fern zu halten. Diese Dämpfer können aber genauso auf der Kurbelwelle oder im Hinterrad untergebracht sein. Apropos Hinterrad: Es gab sogar Motorräder, die hatten die komplette Kupplung und teilweise auch das Getriebe im Hinterrad. Zum Beispiel von Puch. Die Firma Fichtel & Sachs brachte Anfang der 20er Jahre eine Hinterradnabe auf den Markt, die sowohl Kupplung als auch ein Zweigang-Getriebe beinhaltete und von zahlreichen Motorradherstellern in Leichtmotorräder eingebaut wurde. Die Firma Opel setzte sie beispielsweise in ihren Motorfahrrädern und Kleinkrafträdern ein.
Wir unterscheiden grundsätzlich zwischen Nass- und Trockenkupplungen. Wie der Name schon sagt, können Kupplungen trocken oder aber in einem abgedichteten Gehäuse im Ölbad laufen. Entsprechend diesem Einsatz unterscheiden sich die verwendeten Materialien der Kupplungsbeläge. Kork als Belagwerkstoff wurde allerdings sowohl für Trocken- wie auch für Naßkupplungen eingesetzt. Selbst mechanisch einwandfreie Kupplungen kön-

In dieser Hinterradnabe von Fichtel & Sachs wurden bereits in den 20er Jahren Bremse, Kupplung und Zweigang-Getriebe integriert.

Trockenkupplung mit Zentralfeder an einer Opel-Werksrennmaschine.

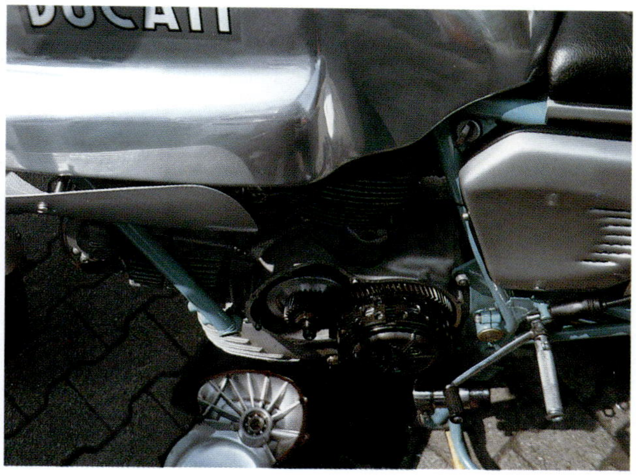

Bei dieser Ducati 750 läuft die Kupplung in einem Ölbad.

Die komplette Einheit einer Mehrscheiben-Trockenkupplung.

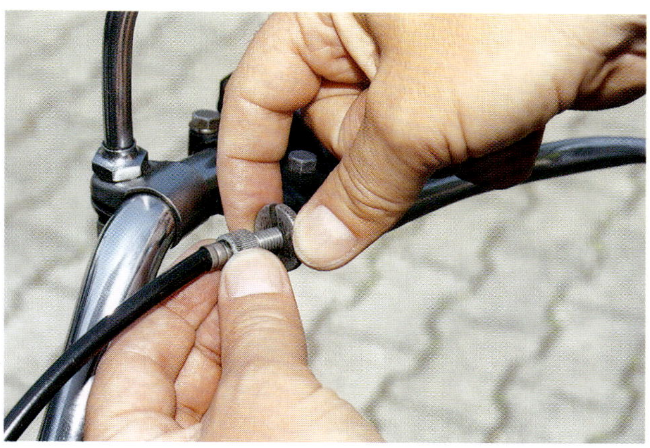

Einstellung des Kupplungsspiels am Lenkerhebel.

Einstellung des Kupplungsspiels an der Indian.

nen ihre Dienste versagen, wenn sie als Trockenelemente ausgelegt, mit Öl in Berührung kommen oder als Naßkupplung ausgelegt, in einem Ölbad laufen, dem irgendwelche Zusätze beigemischt wurden, um die Gleiteigenschaften zu verbessern. Da Kupplungen einem natürlichen Verschleiß unterliegen, müssen sie in gewissen Zeitabständen nachgestellt werden. In den meisten Fällen wird die Kupplung beim Motorrad über einen Handhebel am Lenker, manchmal auch über ein Fußpedal – wie bei den alten Indians – oder als Kombination aus beiden betätigt. Das Kupplungsspiel wird so eingestellt, dass ein vollkommener Kraftschluss im eingekuppelten Zustand erreicht wird. Das heißt, das Kupplungsgestänge beziehungsweise die Hülle des Seilzuges muss ca. 2 bis 3 Millimeter Spiel haben. Ist kein Spiel vorhanden, wird die Kupplung rutschen. Ist das Spiel zu groß, besteht die Gefahr, dass sie nicht einwandfrei trennt und die Getriebeteile während der Schaltvorgänge akustische Grüße nach draußen schicken. Klar, dass Schaltklauen und Zahnräder dabei stark in Mitleidenschaft gezogen werden.

5.4.3.1 Kupplungskorb und Kupplungslamellen

Die Demontage der Kupplungseinheit haben wir bereits im Kapitel Getriebe behandelt. Nachdem alle Teile gereinigt sind, untersuchen wir zunächst die Kupplungsfedern. Gebrochene beziehungsweise in Folge von Erwärmung oder Materialermüdung verkürzte Federn werden ausgetauscht. Alle Federn müssen die gleiche Länge haben, damit sich der Anpressdruck gleichmäßig über den gesamten

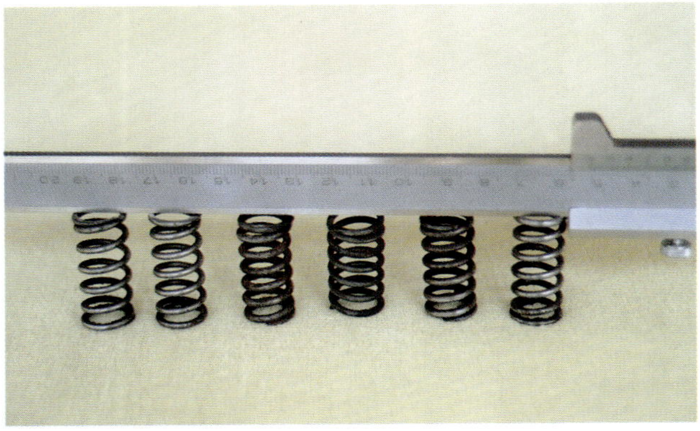

Zur Gewährleistung einer gleichmässigen Druckverteilung müssen alle Kupplungsfedern gleich lang sein.

So wird geprüft, ob die Kupplungsfedern gerade sind.

Kupplungsumfang verteilt. Bei den Kupplungslamellen handelt es sich um dünne Stahlscheiben, die jeweils zwischen zwei Belagscheiben angeordnet sind. Sie sollten eine glatte Oberfläche besitzen und absolut eben sein. Dies lässt sich gut auf einer Glasplatte überprüfen, auf der die Lamellen, flach aufgelegt, nicht schaukeln dürfen. Nicht selten findet man beim Zerlegen der Kupplung Lamellen, die sich in Folge von Überhitzung braun bis blau verfärbt und dabei nicht selten geworfen haben. Sollte eine derartige Kupplung nicht sauber trennen, dürfte dies die Ursache sein. Mehrscheibenkupplungen, wie sie bei den meisten Motorrädern eingesetzt werden, besitzen einen inneren und einen äußeren Korb.

Im Laufe der Zeit hinterlassen sowohl Lamellen wie auch Belagscheiben an diesen Körben häßliche Einkerbungen, die ein einwandfreies Ein- und Ausrücken beeinträchtigen. Die Scheiben können während des Kuppelns nicht mehr sauber hin und her gleiten, sie verhaken sich. Zwar lassen sie sich mit einer Feile nacharbeiten, es muss aber größte Sorgfalt auf eine gleichmäßige Teilung gelegt werden, da sonst nicht alle Stege gleichmäßig tragen, und infolge der hohen Flächenpressung die tragenden Stege innerhalb kurzer Zeit wieder einschlagen. Mit einer selbstgefertigten Blechlehre ähnlich der, die wir als nächstes zur Instandsetzung der Scheiben verwenden, lässt sich diese Arbeit mit ausreichender Genauigkeit durchführen. Bei den meisten Maschinen sind die Körbe mit Gleitlagern auf der Getriebewelle gelagert. Mit einer Messuhr lässt sich relativ einfach prüfen, ob der Kupplungskorb einen Höhenschlag besitzt. Dabei wird die Uhr auf dem Außendurchmesser des Korbes angesetzt und dieser mit der Hand auf und nieder gedrückt. Ist die Getriebewelle in Ordnung und der Höhenschlag trotzdem größer als 0,3 Millimeter, muss wahrscheinlich das Gleitlager des Korbes erneuert werden. Es handelt sich dabei meist um eine Bronzebuchse, die sich mit zwei geeigneten Rohrstücken im Schraubstock gut aus dem Korb herausdrücken lässt. Eine Ersatzbuchse ist auf der Drehmaschine einfach selbst herzustellen. Das Maß für die Länge und den Außendurchmesser greifen wir dabei von der alten Buchse ab. Für den Innendurchmesser nehmen wir den Durchmesser der Getriebewelle plus einem Laufspiel von 0,03 Millimeter. Dabei kann es erforderlich werden, dass die Getriebewelle, falls sie eingelaufen ist, überschliffen werden muss, damit sich die neue Buchse über den vorderen, unbenutzten und daher etwas dickeren Teil der Welle schieben lässt. Sollte die Originalbuchse mit Schmiernuten ausgestattet sein, können diese mit einem Kugelkopffräser und einer kleinen Handbohrmaschine oder einer biegsamen Welle eingearbeitet werden.

Das Einpressen der neuen Buchse erfolgt nach der selben Methode wie das Herausdrücken. Dabei kann eine leichte Fase am äußeren Buchsendurchmesser das Einpressen etwas vereinfachen, da bereits von Beginn an eine gewisse Führung vorhanden ist, die einem Verkanten vorbeugt. Bei der Montage des mit dem neuen Gleitlager versehenen Kupplungskorbes darf nicht vergessen werden, die Lagerstellen mit reichlich frischem Fett zu versehen, damit von Beginn an eine ausreichende Schmierung gewährleistet ist. Bei Kupplungsscheiben unterschei-

Diese Einkerbungen beeinträchtigen das Kuppeln, da sich die Scheiben darin verhaken können.

Überprüfung des Kupplungskorbes auf Höhenschlag.

Reststücke des Belags lassen sich noch anderweitig verwenden, zum Beispiel als Reibscheiben für Dämpfungselemente wie bei dieser Moto Guzzi.

Mit einer selbstgemachten Blechschablone lässt sich die gleichmässige Teilung nach dem Auftragsschweissen im Bereich der Stahlzungen wieder exakt herstellen.

det man im Wesentlichen zwischen Scheiben mit aufgenieteten Belägen, eingesetzten Korkelementen und Scheiben, die ganz aus Reibwerkstoff bestehen. Aufgenietete Beläge finden überwiegend in Ein- oder Zweischeiben-Trockenkupplungen Verwendung. Sind die Beläge verölt, lassen sie sich manchmal noch mit Verdünner, Kaltreiniger oder Bremsenreiniger wieder auf Vordermann bringen. Gelingt das nicht, oder sind die Beläge durch zu langes Schleifenlassen der Kupplung verbrannt, müssen sie gewechselt werden. Die Nieten der alten Beläge werden dafür ausgebohrt und neue Belege aufgenietet oder in einem Fachbetrieb aufgeklebt. Belagmaterial ist in 3 bis 5 Millimetern Dicke in Form von Platten im Handel erhältlich. Wir erkundigen uns aber vorher, wie dick der Originalbelag war. Wählen wir zu dickes Material, lässt sich unter Umständen die Kupplung nicht mehr zusammenbauen. Zum Ausschneiden eignet sich eine Band- oder Stichsäge. Und weil derartiges Plattenmaterial alles andere als billig ist, werfen wir die Abfallstücke nicht zum Müll, sondern bewahren sie auf. Irgendwann sind nämlich einmal Reibscheiben für den Lenkungsdämpfer, das Kupplungspedal einer Indian oder die Scherenstoßdämpfer einer alten Moto Guzzi fällig. Und dafür sind die kleinen Reststücke immer noch zu gebrauchen.

Verschlissene Kupplungsscheiben, die ganz aus Reibwerkstoff bestehen, lassen sich nicht mehr aufarbeiten. Wenn sie abgenutzt sind, lassen sie sich nur noch durch Neuteile ersetzen. Dagegen lassen die alten, klassischen Mehrscheiben-Kupplungen mit Naturkork-Elementen wieder ein Neubelegen zu. Da bei diesen Scheiben aber häufig die in den äußeren Kupplungskorb eingreifenden Stahlzungen stark eingeschlagen sind, stellt sich die Frage, ob es nicht günstiger ist, sich bei Markenclubs oder auf Oldtimermärkten mit entsprechenden Nachfertigungen einzudecken. Es gibt Anbieter, die ersetzen die mit Kork bestückten Stahlscheiben einfach durch Scheiben, die ganz aus Reibwerkstoff gefertigt sind. Damit erspart man sich viel Arbeit. Sollte überhaupt kein Ersatz zu beschaffen sein, müssen die alten Scheiben aufgearbeitet werden. Hierfür sind zunächst die in unmittelbarer Nachbarschaft zu den Stahlzungen gelegenen Korkelemente aus ihren Sitzen zu drücken, damit sie beim Schweißen nicht verbrennen. Dann werden die Zungen der Kupplungsscheiben durch Auftragschweißen wieder auf die ursprüngliche Breite, bzw. auf die Breite der Aussparungen im äußeren Kupplungskorb gebracht und zuletzt mit einer Feile nachgearbeitet. Um nun sicher zu stellen, dass die Teilung, das heißt der Abstand aller Zungen zueinander exakt gleich ist, fertigen wir uns eine kleine Blechschablone an, mit deren Hilfe sich diese Arbeit mit ausreichender Genauigkeit durchführen lässt. Dann können wir mit dem Zusammenbau beginnen. Dabei ist die Reihenfolge genau umgekehrt wie bei der Demontage. Und wenn wir alles ordentlich gemacht haben, können wir die Kupplung für die nächsten Jahre wieder vergessen.

5.4.3.2 Kupplungsbeläge selber machen

Zwischen den beiden Weltkriegen belegten die meisten Motorradhersteller die Kupplungsscheiben ihrer Modelle mit Naturkork. Dieser Belag eignet sich für Trockenkupplungen genau so gut wie für Kupplungen, die im Ölbad laufen. Und sie halten fast ewig; aber eben nur fast...

Wenn die Kupplung rutscht, wird nachgestellt. So sagte es die alte Betriebsanleitung. Doch da war nichts mehr nachzustellen. Die letzten Korkreste hatten sich buchstäblich in Staub aufgelöst. Nun findet man ab und zu noch Restbestände alter Korkbeläge auf Veteranenmärkten. Aber da gab es früher so viele verschiedene Formen und Größen, dass, wenn man Pech hat, gerade für die eigene Maschine die passenden Korken nicht dabei sind. Dann hilft nur eins, selber machen. Kork ist im Handel erhältlich. Entweder als Naturkork, aber auch zu Granulat gemahlen und mit Bindemittel zu Platten in beliebigen Dicken gepresst. Man braucht nur an die Korkplatten als Fußbodenbelag zu denken. Oder als Dichtungsmaterial, wie es von vielen Kfz-Herstellern beispielsweise an Ventildeckeln und Ölwannen eingesetzt wird. Nur ölbeständig muss es sein. Eine Korkplatte in der richtigen Stärke, ölbeständig und nicht zu hart und dann noch ein geeignetes Werkzeug, mit dem sich die zahlreichen Elemente sauber ausstanzen lassen. Mehr braucht man eigentlich nicht. Zur Herstellung runder Elemente könnten wir ein gewöhnliches Locheisen verwenden oder gar auf kleine Flaschenkorken aus der Apotheke zurück greifen. Das wäre aber zu einfach. Die Kupplung, die wir neu belegen wollen, hat keine runden, sondern trapezförmige Korkelemente. Also bauen wir uns ein Werkzeug: Im Grunde genommen muss es ein Vierkantrohr mit trapezförmigem Querschnitt sein. Und dieses lässt sich wohl am einfachsten aus zwei Blechstreifen herstellen. Bei dem Blech sollte es sich um ein möglichst hartes, schweißbares Material handeln. Also auf keinen Fall Kupfer-, Aluminium- oder Messingblech. Stahlblech oder noch besser Edelstahlblech, denn das ist besonders hart. Die Blechdicke sollte etwa 1 Millimeter betragen. Bei dünnerem Material leidet die Stabilität. Ist das Blech zu dick, erhalten wir beim Stanzen keine saubere Schnittfläche an unseren Korken.

Auch die schönste Norton rennt nicht wenn die Kupplung rutscht.

Die Abmessungen für unser Stanzwerkzeug entnehmen wir den alten Korken.

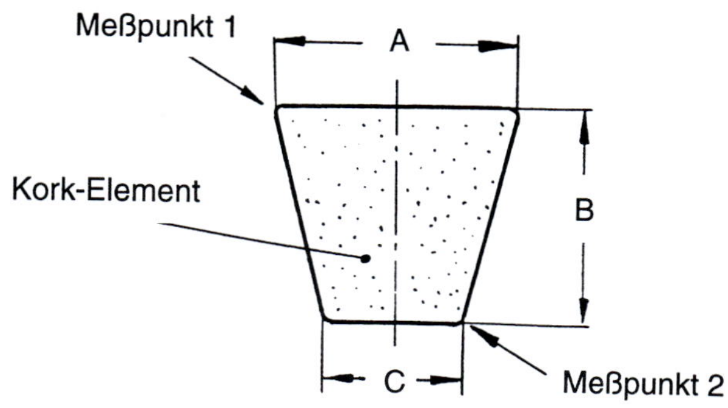

Abmessungen zur Herstellung eines Stanzwerkzeuges.

Mit einer feinen Feile werden die Schneiden angeschärft.

Das Ausstanzen der neuen Korkelemente erfolgt im Schraubstock.

Zunächst drücken wir ein Original-Korkelement aus der Kupplungslamelle. Das brauchen wir als Muster. Dann messen wir mit einem Bandmaß die Seitenlänge A + B, indem wir das Bandmaß am Meßpunkt 1 anlegen und die Länge nach rechts am Punkt 2 ablesen. Dieses Maß ergibt die Breite des ersten Blechstreifens. Die Breite des zweiten Blechstreifens ergibt sich aus den Seitenlängen B + C, wenn wir das Bandmaß am Punkt 1 anlegen und nach links am Punkt 2 ablesen. Im Schraubstock werden dann beide Blechstreifen so abgewinkelt, dass sich aus ihnen die Form für die Schneiden A und B bzw. B und C ergibt. Wenn beide Seiten richtig zusammenpassen, werden sie an ihren Längsseiten miteinander verschweißt oder mit Hart- oder Silberlot zusammengelötet. Wer es ganz perfekt machen möchte, kann die Bleche so biegen und zusammenfügen, dass sich der innere Querschnitt von der späteren Schneide weg nach hinten erweitert. Käufliche Locheisen besitzen solche Erweiterungen serienmäßig, damit sich die ausgestanzten Teile im Inneren des Werkzeuges nicht verklemmen. Wenn wir jedoch das jeweils frisch ausgestanzte Korkelement von hinten in Richtung Schneide wieder austreiben, bevor das nächste Teil gestanzt wird, können wir uns den Aufwand mit der Erweiterung schenken. Stattdessen schweißen wir uns noch zwei Griffstücke, zum Beispiel aus zwei ausgedienten Schrauben, an unser Werkzeug. Damit lässt es sich beim Austreiben der Korken sicher festhalten. Nach dem Zusammenschweißen der beiden Blechhälften wird mit einer Schlichtfeile die Schneide geschärft. Es ist ganz wichtig, dass im Schneidenbereich keine Verdickungen vom Löten oder Schweißen zurück bleiben. Die ergeben nämlich ein unsauberes Schnittbild.

Beim Bearbeiten der Schneiden sollte nur Material an der Außenseite abgefeilt werden, da sich sonst die Korkteile innen verklemmen können. Das Stanzen funktioniert am besten im Schraubstock. Hier

Die neuen Elemente werden von hinten aus dem Werkzeug herausgeschlagen.

Mit einem breiten Dorn werden die Korken in ihren Sitz getrieben.

So sieht das fertige Produkt aus, wenn wir alles richtig gemacht haben.

lässt sich mit sanfter Gewalt die Schneide durch den weichen Kork drücken. Beim Ausstanzen legen wir zweckmäßigerweise zwischen Korkplatte und Schraubstockbacken ein Holzbrettchen. Dieses soll verhindern, dass die Schneide beim Durchtrennen des Korks an den gehärteten Schraubstockbacken ruiniert wird. Mit einem Durchschlag, einem Stückchen Rohr oder einer langen Schraube lässt sich das Korkelement nun mühelos aus dem Werkzeug treiben. Bevor wir alle 60 oder noch mehr benötigten Korkteile ausstanzen, prüfen wir an dem ersten Stück die Passgenauigkeit. Es muss richtig stramm in den Ausschnitt der Kupplungslamellen hinein gehen. Wenn sich beim Eintreiben mit Hammer und Dorn am Rand etwas Kork abschält, ist das genau richtig. Dann haben wir die Gewissheit, dass die Elemente „press“ in ihren Ausschnitten sitzen. Wichtig ist auch, dass alle Korken gleich tief in den Lamellen sitzen. Nur dann ist ein Durchrutschen der Kupplung sicher zu vermeiden. Kleinere Höhenunterschiede lassen sich notfalls ausgleichen, indem wir die neu belegten Lamellen mit einem Blatt Schleifpapier auf einer ebenen Unterlage beidseitig leicht plan schleifen, bis alle Korken deutliche Schleifspuren zeigen. Damit ist sicher gestellt, dass die neuen Beläge von Beginn an gleichmäßig tragen.

5.5 Rahmen

Der Motorradrahmen hat seinen Ursprung im Fahrrad. Den Motorrädern zu Beginn des 20. Jahrhunderts, aber auch noch den 98er Leichtmotorräder bis in die Jahre nach dem 2. Weltkrieg ist das deutlich anzusehen. Von wenigen Ausnahmen abgesehen, verwendeten die Konstrukteure schon seit dem ersten Serienmotorrad der Welt, der Hildebrand & Wolfmüller im Jahre 1896, Stahl als bevorzugten Werkstoff im Rahmenbau. Es gab wohl immer wieder Versuche mit Holz oder Leichtmetall, die sich jedoch nicht nachhaltig am Markt durchsetzen konnten. Erst in den 80er Jahren kam

Pressprofilrahmen einer Opel-Motoclub von 1929.

Zentralpressrahmen wie bei dieser NSU FOX waren nach dem 2. Weltkrieg sehr beliebt.

Aluminium beziehungsweise Aluminiumlegierungen zunehmend im Serien-Rahmenbau zum Einsatz. Zur Herstellung der Rahmen wurden hauptsächlich Stahlrohre verarbeitet, die entweder miteinander verschweißt oder mit Tempergussmuffen hartverlötet waren. In fast allen Epochen versuchten aber die Konstrukteure, auch andere Wege zu beschreiten. So gab es beispielsweise Ende der 20er Jahre zahlreiche namhaften Hersteller, die Stahl-Pressprofile im Rahmenbau einsetzten. BMW, DKW, Puch und Zündapp, um nur einige zu nennen. Sie waren vorwiegend geschweißt, verschraubt oder zeigten eine Kombination aus beidem. Im Jahre 1928 machte Ernst Neumann-Neander mit einer Profilstahl-Konstruktion auf sich aufmerksam, bei der alle Profile miteinander vernietet oder verschraubt waren. Dieses kostengünstige Herstellungsverfahren beeindruckte die Direktoren der Rüsselsheimer Opel-Werke derart, dass sie die Lizenz erwarben und die heute so begehrten Motoclub-Modelle damit ausstatteten. Die dänische Firma Nimbus verwendete für ihre Vierzylindermodelle einfaches Flacheisen, Ardie Profile aus Duraluminium und Zündapp vorübergehend im Gesenk geschmiedete Stahlprofile. Nach dem 2. Weltkrieg kamen vermehrt Neukonstruktionen mit sogenannten Schalen- oder Zentral-Pressrahmen auf den Markt. Hier sei nur an NSU erinnert, die mit diesen neuartigen Fahrwerken sogar mehrere Weltmeistertitel für sich verbuchen konnten.

Auch was die Bauform der Rahmen betrifft, so gab es zu allen Zeiten zahlreiche Variationen. Als offenen Rahmen bezeichnet man einen Rahmen, der keine Unterzüge besitzt, der Motor also mittragendes Element ist. Besitzt der Rahmen einen oder mehrere Unterzüge unter dem Motor, so spricht man von einem geschlossenen Rahmen. Hierbei können die Unterzüge als Fortsetzung des vom Steuerkopf kommenden Rahmenrohres ausgebildet sein oder es können eingeschweißte, verschraubte oder vernietete Unterzüge zum Einsatz kommen. Der höheren Steifigkeit wegen fanden bei größeren Maschinen meist Doppelrohr- oder Doppelschleifen-Rahmen Verwendung. Sie waren teurer in der Herstellung und zwangsläufig auch schwerer als die Einschleifenrahmen, eigneten sich aber besser für den Anschluss großer Seitenwagen. Ähnlich wie das Fahrrad, so war auch der Rahmen des Motorrades anfangs ungefedert. Während sich schon bald gefederte Vorderradgabeln durchsetzten, mussten die meisten Motorradfahrer noch bis in die 30er Jahre auf eine halbwegs brauchbare Hinterradfederung warten. Erst ab dieser Zeit wurden zunehmend Geradwegfederungen für Motorräder angeboten. Erst nach dem 2. Weltkrieg konnten sich schließlich die Hinterradschwingen mit Zentralfederung oder beidseitig montierten Federbeinen durchsetzten, wie wir sie in ähnlicher Form noch heute an den modernen Maschinen vorfinden.

Im Allgemeinen wird uns der Rahmen bei der Restaurierung keine allzu großen Probleme bereiten. Falls erforderlich richten, dann sandstrahlen und kunststoffbeschichten, fertig. Das geht schnell, ist nicht allzu teuer und die Beschichtung ist an Widerstandsfähigkeit gegenüber mechanischen Einwirkungen kaum noch zu überbieten. Ich ziehe dennoch die klassische, dem Original entsprechende Lackierung vor. Und zum Sandstrahlen habe ich noch nie einen Motorradrahmen gebracht. Ich schleife den alten Lack und Rost mit geeignetem Werkzeug ab und habe so die Möglichkeit, den Rahmen vor dem Grundieren genauestens auf Risse und andere Beschädigungen zu untersuchen und gegebenenfalls vor der Beschichtung zu reparieren. Außerdem finden sich häufig beim Abschleifen „sachdienliche Hinweise" auf die Originalfarbe, Linierung oder Schriftzüge...

Am wenigsten Arbeit macht ein sogenannter Starr-Rahmen wie der unserer Indian. Hier gibt es keine ausgeschlagenen Schwingenlager, defekte Stoßdämpfer oder verschlissene Zentralfederbeine. Bestenfalls sind die Lager des Lenkkopfes verschlissen. Aber wie diese geprüft und gegebenenfalls ausgetauscht oder repariert werden, wird im Kapitel Vorderradgabel behandelt. Nur wenn der Rahmen zu tiefe Rostnarben aufweist, wird es unangenehm. Die dürfen aus Gründen der Fahrsicherheit nämlich nicht sorglos zugespachtelt, gefüllert oder gar herausgeschliffen werden. Eine fachmännische Instandsetzung erfordert in einem solchen Fall das Ausbohren der entsprechenden Rohre aus den Muffen und das Einlöten neuer Rohre mit Hartlot. Gleiches gilt auch für Fahrwerke, die infolge eines Unfalles oder dergleichen starke Beschädigungen am Rahmen aufweisen. Beim Hartlöten ist darauf zu achten, dass die Rahmenteile gleichmäßig erwärmt werden und anschließend langsam abkühlen können. Unter allen Umständen ist ein schnelles Abkühlen mit Wasser zu vermeiden. Dies führt zur Verhärtung oder Versprödung der betreffenden Stellen. Materialspannungen sind die Folge und weitere Rahmenbrüche vorprogrammiert.

Durchgebrochene Rahmenrohre sind verhältnismäßig selten. Sollte uns doch einmal ein Rahmen mit einem derartigen Defekt unterkommen, so dürfen die beiden Bruchstücke nicht einfach stumpf zusammengeschweißt werden. Die beiden Rohre werden aufgetrennt, nach Möglichkeit auseinander gebogen und ein Stützrohr eingesetzt. Dieses sollte in beide Rohre mindestens 20 Millimeter hineinragen. Das Ganze wird abschließend hartgelötet und mit einer Feile ordentlich verputzt. Nun kann es passieren, dass uns ein Rahmen unterkommt, an dem früher schon einmal geschweißt wurde. Wer ganz sicher gehen will, dass diese Reparatur seinerzeit fachgerecht ausgeführt wurde, kann durch eine kleine Probebohrung mit einem 2-Millimeter-Bohrer etwa 10 Millimeter neben der Schweißstelle die Materialdicke ermitteln. Beträgt die Materialdicke weniger als 3 Millimeter, kann davon ausgegangen werden, dass kein Stützrohr verwendet wurde. Dann ist das Auftrennen und das Einlöten eines Stützrohres in der vorher beschriebenen Art und Weise zu empfehlen. Ist ein Stützrohr vorhanden, brauchen wir uns um die kleine, von uns angebrachte Probebohrung und der durch sie verursachten Materialschwächung keine großen Gedanken zu machen, denn die Reparaturstelle ist durch die Doppelwandung ausreichend stabil. Trotzdem sollte die Bohrung nicht in der Hauptbeanspruchungsrichtung des Rahmens, also von oben oder unten, sondern seitlich angebracht werden. Um die

Unten offener Rohrrahmen einer Gilera Saturno. Der Motor ist mittragendes Element.

Unsere Indian besitzt einen äusserst stabilen Doppelschleifen-Rohrrahmen.

Ende der 30er Jahre hielten die ersten Hinterrad-Geradwegfederungen im Serienbau Einzug.

Erst nach dem 2. Weltkrieg setzte sich die Hinterradschwinge mit beidseitig montierten Federbeinen oder, wie bei dieser Moto Guzzi, mit Zentralfederung durch.

Bohrung zu verschließen, können wir einen kleinen Metallstopfen weich einlöten.
Nach Abschluß der Lötarbeiten, egal ob weich oder hart gelötet wurde, muss das Flussmittel rund um die Lötstellen restlos entfernt werden. Wer hier schludert, wird sich an seiner neuen Lackierung nicht lange erfreuen können. Es entsteht schon innerhalb kürzester Zeit an den nicht gereinigten Stellen ein Oxydationsprozess, der sich durch hässliche Blasen unter der Neulackierung bemerkbar macht. Richtarbeiten am Rahmen werden nach Möglichkeit kalt durchgeführt. Nur wenn es garnicht anders geht, werden die entsprechenden Stellen mit dem Brenner langsam und gleichmäßig erwärmt. Die Rahmenteile sollten dabei maximal dunkelkirschrot werden, um Veränderungen im Materialgefüge weitestgehend zu vermeiden. Auch hier gilt es, die Teile im Anschluss an die Richtarbeiten möglichst langsam abkühlen zu lassen. Nicht selten sind auch Auftragsschweißungen an ausgeschlagenen Laschen, Augen oder Befestigungsbohrungen für Motor und Getriebe oder an den Führungsschlitzen zur Aufnahme der Hinterradachse erforderlich. Diese Stellen unbedingt vor den Lackierungsarbeiten kontrollieren und erforderlichenfalls instand setzen. Werden bei verschraubten Rahmen die Schrauben erneuert, ist darauf zu achten, dass sie einerseits eine ausreichende Festigkeit aufweisen (keine Standardschrauben aus dem Hobbymarkt!), und dass sie in dem Bereich, in dem die Scherkräfte auftreten, keine Gewindegänge besitzen, die den Schraubenquerschnitt schwächen würden.

5.6 Vorderradgabel

Die lange Entwicklungsgeschichte des Motorrades brachte zahlreiche, zum Teil sehr unterschiedliche Bauarten der Vorderradgabel hervor. Am Anfang stand die vom Fahrrad übernommene, vollkommen ungefederte starre Gabelkonstruktion. Diese war zunächst auch ausreichend, da die Geschwindigkeiten der ersten Motorräder nur unwesentlich über denen der Fahrräder lagen. Doch das änderte sich recht schnell, und so stiegen auch die Ansprüche an die Fahrwerke und damit auch an die Gabeln: Eine Federung musste her. Bereits vor dem 1. Weltkrieg gab es eine Vielzahl unterschiedlicher Vorderradfederungen. Meist in Form von direkt an der Radachse angebrachten kurzen Schwinghebeln, die sich nicht selten an einer kräftigen Blattfeder oberhalb des Schutzbleches abstützten.
Indian oder die Berliner D-Rad Werke, aber auch BMW verwendeten derartige Konstruktionen. Weiterhin sehr beliebt waren sogenannte Pendelgabeln, die nicht in vertikaler Richtung die von der Fahrbahn kommenden Stöße verarbeiteten, sondern einen Drehpunkt unterhalb des Steuerkopfes besaßen, um den die Gabel eine kreisförmige Bewegung ausführte. Für diese relativ simple Art der Federung entschieden sich in den 20er Jahren zum Beispiel Firmen wie DKW, Neander und Opel. Am meisten Verbreitung fanden schließlich die aus Stahlrohren oder Blechprofilen hergestellten Trapez- oder Parallelogramm-Gabeln, die sich über

98er Express mit Parallelogrammgabel aus Blechprofilen.

mehr als 3 Jahrzehnte fest im Motorradbau etablieren konnten. Obwohl schon vor 1910 die ersten Teleskopgabeln bei den englischen Scott auftauchten, sollte es noch fast 30 Jahre dauern, bis diese Konstruktion sich mehr und mehr durchsetzte.

5.6.1 Instandsetzung

Bei der Instandsetzung der Vorderradgabeln ist besonders darauf zu achten, dass sich alle Führungselemente in ordentlichem Zustand befinden. Die beweglichen Teile sollen leichtgängig arbeiten, dürfen aber keinesfalls ausgeschlagen sein. Die bereits erwähnte Gabelkonstruktion der Indian Scout besitzt an beiden Seiten der Radachse kurze Schwinghebel. Da die Radachse in Fahrtrichtung hinter der Schwinghebel-Lagerung liegt, spricht der Fachmann von einer gezogenen Schwinge. Es gab auch Motorradhersteller, die geschobene Schwingen verwendeten. Nach der Demontage der Räder lassen sich diese Schwinghebel im Allgemeinen leicht ausbauen. Wir markieren uns sowohl die Hebel wie auch die dazugehörenden Lagerbolzen und werden nach einer gründlichen Reinigung meist feststellen müssen, dass eine Überarbeitung infolge zu weit fortgeschrittenen Verschleißes unumgänglich ist. Selbst die beste Schmierung vermag es im Laufe der Jahrzehnte nicht zu verhindern, dass sich die Lagerbuchsen ausreiben und das Spiel der darin geführten Stahlbolzen unzulässig groß wird. Damit ist eine exakte Vorderradführung nicht mehr gewährleistet, die Fahreigenschaften der Maschine können sich hierdurch sehr stark verschlechtern.

Sind die Stahlbolzen nicht allzu stark abgenutzt, lassen sie sich durch ein leichtes Überdrehen – oder noch besser Überschleifen – wieder herrichten. Die Lagerbuchsen sind im Regelfall aus Bronze gefertigt und werden durch Neuteile aus dem gleichen Werkstoff ersetzt. Das Auspressen der Buchsen aus den Lagersitzen geschieht in der gleichen Weise wie das im Kapitel Motorinstandsetzung beschriebene Auspressen einer Pleuelbuchse. Die Außendurchmesser der überarbeiteten Bolzen bestimmen die Bohrungsdurchmesser der neu anzufertigenden Lagerbuchsen. Deren Außendurchmesser können wir direkt von den alten Buchsen übernehmen. Nachdem die neuen Buchsen gedreht sind, werden sie mit Hilfe einer Presse, zur Not geht es auch im Schraubstock, in die Schwinghebel hineingedrückt. Da die Buchsen hierbei etwas enger werden, ist eventuell noch ein leichtes Aufreiben erforderlich. Bevor dann die Schwinghebel eingebaut werden, ist ganz wichtig, dass wir im Bereich der Schmiernippel jeweils ein etwa 2 bis 3 Millimeter großes Loch durch die Bronzebuchsen bohren, damit beim späteren Abschmieren das Fett durch die Schmiernippel auch sicher an die Lagerstellen gelangt.

Bei den Parallelogramm-Gabeln befinden sich die Lagerstellen in Fahrtrichtung vor dem Steuerkopf. Vier Stahlachsen, die durch Gabellaschen miteinander verbunden sind, werden in Bronze-Gleitlagern geführt. Anstelle einer Blattfeder kam bei diesem Gabeltyp eine, bei ganz schweren Maschinen

Herstellung neuer Lagerbuchsen auf der Drehmaschine.

Das Einpressen erfolgt zweckmässigerweise in einem Schraubstock.

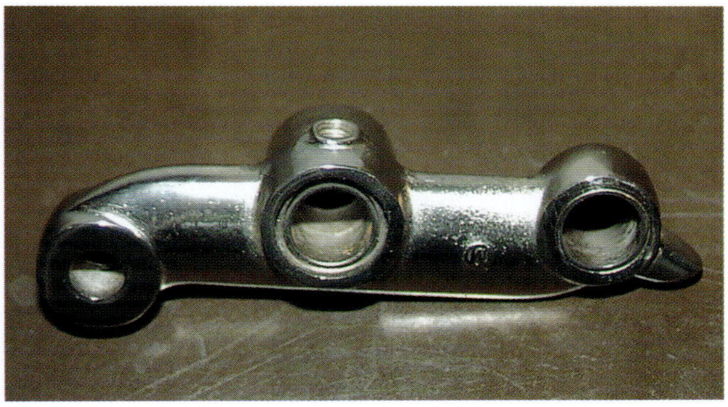

Der neu gelagerte Schwinghebel unserer Indian.

auch zwei kräftige Spiralfedern zum Einsatz, die unmittelbar vor dem Steuerkopf angeordnet waren. Bei einigen kleineren Motorrädern fanden statt der Spiralfedern auch Gummi-Elemente Verwendung. Für die Instandsetzung der Lager gilt im Prinzip das bereits für die Gabel der Indian Gesagte. Die Achsen müssen im Reparaturfall überdreht, geschliffen oder völlig neu angefertigt werden. Danach werden neue Lagerbuchsen eingesetzt. Vor dem Zusammenbau erhalten die neuen, beziehungsweise überarbeiteten Achsen einen Fettüberzug, damit sichergestellt ist, dass sie von Anfang an gut geschmiert in ihren Lagerbuchsen arbeiten.

Parallelogramm-Gabeln waren vielfach mit speziellen Reibungsstoßdämpfern ausgestattet, deren Dämpfungsverhalten sich über eine seitlich angebrachte Einstellvorrichtung vom Fahrer während der Fahrt verstellen ließ. Bei den eigentlichen Dämpfungselementen wurden je nach Konstruktion entweder Fiberscheiben oder Lederkonen eingesetzt. Sollten die Fiberscheiben gebrochen oder garnicht mehr vorhanden sein, lassen sich neue mit einer feinen Säge aus einem Stück Brems- oder Kupplungsbelag ausschneiden und entsprechend einpassen. Sollten die Lederkonen verschlissen sein, werden sie durch neue Lederstücke, die wir uns bei einem Sattler oder Schuhmacher besorgen, ersetzt.

5.6.2 Lenkkopflager

Je nach Fahrbedingungen können die Lenkkopflager eines Motorrades bereits nach 20.000 Kilometer hinüber sein. Schlechte Straßen, Staub, Sand, Regen und Streusalz setzen ihnen mächtig zu. Und irgendwann ist es dann soweit. Schon lange bevor es sich beim Fahren bemerkbar macht, fühlt es selbst der Laie: Beim Drehen der Gabel vom linken zum rechten Anschlag bei entlastetem Vorderrad und gelöstem Lenkungsdämpfer scheint der Lenker in bestimmten Stellungen einzurasten. In der Geradeaus-Stellung meist am deutlichsten. Die Ursache für dieses Verhalten ist verhältnismäßig einfach zu erklären: Die ständigen Stöße durch die Fahrbahnunebenheiten führen im Laufe der Jahre dazu, dass die Kugeln der Lenkkopflager sich in die Lagerbahnen eindrücken. Diese kleinen Mulden werden immer tiefer, die Kugeln rasten förmlich ein. Und irgendwann macht es sich schließlich auch beim Fahren bemerkbar. Bei unserem Fotomodell, einer kleinen Yamaha RD 125, Baujahr 1975, ist es soweit. Ein topgepflegtes Schönwetter-Motorrad mit nicht einmal 30.000 Kilometern, aus Erstbesitz. Obwohl es sich bei dieser Maschine nicht wirklich um einen Veteranen, sondern vielmehr um einen Klassiker handelt, sind doch die Schritte zur Instandsetzung eines Lenkkopflagers bei älteren Maschinen weitestgehend identisch.

Nach 30.000 Kilometern Lenkkopflager defekt: Yamaha RD 125.

Eine Hebebühne erleichtert die Arbeit.

Falls keine neuen Lagerschalen lieferbar sind, lassen sich die alten zur Not in der Drehmaschine überarbeiten.

Wieder einsatzfähig: Die Altteile nach entsprechender Überarbeitung.

Packen wir's also an: Falls vorhanden, stellen wir die Maschine auf eine Hebebühne. Es lässt sich so bequemer arbeiten. Um Kurzschlüsse zu vermeiden, empfiehlt es sich, die Fahrzeugbatterie abzuklemmen. Nun werden die beiden Klemmschrauben des Gasgriffs gelöst, dieser vom Lenker heruntergezogen und irgendwo am Zylinder mit einem Stück Draht festgebunden. Dann demontieren wir die Handbremsanlage komplett mit dem Bremsflüssigkeitsbehälter und binden sie ebenfalls fest. Jetzt kann der Lenker durch Lösen der Befestigungsbrücke demontiert werden. Eine kleine Markierung mit einem Filzstift an Lenker und Brücke garantiert bei der späteren Montage auf Anhieb die alte Lenkerposition. Auch der Lenker wird mit Draht festgebunden. Auf keinen Fall an den elektrischen Kabeln herunterhängen lassen. Da Tachometer und Drehzahlmesser am Gabelkopf befestigt sind, und dieser demontiert werden muss, lösen wir als nächstes deren Antriebswellen. Übrigens eine gute Gelegenheit, ihnen einige Tropfen Öl zu spendieren. Nachdem die beiden Gabelverschlussschrauben und die Hutmutter des Lenkkopfes gelöst sind, wird dieser nach oben abgenommen. Um zu vermeiden, dass irgendwelche Gegenstände in die Gabelrohre hineinfallen, werden die Verschlussschrauben danach gleich wieder eingedreht. Nur 4 oder 5 Umdrehungen, das reicht völlig aus.

Da in den meisten Fällen die Kabelbäume der Motorräder so kurz wie möglich sind – Kupfer ist teuer –, ist es erforderlich, den Scheinwerfer zu demontieren und ihn nach unten abzusenken. Nur so lässt sich die Gabel weit genug nach unten heraus ziehen, ohne dass die Gefahr besteht, dass einzelne

Kabel abreißen. Mit einem geeigneten Hakenschlüssel, zur Not tut es auch ein Hammer und ein weicher Kupfer- oder Messingdorn, lösen wir die Lenkkopfmutter. Aufgepasst! Jetzt fallen gleich die Kugeln aus dem unteren Lager. Am besten fangen wir sie mit einem Behälter oder einem Tuch auf. Nichts ist ärgerlicher, als wenn einem die kleinen Kügelchen auf den Boden fallen, um dann schließlich in die entlegensten Ecken und Winkel zu springen. Dann müssen unter Umständen Werkbänke und Schränke verrückt werden, bloß um die kleinen Biester wieder zu finden...

Jetzt drehen wir die Mutter komplett vom Gewinde, heben zunächst den Staubdeckel und nun die obere Lagerschale ab. Auch hier aufgepasst, dass keine Kugeln verloren gehen. Sie lassen sich am einfachsten mit einem Magneten heraus heben. Mit einem Schraubenzieher und einem Hammer lässt sich jetzt die untere Lagerschale vorsichtig von ihrem Sitz lösen. Gleichmäßige Schläge, rund um die Lagerschale verteilen. Die Lagerschale darf sich nicht verkeilen, da sonst der Sitz beschädigt wird und die neue Schale beim Einbau Schwierigkeiten bereitet. Die Lagerschalen, die sich im oberen und unteren Ende des Lenkkopfes befinden, werden von der entgegengesetzten Richtung mit einem langen Dorn, Schraubendreher oder einem geeigneten Rohr herausgetrieben. Spätestens nach einem Reinigungsbad in Petroleum oder Benzin lassen sich die kleinen Einbuchtungen in den Lagerschalen gut erkennen. Und zwar an den jeweils oberen Schalen am deutlichsten, weil die den stärksten Belastungen ausgesetzt waren. Sofern wir noch Ersatzlager besorgen können, sollten wir das tun. Speziell für die kleine Yamaha hatte der Händler sie sogar noch auf Lager. Etwa 70,– Mark der komplette Satz. Wenn die Möglichkeit besteht, für das betreffende Modell sogar Kegelrollenlager zu bekommen, sollten wir zugreifen. Die sind zwar teurer, halten aber aufgrund ihrer konstruktionsbedingt höheren Tragfähigkeit viel länger als gewöhnliche Kugellager.

Da ein Großteil der Motorräder in den 60er und 70er Jahren standardmäßig mit Kugellagern ausgeliefert wurde, gab es in dieser Zeit diverse Zubehörfirmen, die für die gängigsten Motorradmodelle Kegelrollenlager-Umrüstsätze zum nachträglichen Einbau anboten. Das Geschäft blühte. Es entstand bei vielen Motorradfahrern in jenen Tagen der Eindruck, diese Art von Lagern seien etwas völlig Neues auf dem Markt. Tatsächlich wurde für das Kegelrollenlager aber schon 1898, also vor mehr als 100 Jahren das Patent erteilt. Als Lagerung für die Räder von Fuhrwerken, mit einer möglichst hohen Tragfähigkeit bei denkbar geringer Reibung und einer relativ großen Unempfindlichkeit gegenüber Schmutz. Das geometrische Prinzip der Kegelrollenlager ist bis heute erhalten geblieben. Die Verlängerung der kegeligen Laufbahnen und Rollen schneidet sich in einem Punkt der Lagerachse. Daraus resultiert innerhalb des Lagers eine reine Abwälzbewegung. Die völlige Linienberührung zwischen Rollen und Laufbahnen führt zu einer gleichmäßigen Lastverteilung über die ganze Länge der Rollen. Für den Motorrad-Lenkkopf, der hohe Kippmomente aus allen Richtungen aufzunehmen hat und zudem noch eine hohe Stoßfestigkeit besitzen sollte, das Lager schlechthin. Zunehmende

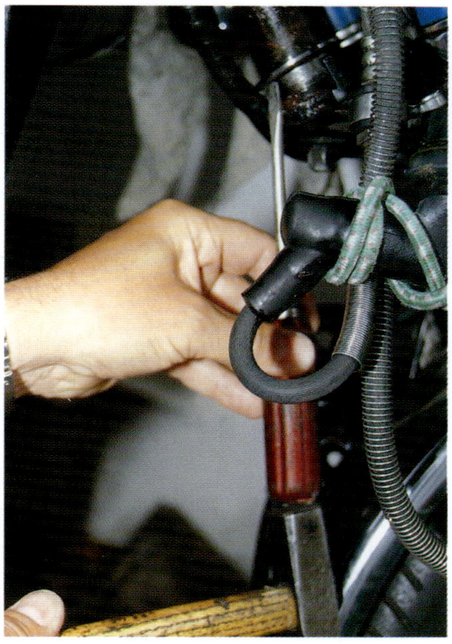

Das Lösen der unteren Lagerschale.

Mit Fett werden die Kugeln in die Lagerschalen „eingeklebt".

Motorleistung und steigende Fahrzeuggewichte führten schließlich dazu, dass heute Kegelrollenlager bei fast allen schweren Maschinen zur Serienausstattung gehören. Ärgerlich ist es, wenn die Lager in der erforderlichen Größe nicht mehr lieferbar sind. Dann müssen die alten Lagerschalen in einem Fachbetrieb nachgeschliffen werden, bis alle Kugeleindrücke verschwunden sind. Da die Lagerschalen im Regelfall durchgehärtet sind, ist das prinzipiell möglich. Wir müssen nur eine geeignete Schleiferei finden, die uns die Arbeiten ausführt.

Sind die Eindrücke nicht allzu tief, lassen sie sich auch mit Hilfe einer schnell laufenden Drehmaschine und Polierleinen heraus polieren. Das ist zwar mühsam und zeitraubend, führt aber letztendlich zum Erfolg. Mit einem kleinen Holz- oder Kunststoffstab, dessen Ende wir vorher ballig gedreht haben, lässt sich das Polierleinen gut in die Kugellaufbahn eindrücken. Dabei sollte der Durchmesser des Stabes zusammen mit der doppelten Dicke der Polierleinen in etwa dem Durchmesser einer Kugel entsprechen. Sind alle Einbuchtungen herauspoliert, wechseln wir für das Finish von Körnung 400 auf Körnung 800 oder gar 1200. Dann werden die Lagerschalen erneut gereinigt, eingefettet und wieder eingebaut. Zum Eintreiben der Schalen verwenden wir einen geeigneten Messingdorn. Mit einem Messschieber prüfen wir, ob sich die Lagerschalen gleichmäßig tief in ihren Sitzen befinden. Eine Schiefstellung der Lagerschalen ist unter allen Umständen zu vermeiden. Bevor die Gabel wieder montiert wird, erhalten die Lagerschalen eine ordentliche Portion Lagerfett, in die wir die Kugeln „einkleben". Dann werden die Kugeln mit einer weiteren Fettschicht abgedeckt und die Gabel wieder eingebaut.

Zur korrekten Einstellung des Lagerspiels wird die Lenkkopfmutter sanft angezogen, bis die Lenkung beim Einschlagen leicht schwergängig geht. Dann die Mutter wieder etwas lösen, so dass die Lenkung zwar leicht, jedoch ohne merkliches Spiel arbeitet. Bei der Montage der Lampe ist unbedingt darauf zu achten, dass die Kabel der Blinker durch die Blinkerhalter nicht gequetscht werden. Sie besitzen häufig spezielle Kabeldurchführungen. Und wenn wir schon einmal an der Vorderradgabel arbeiten, sollten wir vielleicht auch gleich das Dämpfer-Öl wechseln. Hierfür befinden sich auf beiden Seiten der Gabel im unteren Bereich kleine Ablassschrauben. Frisches Öl wird genau in der vom Hersteller vorgeschriebenen Viskosität und Menge mit Hilfe einer großen Spritze durch die beiden Gabelverschlußschrauben eingefüllt, nachdem zuvor beide Ablassschrauben wieder eingedreht wurden.

Prüfung der Leichtgängigkeit bei entlastetem Vorderrad.

Damit sind unsere Arbeiten an der Teleskopgabel abgeschlossen. Aufgrund der Vielfalt unterschiedlicher Konstruktionsmerkmale von Teleskopgabeln soll auf deren Instandsetzung an dieser Stelle nicht näher eingegangen werden. Da diese Bauform ihren Siegeszug in Motorradbau erst in den Jahren nach dem 2. Weltkrieg so richtig antrat, gibt es zu deren Instandsetzung noch ausreichende Spezialliteratur für die einzelnen Modelle im Handel beziehungsweise bei den verschiedenen Markenclubs.

5.7 Tank

Da ist unsere Restaurierung nach Jahr und Tag, nach vielen Werkstattstunden und einem stark geschrumpften Bankkonto endlich abgeschlossen und wir fiebern der ersten Probefahrt mit dem Oldtimer entgegen. Petrus hat endlich ein Einsehen und wartet mit Sonnenschein auf, so dass unser Schmuckstück nicht nach den ersten Kilometern schon wieder total verdreckt ist. Jetzt heißt es nur noch Benzin einfüllen, Motor antreten und losfahren. Doch nach ein paar Minuten Fahrvergnügen beginnt die Fuhre zu stottern, der Motor stirbt ab, das Motorrad rollt aus, Stille. Die Fehlersuche endet erfolgreich. Diagnose: Schmutz im Vergaser. Das wäre nur halb so schlimm, wenn es sich nicht alle 20 Kilometer wiederholen würde....

Mistkarre? Ach was, Tank nicht entrostet! Es gibt keinen Grund, das Motorrad zu verfluchen oder gar an einen Verkauf zu denken. Das Entrosten eines Kraftstofftanks ist auch noch möglich, wenn er bereits neu lackiert ist. Man muss eben entsprechend vorsichtig hantieren. Es gibt zahlreiche Varianten, die ungeliebten Rostpartikelchen aus dem Tank zu verbannen: Man nehme zwei Schachteln Diabolos, das sind die kleinen trichterförmigen Geschosse für Luftgewehre, schütte diese in den demontierten, trockenen Tank und schüttele das Ganze etwa eine halbe Stunde. Tatsächlich werden wir feststellen, dass sich damit eine gehörige Portion Rost und Schmutz aus dem Tank entfernen lässt. Ob aber tatsächlich etwas daran ist, dass die Bleikügelchen das Tankinnere mit einer korrosionshemmenden Schutzschicht überziehen, darf bezweifelt werden. Eine andere Methode empfiehlt die Rollkur des Tanks mit einer Füllung aus 10-prozentiger Salzsäure oder mit einem in Wasser aufgelösten WC-Reiniger. Diese „chemischen Keulen" sollen in der Lage sein, selbst den Rost herauszulösen, der tief in den Poren sitzt und mechanisch kaum entfernt werden kann. Selbst die Sandstrahlmethode scheidet hier aus, weil mit ihr nicht alle Stellen im Tank erreicht werden können. Es sei denn, der Tank wird an der Unterseite aufgeschnitten, instand gesetzt und danach wieder zugeschweißt. Dann ist aber meist auch wieder eine Neulackierung fällig...

Selbst wenn der Tank zuerst mit der Schüttelmethode entrostet und anschließend chemisch noch porentief gereinigt wird, er wird wieder rosten. Ganz bestimmt. Auch wenn wir uns noch so bemühen der Luftfeuchtigkeit keine Angriffsfläche zu bieten und die Maschine nie mit leerem Tank abstellen, es hilft nichts. Zumindest die Oberseite im Inneren des Tanks ist der Luft erbarmungslos ausgesetzt. Und wenn sich hier neuer Rost bildet, beginnt man bald mit der ganzen Reinigungsprozedur von Neuem. Zwar halten entsprechende, nachträglich montierte Kraftstoff-Filter das Gröbste

Die scharfkantigen Glasscherben sind ideale Schmutz- und Rostlöser.

Nach 30 Minuten intensiven Tankschüttelns wird der Inhalt ausgeleert.

Der Erfolg ist nicht zu übersehen.

Der chemische Reiniger wird mit heissem Wasser verdünnt.

zurück, aber eine dauerhafte Lösung wäre das Beste. Doch nicht nur Korrosion macht den Motorradfahrern das Leben schwer, sondern auch feine Risse, die infolge von Motorvibrationen und ungünstiger Tankbefestigung auftreten können. Seit einigen Jahren gibt es nun Produkte auf dem Markt, die speziell zur Behandlung maroder Tanks entwickelt wurden. Sie werden häufig als komplettes Set angeboten und bestehen meist aus einer Reinigungsflüssigkeit, einem Entroster und der eigentlichen Tankversiegelung. Diese gegen alle gängigen Kraftstoffarten resistente Tankversiegelung besteht aus einem Einkomponenten-Polyurethan-Harz. Bevor mit der Versiegelung begonnen werden kann, muss zuerst das Innere des Tanks gründlich gereinigt und entfettet werden. Insbesondere dann, wenn es sich um einen Öltank handelt. Ist der Tank sehr stark verrostet, wird mit der mechanischen Entrostung begonnen. Statt Luftgewehrkugeln nehmen wir Rollsplitt oder, noch besser, wir zerschlagen eine Glasflasche und füllen die Scherben in den Tank. Die scharfen Kanten der Scherben arbeiten um einiges effektiver als die Steinchen. Außerdem ist die Beschaffung einfacher: Eine leere Flasche hat man schnell... (Prost!)

Zuvor müssen allerdings Kraftstoffhähne und gegebenenfalls im Tank integrierte Filtersysteme ausgebaut werden. Zum Verschließen der Öffnung drehen wir uns einen Gewindestopfen. Das gleiche gilt auch für die Tankeinfüllöffnung, wenn das Fahrzeug anstelle eines herkömmlichen Tankdeckels zum Verschließen des Tanks mit einer Benzinuhr ausgestattet ist. Sobald die Glasscherben eingefüllt sind, beginnt der mühsamste Teil der Arbeit. Mindestens 30 Minuten sollte der Tank nun geschüttelt werden, damit die scharfen Kanten der Scherben auch wirklich alten Lackrückständen und Rostnestern zuleibe rücken können. Bequemer funktioniert das Ganze natürlich mit technischen Hilfsmitteln: Wer eine Betonmischmaschine zuhause hat oder gegebenenfalls beim Nachbarn oder Freunden ausleihen kann, überläßt ihr das schweißtreibende Geschäft. Der Tank wird rundum dick in Wolldecken oder Bläschenfolie eingewickelt, damit seine Oberfläche keine Kratzer oder gar Beulen abbekommt. Die Verwendung von ausreichend Klebstreifen sorgt dafür, dass sich die Polsterung unter gar keinen Umständen selbständig lösen kann. Klar, dass das komplette Päckchen nicht dicker werden darf, als es die Öffnung des Betonmischers zuläßt. Damit nun das Ganze nicht wild in der Maschine hin und her fällt, wird es mit Stricken oder Gummibändern an dem Rührwerk im Innern der Mischertrommel verzurrt.

Wer sich öfters mit dem Entrosten von Kraftstofftanks auseinanderzusetzen hat, der sollte sich überlegen, ob er nicht eine ausgemusterte Waschmaschine umfunktionieren kann. Bei denen sind meist nur die Programmsteuerungen oder die Heizstäbe defekt. Beides Dinge, die für unsere Belange unerheblich sind. Wir brauchen nur die Trommel und den Antriebsmotor. Und die sind bei den meisten Waschmaschinen noch intakt. Die Trommel lässt sich zur Aufnahme des Tanks leicht mit der Blechschere oder noch besser mit einer Flex herrichten, nachdem das Gehäuse drumherum erst einmal de-

Vor dem Versiegeln muss der Tank restlos trocken sein. Ein Industrieföhn verkürzt die Austrockenzeit erheblich.

montiert ist. Der Antrieb für die Trommel ist bei jeder Waschmaschine Standard und wenn die Programmsteuerung noch funktioniert, ändert die Maschine sogar alle paar Umdrehungen ihre Drehrichtung. Ein vorteilhafte Einrichtung, mit der ein handelsüblicher Betonmischer nicht aufwarten kann. Hier sollte der Tank nach einer gewissen Laufzeit gedreht werden, damit sichergestellt ist, dass die Scherben tatsächlich alle Ecken erreichen. Nach dieser Prozedur werden die Scherben zusammen mit den gelösten Rost- und Lackteilen ausgeschüttet. Die gelösten, meist sehr leichten Teilchen lassen sich auch sehr gut mit Druckluft aus dem Tank blasen. Dann wird der Tank mit reichlich Wasser gespült.

Der nächste Schritt dient zur Reinigung und Entfettung von Kraftstoffrückständen wie beispielsweise Zweitaktöl, verharztes Benzin und dergleichen. Um die Tanklackierung während der nachfolgenden Behandlungsschritte vor Beschädigungen zu schützen, empfiehlt der Hersteller des Produktes, den Tank komplett mit einer leichten Seifenlösung zu überziehen. Dann sollten nasse Badetücher streifenweise um den ganzen Tank gewickelt werden. Austretendes Material wird so von den Tüchern aufgesaugt, bevor es auf den Lack gelangen kann. Zur chemischen Reinigung schreibt die Fa. Restotechnic in D-79736 Rickenbach, Hersteller des hier verwendeten Produktes vor, den Inhalt des Gebindes mit der Aufschrift „Tank Clean“ mit etwa der dreifachen Menge heissen Wassers zu mischen. Bei der Reinigung von Öltanks nur mit der zweifachen Menge. Dieses Gemisch wird nun in heißem Zustand in den zu bearbeitenden Tank gefüllt, dessen Öffnungen an der Unterseite zuvor mit einem Stopfen verschlossen wurden. Jetzt wird noch die Einfüllöffnung verschlossen und der Tank durch ständiges Schütteln durchgespült, bis die Flüssigkeit erkaltet ist. Wichtig ist, dass die Reinigungsflüssigkeit alle Stellen des Tanks erreicht. Nach dem Erkalten lassen wir sie noch für weitere 2 Stunden einwirken. Für Öltanks wird die Einwirkzeit verdoppelt. Es kann von Vorteil sein, den Tank einer Rollkur zu unterziehen, bei der das Mittel garantiert über eine längeren Zeitraum von beispielsweise 30 Minuten auf alle Stellen einwirken kann. Um ein zu schnelles Abkühlen zu vermeiden, kann

Bereits lackierte Tanks werden vor dem Einfüllen der Flüssigkeit zum Schutz mit einem Tuch abgedeckt.

eine mit heißem Wasser gefüllte Badewanne gute Dienste leisten. Nach dem Einwirken der Flüssigkeit wird der Tank kräftig geschüttelt um so lose Teilchen in die Schwebe zu bringen. Danach gießen wir den kompletten Tankinhalt in einen Eimer und spülen den Tank mehrmals mit Wasser aus.

Abgesehen von der Rollkur in der Badewanne sollten wir, der Empfehlung folgend, die Arbeiten im Freien durchführen sowie Haut- und Augenkontakt vermeiden. Am besten tragen wir Handschuhe und eine Brille. Dies gilt auch für den nächsten Schritt, der Behandlung mit dem Rostentferner, die auch gleichzeitig eine Grundierung der Tank-Innenwände darstellt. Der Tank muss nicht vollkommen ausgetrocknet sein, es sollte aber auch kein Wasser darin stehen, um den Rostentferner nicht unnötig zu verdünnen. Er wird mit dieser Flüssigkeit ausgeschwenkt und dann, genau wie bei der Reinigungsprozedur, einer Rollkur unterzogen. Die Flüssigkeit muss dabei an allen Stellen des Tanks einwirken können. Die Dauer der Einwirkzeit hängt dabei vom Grad der Verrostung ab. Mit Flugrost befallene Stellen benötigen eine Einwirkzeit von etwa 40 bis 60 Minuten, bei stark verrosteten Stellen empfiehlt es sich, das Ganze über Nacht einwirken zu lassen. Der Grundiereffekt ist dagegen relativ schnell erreicht. Tanks ohne Rost, die lediglich vor der Versiegelung eine Grundierung erhalten sollen, sind bereits nach etwa einer halben Stunde fertig für den nächsten Schritt. Da wir es mit einem Produkt zu tun haben, das Rost entfernt statt ihn umzuwandeln, können sich poröse Stellen zum Beispiel bei Durchrostungen öffnen.

Grössere Löcher an Kunststofftanks werden mit Polyester und Glasfasermatten instand gesetzt...

...und der Tank anschließend von innen mit dem Epoxyd-Zweikomponenten-System POR-15 versiegelt.

Um dabei eventuell austretendes Material aufzufangen, sollte der Tank unter allen Umständen in einer Kunststoffwanne gelagert werden.

Nach Abschluß des Vorgangs entleeren wir den Tank und spülen ihn gründlich mit Wasser aus. Das Mittel wird wieder zurück in den Kanister gefüllt, und kann zum Entrosten anderer Teile weiter verwendet werden. Keinesfalls sollte die Entrostungsflüssigkeit auf dem Blech antrocknen können, da es hierbei zu glasartigen Ablagerungen auf der Oberfläche kommen kann, die vor der weiteren Bearbeitung wieder entfernt werden müssen. Besonders wichtig ist nun, dass der Tank vor der endgültigen Versiegelung vollkommen ausgetrocknet wird. Bei einer nicht vollständig abgetrockneten Oberfläche werden die Haftungseigenschaften der Versiegelung stark eingeschränkt. Zum Trocknen verwenden wir am besten einen Industriefön und erwärmen den Tank von innen und außen. Die Erwärmung des Tanks in einem Bad mit heißem Wasser ist eine weitere Methode, die Restfeuchtigkeit aus dem Inneren zu verbannen. Dabei sollte der Tank mit Druckluft aus einem Kompressor, zur Not tut es auch ein Haarfön, durchströmt werden, um die feuchte Luft nach außen zu transportieren. Wer ganz auf Nummer Sicher gehen will, sollte den Tank mit Aceton ausschwenken, da Aceton die Restfeuchtigkeit bindet und innerhalb kürzester Zeit zusammen mit dem gebundenen Wasser verdampft. Müssen schadhafte Schweißnähte, Lötstellen oder Durchrostungen ausgebessert werden, so sollte dies nach der Tankreinigung geschehen. Risse oder kleinere Löcher an der Unterseite des Tanks können auch mit feinem Glasfasergewebe abgedeckt und mit Polyesterharz vergossen werden. Wenn alles durchgetrocknet ist, wird eine optimale Verbindung zwischen der äußeren Harzschicht und der inneren Versiegelung erreicht.

Dann kommen wir zum letzten Schritt der Behandlung, der Versiegelung des Tanks. Je nach Tankvolumen gibt es den Tankversiegeler POR-15 in verschieden großen Gebinden. Der Tank wird mit dem Versiegeler befüllt und ausgeschwenkt. Hierbei muss sichergestellt sein, dass die Flüssigkeit jeden Teil des Tanks erreicht. Nach dem vollständigen Überzug des Tankinneren wird das überschüssige Material ausgegossen wobei man es so weit wie möglich austropfen lässt. Um ein möglichst rasches Abtrocknen der Versiegelung zu erreichen, ist die Bildung von Pfützen unter allen Umständen zu vermeiden. Mit einem Tuch, das ordentlich an einem Stück Holz oder Draht befestigt ist, lässt sich überschüssiges Material relativ einfach austupfen. Da POR-15 mit Luftfeuchtigkeit reagiert, kann man restmengen nicht für eine Wiederverwendung aufheben. Nach Abschluß aller Arbeiten werden Kraftstoff- beziehungsweise Ölabsperrhähne eingeschraubt und der Tank wieder angebaut.

Leider kann POR-15 nicht bei Kraftstofftanks aus Polyester eingesetzt werden. Das bedeutet allerdings nicht zwangsläufig, dass der Besitzer eines Klassikers, wie beispielsweise einer Ducati 750 S sich gleich einen Tank aus Aluminium anfertigen lassen muss, wenn der bei italienischen Modellen übliche GFK-Tank einmal Probleme bereiten sollte. Zur Versiegelung von GFK-Tanks hat die Firma Restotechnic ein Epoxyd-Zweikomponenten-System auf den Markt gebracht, dass im Gegensatz zu POR-15, wie der Name schon sagt, aus zwei Komponenten besteht. Das Produkt heißt RESTO-T und eignet sich ebenso zur Behandlung von Tanks aus Aluminium, Messing und anderen Metallen. Da die Vorbereitungsarbeiten hierbei denen des Einkomponenten-Produktes sehr ähnlich sind, soll an dieser Stelle nicht näher darauf eingegangen werden.

Hier die Hartholzkerne, um die das Kupferblech geformt wurde.

Das Kapitel Tank sollte nicht abgeschlossen werden, ohne auf die Problematik einzugehen, die sich Besitzer von Maschinen stellt, deren Tanks sich nicht mehr reparieren lassen oder die vielleicht vollkommen fehlen. Natürlich wird man zuerst versuchen, entsprechenden Ersatz über Markenclubs, auf Teilemärkten oder durch die Aufgabe von Suchanzeigen in der Fachpresse zu bekommen. Wenn aber schließlich alle Bemühungen erfolglos sind, bleibt letztendlich nur die Nachfertigung. Wer sich an den Nachbau eines Tanks wagt, sollte auf alle Fälle über entsprechende Vorkenntnisse im Umgang mit Blech verfügen. Sogenannte Stecktanks für Uralt-Veteranen lassen sich häufig aufgrund ihrer simplen, meist geraden Flächen einfacher nachbauen als die späteren Satteltanks mit ihren kompliziert herzustellenden Rundungen.

Nachfertigung eines Kraftstofftanks aus Kupferblech.

Auf den großen Oldtimer-Märkten sind häufig Händler anzutreffen, die sich auf derartige Nachfertigungen spezialisiert haben. Die Preise liegen dabei je nach Aufwand zwischen DM 1000,– und 2000,–. Wer es selbst versuchen möchte, beginnt am besten mit der Herstellung einer Hartholz-Form, über die das Blech getrieben wird. Je nach Bauform wird der Tank aus mehreren Segmenten zusammengesetzt. Die Verbindungen der einzelnen Segmente erfolgt dann je nach Material durch Schweißen oder Löten. Die Verbindungsstellen werden anschließend verschliffen und je nach dem, ob die Oberfläche lackiert, vernickelt oder verchromt werden muss, weiterbehandelt.

5.8 Räder und Reifen

5.8.1 Besuch in einer Radspannerei

Ich wähle eine Koblenzer Telefonnummer. „Radspannerei Köhler, Guten Morgen", meldet sich eine männliche Stimme. Ich stelle mich kurz vor und komme gleich zur Sache. „Zwei alte Motorrad-Räder würde ich gerne bei Ihnen überholen lassen. Neue Speichen, Nippel, einspeichen, zentrieren. Wie teuer ist so etwas?" Freundlich aber bestimmt kommt die Antwort: „Wir geben grundsätzlich keine telefonischen Preisauskünfte, ohne die Räder gesehen zu haben. Erst nach entsprechender Prüfung lässt sich der erforderliche Aufwand und damit auch die Kosten exakt bestimmen. Können Sie mit den Rädern nicht einfach einmal vorbei kommen?" Eine Woche später besuche ich die Radspannerei in Koblenz. Vorbei an einem Reifenmontiergerät, einer Sandstrahlkabine und einem Polierbock führt der Weg in die eigentliche Werkstatt. Nicht nur Einspeich- und Zentrierarbeiten werden hier durchgeführt, sondern Komplett-Service rund ums Rad. Häufig sind Naben und Felgen in einem Zustand, der eine vollkommene Überarbeitung erfordert. Und das fängt im Regelfall mit den Sandstrahlarbeiten an. Um die Kundschaft nicht mit monatelangen Wartezeiten durch die Vergabe an Subunternehmen zu vergraulen, wurde schon vor Jahren eine eigene Sandstrahlkabine angeschafft. Ähnlich verhält es sich mit der Poliermaschine. Fast jeder kennt die langen Lieferzeiten von Galvanikanstalten, wenn es um das Vernickeln oder Verchromen von Teilen für unsere geliebten Oldies geht. Wartezeiten von bis zu einem halben Jahr sind hier keine Seltenheit. Dabei ist es weniger der edle Überzug, der einer schnelleren Auftragsabwicklung im Wege steht, als viel mehr die zeitraubende Schleif- und Polierarbeit. Und genau das macht man hier selbst. Die polierten Teile gehen dann automatisch zu einem Galvanikbetrieb und der Kunde erhält anschließend das fertige Produkt. Auf die gleiche Weise arbeitet man auch mit einer Lackiererei Hand in Hand. Die kann die empfindlichen, sandgestrahlten Teile umgehend weiterbearbeiten, noch bevor diese wieder neuen Rost ansetzen können.

Zentrierplatz in einer Radspannerei.

Weitere Maschinen und Hilfseinrichtungen auch in der angrenzenden Radspannerei. Aus Felgenrohlingen lassen sich hier Felgen für fast alle Fahrzeuge nachfertigen – egal, ob für eine Opel von 1905 oder eine Ducati von 1972. Mit einer Spezialpresse und den nötigen Prägewerkzeugen erhalten Felgen-Rohlinge die gewünschte Punzung. So nennt man die balligen Ausbuchtungen an der Felge, die zur Aufnahme der Speichennippel insbesondere bei Motorrädern mit größeren Bremstrommel-Durchmessern erforderlich sind. Derartige Arbeiten können wohl kaum in der eigenen Hobbywerkstatt in befriedigender Qualität durchgeführt werden. Eine weitere, selbst konstruierte Maschine wird zum Bohren von Speichenlöchern eingesetzt. Das besondere an dieser Maschine ist, dass die Bohrungen in allen beliebigen Winkelstellungen zur Felge angebracht werden können. Unter der Decke hängt ein großes Sortiment neuer und gebrauchter Felgen und eine Regalwand hält alle gängigen Speichen und Nippel bereit. Was nicht vorrätig ist, wird kurzer Hand angefertigt. So gibt es beispielsweise Kunden, die größten Wert auf die Originalabmessungen der Speichennippel legen. Das ist kein Problem, lediglich eine Kostenfrage. Wer bereit ist, für jeden in Einzelanfertigung auf der Drehmaschine hergestellten Nippel etwa DM 7,– auszugeben, dem kann geholfen werden...

Am häufigsten werden heute Speichen aus Edelstahl oder solche mit verchromter Oberfläche verarbeitet. Für bestimmte Modelle sind auch noch schwarz lackierte Speichen aus Altbeständen lieferbar. Die Herstellung nicht vorrätiger Speichen vollzieht sich in mehreren Arbeitsschritten. Der Rohling besteht aus einem langen Edelstahlstab mit geradem Kopf und ohne Gewinde. Zuerst wird in einer eigens dafür entwickelten Biegevorrichtung die Speiche im erforderlichen Winkel abgekröpft. Dann wird die Speiche abgelängt, bevor sie in einer weiteren Vorrichtung das benötigte Gewinde erhält. Verchromte Speichen werden bereits mit vorgebogenen Köpfen bezogen. Die harte und extrem spröde Chromschicht lässt bestenfalls Korrekturbiegungen von etwa 5 Grad zu. Größere Korrekturen bergen die Gefahr in sich, dass die edle Beschichtung reißt und abblättert. Zwar verhindert die darunter liegende Kupferschicht die Bildung von Korrosion, aber wer freut sich schon über neue Speichen mit abgeplatztem Chrom, und auch noch an einer gut sichtbaren Stelle?

Kommen wir nun zum Gewinde der Speichen. Dies wird nicht, wie vielfach angenommen, mit entsprechenden Schneidwerkzeugen hergestellt, sondern durch ein spezielles Verfahren gerollt. Dieses spanlose Verfahren hat gegenüber dem herkömmlichen

Gewindeschneiden zwei ganz entscheidende Vorteile: Erstens wird das Materialgefüge im Bereich der Gewindegänge verdichtet, die Festigkeit in der Speiche also deutlich erhöht. Der zweite, noch wichtigere Aspekt besteht jedoch darin, dass sich das Speichenmaterial unter dem enormen Druck der gehärteten Rollwerkzeuge nach außen drückt, und somit die äußeren Gewindeflanken bildet. Durch das Rollen erhält das Gewinde also einen größeren Durchmesser als der Speichenrohling. Damit wird erreicht, dass sich der Nippel vollkommen über das Gewinde schrauben lässt, bis er entlang der Speiche zum gegenüberliegenden Speichenkopf rutscht. Er kann also nicht, und das ist das Wichtigste, am Ende des Gewindes auf Block gehen, bevor die Speiche tatsächlich gespannt ist. Klar, dass bei verchromten Speichen im Bereich des Gewindes der harte Chrom beim Gewinderollen abblättert, aber das lässt sich nicht vermeiden. Die darunter befindliche Kupferschicht bleibt jedoch erhalten und sorgt für ausreichenden Korrosionsschutz. Speichen für die Großserie werden dagegen erst nach der vollständigen Bearbeitung verchromt.

An den sogenannten Zentrierplätzen lassen sich mit einer Vielzahl unterschiedlicher Adapter nahezu alle beliebigen Speichenräder, egal, ob vom zweirädrigen oder vom vierrädrigen Oldtimer, aufspannen und mit Hilfe von Messuhren exakt zentrieren. Hier müssen auch die von mir mitgebrachten Räder vor den kritischen Blicken des Fachmannes bestehen. Noch im eingespeichten Zustand werden die Räder hinsichtlich ihrer weiteren Verwendbarkeit untersucht. Ein leichter Seiten- und Höhenschlag lässt sich durch das Nachspannen der Speichen mühelos korrigieren. Waren die Räder ursprünglich komplett lackiert, müssen sie unter Umständen garnicht ausgespeicht werden, sondern lassen sich nach dem Sandstrahlen direkt neu lackieren. Das ist die einfachste und auch preiswerteste Variante der Instandsetzung. Häufig waren aber Felgen, Naben und Speichen vernickelt oder verchromt. Von diesem einst so edlen Glanz ist meist nicht mehr viel übrig geblieben. Wenn solche Räder wieder in den ursprünglichen Neuzustand versetzt werden sollen, ist ihre Demontage kaum zu vermeiden. Felgen mit starken Verformungen, Dellen usw. lassen sich meist nicht mehr wieder verwenden. Sofern es sich dabei um Felgen für Drahtreifen handelt, dürfte die Beschaffung von Neuteilen kein allzu großes Problem sein. Dies ist oft preiswerter als das Polieren und Neuverchromen der alten Felgen. Der Drahtreifen löste gegen Ende der 20er Jahre die bis dahin im Motorradbau üblichen Wulstreifen ab. Diese Wulstreifen besaßen spezielle Felgen, die nicht ganz so einfach zu beschaffen sind. Sie werden heute vereinzelt wieder in Kleinststückzahlen hergestellt und sind entsprechend teuer und nicht selten innerhalb kürzester Zeit wieder vergriffen. Glück gehabt, die Wiederverwendbarkeit der originalen Wulstfelgen der Indian spart eine Menge Geld. Doch wie geht es jetzt weiter? Zuerst fliegen die alten, rostigen Speichen raus. Dann wird geprüft, ob die vorhandenen Bohrungen in der Felge groß genug für die neuen Nippel sind. Notfalls wird aufgebohrt. Die Originalspeichen waren vernickelt, der Fachmann empfiehlt jedoch die Umrüstung auf Edelstahl-Speichen. Wenn die poliert sind, lassen sie sich optisch nicht mehr von vernickelten Speichen unterscheiden. Und es gibt nie mehr Ärger mit Rost...

Zuerst werden Felgen und Naben in der Sandstrahlkabine von Rost und altem Lack befreit. Danach erhalten die Teile in einem Galvanikbetrieb einen dünnen Zinküberzug, bevor ein Lackierer sogenanntes Spritzplastik aufbringt. Ganz im Gegensatz zu der korrosionsschützenden Zinkschicht füllt das Spritzplastik die unzähligen kleinen Rostnarben, die nach dem Sandstrahlen zum Vorschein kamen. Die Teile werden dann ge-

In den Felgenhörnern, wo weder Drahtbürste noch Sandstrahl dem Rost zuleibe rücken können, hilft eine Spülung zum Beispiel mit Fertan.

Die erste, innenliegende Speiche wird von aussen eingesetzt...

...dann folgt die zweite Innenspeiche, bis eine Radseite komplett ist.

Schliesslich wird das Rad umgedreht und die Innenspeichen der anderen Seite eingesetzt. Zuletzt erfolgt die Montage der äußeren Speichen.

schliffen, bis eine glatte, samtartige Oberfläche erreicht ist. Kleiner Tipp für Ungeübte: Mit einer Sprühdose werden die zu schleifenden Teile dünn mit schwarzem Lack überzogen. Diese Lackschicht wird nach dem Trocknen wieder abgeschliffen. Selbst kleinste Oberflächenfehler werden so als schwarze Punkte sichtbar. Wer Wert auf eine lupenreine Lackierung legt, muss alle schwarzen Pünktchen abschleifen. Aber Vorsicht. Nicht die unter dem Spritzplastik befindliche Zinkschicht beschädigen. Zum Abschluss werden die Teile grundiert, nochmals geschliffen und erhalten letztendlich ihre gewünschte Lackierung. „Wer Geld sparen will, kann die Schleifarbeiten gerne selbst vornehmen, anderenfalls macht es die Lackiererei, wir sind da sehr flexibel", lautet das Angebot.

Wenn dann die Felgen und Naben vom Lackieren zurück sind, kann der Zusammenbau der Räder erfolgen. Wie beim Fernsehkoch stehen alle „Zutaten" bereit. Die Speichen liegen, obwohl sie alle die gleiche Länge haben, getrennt in zwei Bündeln auf der Werkbank. Erst bei genauer Betrachtung werden die Unterschiede sichtbar. Sie liegen in den unterschiedlichen Biegewinkeln und sind bei den Innenspeichen größer, bei den Außenspeichen kleiner als 90 Grad. Auf beiden Seiten der Radnaben befinden sich sogenannte Speichenflansche mit den Bohrungen zur Aufnahme der Speichen. Die Bohrungen sind abwechselnd innen und außen angesenkt, je nach dem, ob die jeweilige Speiche von innen oder außen eingesetzt wird. Zum Einspeichen werden Nabe und Felge flach auf eine weiche Gummiunterlage gelegt, und zunächst die erste, eine innenliegende Speiche von außen eingesetzt. Bei Naben mit unterschiedlichen Flanschdurchmessern wird zweckmäßigerweise mit der Bremstrommelseite begonnen. Damit die Speiche nicht wieder aus der Felge rutschen kann, wird ein Nippel mit wenigen Umdrehungen aufgeschraubt. So wird nun reihum eine Innenspeiche nach der anderen eingesetzt, bis eine Radseite komplett ist. In Abhängigkeit davon, ob sich die Speichen zwei, drei oder gar vier mal kreuzen, müssen Löcher in der Felge übersprungen werden. Danach wird das Rad umgedreht und die Innenspeichen der anderen Seite nach dem gleichen Schema eingespeicht. Zuletzt werden die Außenspeichen eingesetzt und alle

Nippel mit dem Elektro-Schrauber gleichmäßig beigedreht. Obwohl zum Schutz der Schläuche Felgenbänder aufgelegt werden, dürfen nach Abschluß der Einspeicharbeiten die Enden der Speichen nicht aus den Nippeln herausragen. Sie müssen abgefeilt oder abgeschliffen werden, bis sie mit der Oberkante der Nippel bündig abschließen. Sofern die Speichenlänge richtig berechnet wurde, bleiben die Enden ohnehin innerhalb der Nippel.
Nachdem das Rad nun eingespeicht ist, wird es in einen sogenannten Radspannbock aufgenommen. Nach wenigen Umdrehungen weiß der Fachmann genau, wo er ansetzen muss. Mit einem Speichenschlüssel werden Höhen- und Seitenschlag innerhalb weniger Minuten auf ein Minimum reduziert. Es versteht sich von selbst, dass hierzu viel Gefühl und Übung gehört. Den letzten Rest von Höhen- und Seitenschlag ermittelt der Spezialist unter Zuhilfenahme geeigneter Messuhren, die wahlweise von unten oder von der Seite an die Felge herangeführt werden. Mit diesen Hilfsmitteln wird der Rundlauf-Fehler auf wenige Zehntel Millimeter reduziert. Sollte es sich um Räder für ein Uraltmotorrad handeln, so waren die Hinterräder meist mit sogenannten Riemenfelgen ausgerüstet, über die der Antrieb mit Hilfe eines Riemens erfolgte. Derartige Riemenfelgen werden zuletzt montiert und genau wie die Radfelgen im Radspannbock zentriert. Abschließend noch eine Empfehlung: Wer seine Räder zwecks Überholung zu einem Fachbetrieb bringen möchte, sollte sie auf keinen Fall vorher ausspeichen. Eine schnelle Prüfung mit der Aussage, ob eine verzogene Felge wiederverwendbar ist, lässt sich am besten am eingespeichten Rad vornehmen. Wer seine Räder gerne selbst ein- und ausspeichen möchte, sollte sich unbedingt vorher eine Skizze oder Fotos anfertigen, auf denen jede Seite eines Rades abgebildet und deutlich die Kreuzungszahl der Speichen erkennbar ist. Außerdem sollten die Speichen entsprechend der zugehörigen Radseite gekennzeichnet werden., z.B. hinten / links etc.

Mit Messuhren werden Seiten- und Höhenschlag ermittelt.

5.8.2 Radlager

Zur Lagerung der Laufräder verwendeten die meisten Motorrad-Hersteller vor dem 2. Weltkrieg sogenannte Konuslager, die wir in ähnlicher Ausführung auch als Tretlager vom Fahrrad her kennen. Diese Lager sind zerlegbar und lassen sich nachstellen. Seltener kamen die später üblichen Rillenkugellager zum Einsatz. Auch unsere alte Indian besitzt zur Radlagerung derartige Konuslager, die sich erst nach einer gründlichen Reinigung, bei der altes Fett und feiner Staub ausgewaschen werden, ordentlich untersuchen lassen. Also: Zuerst werden die Lagerkonen von den Achsen geschraubt und mit einem kleinen Schraubendreher die Kugeln aus den in die Radnaben eingepressten Lagerschalen genommen. Noch besser lassen sich die Kugeln mit einem Magneten herausfischen. Alle Teile wandern in ein Benzinbad zum Aufweichen des oftmals Jahrzehnte alten Fettes. Die Radnaben sowie die Lagerschalen werden ebenfalls mit Benzin ausgewaschen. Wegen des Gestanks und nicht zuletzt auch wegen der gesundheitsschädigenden Benzindämpfe gehen wir mit dieser Arbeit ins Freie. Wer glaubt, dabei sein Zigarettchen rauchen zu müssen, sollte mit erheblichen zeitlichen Verzögerungen im weiteren Fortgang der Restaurierungsarbeiten rechnen...
Die zum Teil recht hartnäckigen, harzähnlichen Fettrückstände lassen sich ganz gut mit einem Stück Holz oder Plastik entfernen. Niemals mit Schraubendreher oder Metallschaber an die polierten Laufflächen der Lager gehen. Sind alle Teile gereinigt, erfolgt die Prüfung auf etwaigen Verschleiß. Einwandfreie Laufflächen sind hochglänzend und

Einwandfreie Lagerschalen sind hochglänzend und frei von Einschlüssen.

Mit etwas Geschick lassen sich häufig auch alte Laufräder auf moderne Rillenkugellager umrüsten.

Das Einstellen der Radlager erfolgt durch Ein- oder Ausdrehen der Lagerkonen.

Nicht vergessen! Das Sicherungsblech soll unbeabsichtigtes Lösen des Konus verhindern.

frei von Einschlüssen, Abplatzungen oder anderen Deformierungen. Dies gilt sowohl für die Lagerringe und Konen wie auch für die Kugeln. Den Vorgang des sogenannten „Einlaufens“ gibt es bei den gehärteten Bauteilen eines Wälzlagers nicht, auch wenn dies von einigen Leuten immer wieder behauptet wird! Ein „eingelaufenes“ Kugel-, Rollen- oder Nadellager, das Laufspuren aufweist, gehört im Grunde genommen schon in die Schrottkiste. Es lässt sich zwar erst einmal wieder verwenden, es ist jedoch nur eine Frage der Zeit, bis sich ganze Metallplättchen aus der Oberfläche lösen. Der Fachmann spricht hierbei von Pitting-Bildung, die infolge von Materialermüdung früher oder später bei jedem Lager auftritt und es unbrauchbar werden lässt. Laufunruhe und Geräuschbildung sind die Folgen. Ersatz muss her. Im ungünstigsten Fall, das heißt also, wenn wir keine neuen bzw. gut gebrauchten Teile beschaffen können, muss anhand der Originalteile nachgefertigt werden. Und das ist weder einfach noch billig. Wer eine Drehmaschine besitzt und damit umzugehen versteht, kann zumindest die Dreharbeiten selbst durchführen. Hierbei ist jedoch darauf zu achten, dass der geeignete Werkstoff verwendet wird. Da die Teile anschließend wärmebehandelt, das heißt gehärtet werden müssen, werden sie aus Einsatzstahl gedreht. Einsatzstähle besitzen durch ihren geringen Kohlenstoffgehalt die Eigenschaft, dass sie sich nicht ohne weiteres härten lassen. Erst nach entsprechendem Einsetzen, einem Vorgang, bei dem die Oberfläche des Werkstücks mehrere Zehntel Millimeter tief mit Kohlenstoff angereichert wird, ist dieser eingesetzte Bereich härtbar. Der Kern des Werkstücks bleibt dabei weich. Lagerhersteller empfehlen als Einsatzstähle 15Cr3 oder Ck15, eine Einsatztiefe von 0,4 bis 1,0 Millimeter und eine Härte von mindestens 60 HCR.

Bei den Dreharbeiten ist zu beachten, das die Laufflächen der Lager nach dem Härten noch geschliffen werden müssen. Dieses Schleifmaß muss sowohl beim Drehen wie auch beim Härten berücksichtigt werden. Die Oberflächengüte der Laufflächen sollte nach dem Schleifen einen Mittelrauhwert von 0,16 mm oder kleiner besitzen. Zugegeben, eine ganze Menge Fachchinesisch, aber eben wichtige Angaben für Härterei und Schleiferei, damit wir am Ende das erhalten, was wir für unsere Maschine benötigen.

Lagerschalen und Konen, die nur geringe Laufspuren aufweisen, lassen sich unter Umständen in einem Fachbetrieb auch „sauber" schleifen und wieder verwenden. Dies muss von Fall zu Fall entschieden werden. Eventuell lässt sich das eine oder andere Lager auch noch mit der im Kapitel Lenkkopflager beschriebenen Methode in der Drehmaschine aufarbeiten. Gerade an die Rad- und Lenkkopflager von Veteranen werden ja im Regelfall nicht mehr die Anforderungen in Bezug auf Kilometerleistung und Dauerhaltbarkeit gestellt, wie an die Lager einer modernen Maschine. Lassen sich die alten Lager nicht mehr aufarbeiten, kann auch der Umbau der Räder auf Rillenkugellager eine gute Alternative sein. Dabei ist allerdings wichtig, dass sich die beiden Innenringe der neuen Lager gegenseitig durch eine Rohrhülse abstützen müssen, um Verspannungen oder Verkantungen der Lager vorzubeugen. Bei der Umrüstung auf Rillenkugellager sollten dann sogenannte RS-Lager Verwendung finden. Diese werden mit einer dauerhaften Fettfüllung sowie einer beidseitigen Dichtung mit optimalem Schutz gegen Staub und Spritzwasser ausgeliefert.

Ich kann nicht mehr genau sagen, was mich bewog, die Durchmesser der Lagerkugeln nachzumessen, aber ich weiß heute, dass es wirklich wichtig ist. Einer der vermutlich zahlreichen Vorbesitzer hatte nämlich defekte oder bei der Demontage verlorene Kugeln kurzerhand durch Kugeln geringeren Durchmessers ersetzt. Durch diese unsinnige Maßnahme ist die Belastung für die verbleibenden Kugeln logischerweise um so höher. Die im Durchmesser kleineren Kugeln können bestenfalls dafür sorgen, dass die dickeren Kugeln auf Abstand gehalten werden, damit sich das Rad noch zentrisch dreht, mehr nicht. Dies kann jedoch nur eine temporäre Notlösung sein. Also keine Frage, hier gehören neue Kugeln rein!

Beim Zusammenbau der Radlager hat schon mancher Hobby-Restaurator wegen der vielen losen, auf beiden Seiten des Rades hin und her fallenden Kugeln geflucht und entnervt aufgegeben. Dabei ist doch alles so einfach: Die Lagerringe werden satt mit einem steifen Kugellagerfett bestrichen, bevor die Kugeln eingesetzt werden. Erst nachdem das Fett aufgetragen ist, erfolgt das unverlierbare „Einkleben" der Kugeln in dieses Fettbett. Nun werden Achsen und Lagerkonen eingesetzt und die Lagerluft bzw. das Lagerspiel eingestellt. Nachdem die Konen von Hand soweit auf die Achse geschraubt sind, dass sie die Kugeln berühren, werden sie mit einem geeigneten Gabel- oder Ringschlüssel vorsichtig angezogen, bis beim Drehen der Achse ein leichter Widerstand spürbar wird. Dann muss einer der Konen wieder um etwa eine Achtelumdrehung gelöst werden. Die Achse lässt sich jetzt leicht drehen, ohne dass sie zuviel Spiel hat und in den Lagersitzen wackelt. Ist das Spiel zu groß, muss der Konus noch etwas weiter angezogen werden, bis die optimale Einstellung gefunden ist. Dann wird die Verdrehsicherung, die das unbeabsichtigte Lösen der Konen verhindert, aufgelegt, eventuelle Staubabdeckungen über die Achse geschoben, und schon

Mit einem Kreisschneider werden die Staubabdeckungen zugeschnitten.

ist das Rad wieder einbaufertig. Apropos Staubabdeckungen. Diese müssen meist neu angefertigt werden, weil sie entweder ganz fehlen oder über die Jahre total vertrocknet, geschrumpft oder sonstwie unbrauchbar geworden sind. Die meist aus Filz hergestellten Ringe lassen sich auch aus Leder nachfertigen. Dabei ist ein gut geschärfter Kreisschneider sehr hilfreich. Damit wird zuerst der äußere und dann der innere Durchmesser ausgeschnitten. Diese Reihenfolge ist wichtig, sonst geht's schief. Wenn wir nämlich zuerst den inneren Kreis ausschneiden, fehlt uns für den Außendurchmesser die Zentrierung.

5.8.3 Reifen

Der klassische Luftreifen, so wie wir ihn heute kennen, blickt auf eine mehr als einhundertjährige Geschichte zurück. Von all den inzwischen auf dem Markt befindlichen Reifen-Bauarten sind für unsere Veteranen nur zwei von Bedeutung: Das ist zum einen der Drahtreifen, der gegen Ende der 20er Jahre den Durchbruch im Motorradbau schaffte und der heute noch von einigen Reifenherstellern als klassischer Diagonalreifen angeboten wird. Der andere in Verbindung mit historischen Fahrzeugen wichtige Reifentyp ist der sogenannte Wulstreifen, der in den 30er Jahren zunehmend durch den Drahtreifen verdrängt wurde. Da die Struktur des Reifenprofils unbedingt zum historischen Charakter eines Oldtimer-Motorrades passen sollte, kommen eigentlich nur Diagonalreifen in Frage, die das klassische Profil aufweisen, wie es bereits vor Jahrzehnten gebräuchlich war.
So bietet beispielsweise die Traditionsmarke Metzeler mit dem Modell Block C einen Reifen an, der mit seinem Profil diesen Anforderungen bestens gerecht wird. Er legt obendrein noch so gute Fahreigenschaften an den Tag, dass er selbst beim Einsatz im historischen Motorradrennsport Verwendung findet. Der Block C ist in vielen früher üblichen Dimensionen erhältlich, sogar für die kleinen Felgendurchmesser von Motorrollern. Die enorm gestiegenen Anforderungen an Motorradreifen, ins-

Der Metzeler Block C im historischen Strassenrennsport.

besondere hervorgerufen durch die heute erreichbaren Höchstgeschwindigkeiten von weit mehr als 200 km/h, aber auch durch das extreme Beschleunigungs- und Verzögerungsvermögen moderner Hochleistungsmaschinen, haben zur Entwicklung völlig neuartiger Reifenkonstruktionen geführt. Diese bei heutigen Maschinen zum Einsatz kommenden schlauchlosen Niederquerschnittsreifen sind für Oldtimer-Motorräder aber schon deshalb ungeeignet, weil sie vollkommen andere Felgen erfordern. Eine Montage auf die Felgen unserer Oldies ist nicht zulässig.

Die alten Reifen unseres Oldtimers dürften, sofern es sich noch um die Original-Pneus aus den 50er Jahren oder davor handelt, kaum noch zu gebrauchen sein. Im Regelfall sind sie versprödet und weisen unzählige feine Risse auf, die nach dem Aufpumpen an den Seiten des Reifens deutlich zum Vorschein kommen. Hat das Fahrzeug vielleicht über Jahrzehnte mit platten Reifen auf einer Stelle gestanden, so sind die Laufflächen meist stark deformiert. Solche Reifen sind bestenfalls wieder zu verwenden, wenn das Fahrzeug nach der Restaurierung in einer Sammlung oder in einem Museum steht und nicht gefahren wird. Dann kann es sogar ausgesprochen reizvoll sein, dem Betrachter das Motorrad mit den originalen Reifen zu präsentieren. Hierzu lässt sich der Reifen, nachdem er mit Seifenlauge und einer groben Bürste gereinigt wurde, mit Reifenfarbe oder Silikonspray neu einfärben. Zur Not geht es auch mit schwarzer Schuhcreme, die mit einem Läppchen aufgetragen und anschließend nachpoliert wird. Aber wie gesagt, es sei an dieser Stelle ausdrücklich davor gewarnt, derartige Reifen noch zu fahren. Spätestens, wenn wir mit den porösen Pneus zum TÜV kommen, hat die Freude sowieso ein Ende...

Während der Demontage der alten Reifen – das kann aufgrund der Verhärtung in eine schweißtreibenden Arbeit ausarten – kommen nicht selten wahre Flickenteppiche von Luftschläuchen zum Vorschein. Dass diese erneuert werden, versteht sich von selbst. Sie sind im Regelfall überdehnt und können bei der Montage Falten bekommen, die möglicherweise im Fahrbetrieb aufreißen. Reifenhersteller empfehlen daher sogar die Montage neuer Schläuche bei jedem Reifenwechsel. Außerdem wurden „in schlechten Zeiten“ zur Reifenreparatur häufig riesige Gummistücke aufgeklebt, die alleine durch ihr Gewicht schon in der Lage sind, eine Unwucht des Rades hervorzurufen. Zur Montage der Reifen bringen wir die Räder am besten zu

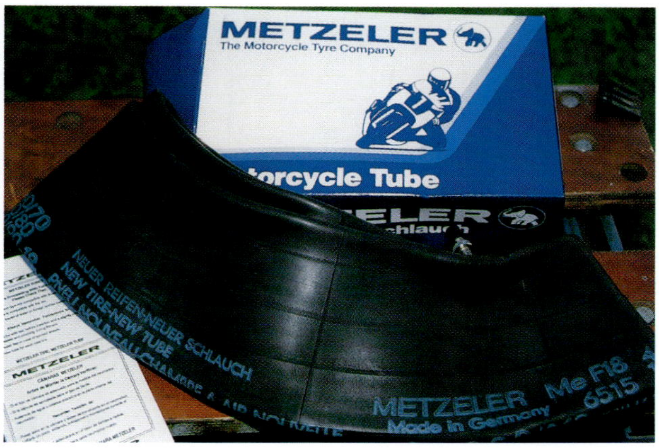

Zu jedem neuen Reifen gehört auch ein neuer Schlauch.

Nach der Reifendemontage ist oft Rost an den Felgen-Innenseiten zu beobachten. Loser Rost wird entfernt und die befallenen Flächen z. B. mit Fertan behandelt.

Vor der Montage wird der Schlauch in den Reifen gelegt und geringfügig aufgepumpt.

Die Montage eines Reifens erfordert einiges Geschick...

...und Kraft.

Vorsicht beim Umgang mit Montiereisen. Im Nu ist die gute Lackierung der Felgen ruiniert. Wenn irgend möglich, überlassen wir die Montage dem Reifenhändler.

Silikonspray lässt alte Reifen wieder wie neu aussehen. Aber bitte nur an den Seiten des Reifens, keinesfalls auf den Laufflächen verwenden.

Auch im Fahrbetrieb: Die Ringmutter wird nicht gegen die Felge sondern gegen die Ventilkappe gekontert.

Für klassische Sportmaschinen wie diese Ducati aus den frühen 70er Jahren haben sich Reifen wie der Metzeler ME 77 bestens bewährt.

einem Reifenhändler, der über entsprechenden Montagewerkzeuge, Montagepaste und dergleichen verfügt. Dort werden die Reifen montiert, ohne dass die Gefahr besteht, dass unsere neu lackierten Felgen gleich wieder verkratzt werden. Wer es dennoch selbst versuchen möchte – hier ist die Anleitung: Steht nach dem Ausbau des Rades keine Werkbank oder ein Montagetisch zur Verfügung, sollte zumindest eine Unterlage beispielsweise aus Karton oder Ähnlichem verwendet werden, um zu verhindern, dass zwischen Schlauch und Reifen Schmutz gelangt. Die Rändelmutter am Ventil lösen wir besser bevor das Ventil entfernt wird. Dies geht ohne Luft meist erheblich schwerer. Der entleerte Reifen wird nun beidseitig vom Felgenhorn ins Tiefbett gedrückt. Das geht mitunter recht schwer. Es kann erforderlich werden, dass wir mit dem Schuhabsatz den Reifenwulst von der Felgenschulter treten müssen oder gar einen Bohrmaschinenständer als Presse benötigen. Zur Demontage wird ein Montiereisen zwischen Reifen und Felge geschoben, bis das aufgebogene Ende des Werkzeuges unter den Wulst fasst. Um Schlauchverletzungen zu vermeiden, darf es nicht zu weit nach innen geschoben werden. Durch Herunterdrücken des Montiereisens heben wir nun den Reifenwulst über das Felgenhorn. Während das Eisen mit einer Hand in dieser Lage gehalten wird, fassen wir mit einem zweiten an der nächstmöglichen Stelle nach. Zwei- bis dreimal nachsetzen, und das erste Eisen kann losgelassen werden. Auf diese Weise wird der Wulst auf einer Seite komplett über die Felge gehoben, bevor der Schlauch herausgezogen werden kann. Nun stellen wir das Rad senkrecht und drücken mit dem Montiereisen die zweite Seitenwand über das Felgenhorn, während wir mit der zweiten Hand die Felge in die entgegengesetzte Richtung ziehen. Jetzt lässt sich der Reifen mühelos von der Felge nehmen.

Vor der Montage wird zunächst geprüft, ob sich Felgenband und Felge in ordentlichem Zustand befinden. Bei der Reifenmontage beginnen wir gegenüber dem Ventil. Reifen, die eine Pfeilmarkierung besitzen, sind so zu montieren, dass der Pfeil in Laufrichtung zeigt. Der Schlauch lässt sich am einfachsten montieren, wenn er bereits vor der Reifenmontage in die Decke eingelegt wird. Dabei wird nur soviel Luft aufgepumpt, dass der Schlauch zwar schön rund wird, sich aber noch leicht legen und drücken lässt. Reifen und Schlauch werden so an die Felge herangeführt, dass das Ventil durch das Loch geschoben und mit der Rändelmutter mit 2 bis 3 Gewindeumdrehungen festgehalten werden kann. Nun kann die eine Seite des Reifens auf die Felge gehoben werden. Die dem Ventil gegenüber liegende Hälfte des Schlauches wird hierzu – um ein Einklemmen zu vermeiden – aus dem Reifen heraus gezogen. Ist die erste Hälfte des Pneus montiert, stecken wir den Schlauch wieder in den Reifen zurück und montieren die zweite Hälfte. Montagepaste kann die Arbeit sehr erleichtern. Steht diese nicht zur Verfügung, behelfen wir uns mit Seifenwasser, das auf den Felgenwulst aufgetragen wird. Danach muss kontrolliert werden, ob sich das Ventil in senkrechter Lage zur Radachse befindet. Steht es schräg, befindet sich der Schlauch unter Spannung. Durch leichtes Verdrehen des Reifens auf der Felge muss diese Spannung beseitigt werden. Mit beiden Daumen drücken wir nun den Reifenwulst beiderseits in das Felgentiefbett. Der Schlauch darf, wenn er seine richtige Lage hat, hierbei nicht sichtbar werden. Gegebenenfalls muss seine Lage vor dem Aufpumpen korrigiert werden, da er sonst mit Sicherheit eingeklemmt und beschädigt wird. Ob der Reifen selbst richtig in der Felge sitzt, lässt sich einfach anhand der beidseitig angebrachten Kontrollringe überprüfen, die einen gleichmäßigen Abstand zum Felgenrand haben sollen.

Die Rändelmutter des Ventils sollte nie ganz festgezogen werden. Nur bei einer gelösten Mutter lässt sich feststellen, ob sich der Reifen im Fahrbe-

Wulstreifen für ganz alte Motorräder sind heute wieder als Nachfertigungen in diversen Grössen...

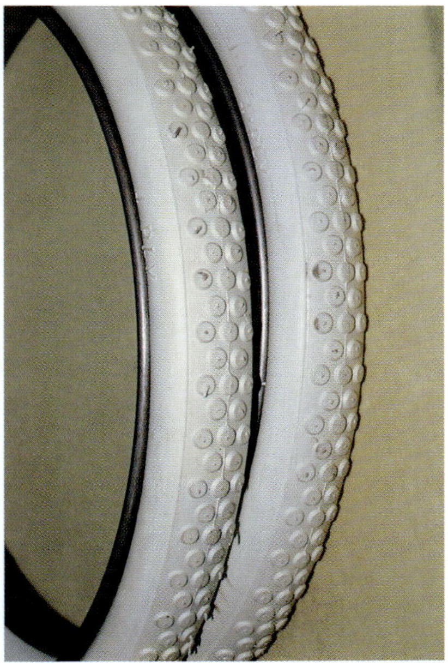

...Farben und Profilen erhältlich.

trieb auf der Felge verdreht hat. Dies wird gewöhnlich durch ein schrägstehendes Ventil angezeigt, das beim „Wandern" des Reifens auf der Felge sogar abreißen kann. Zur Korrektur ist erneut die Luft abzulassen, der Reifen auf der Felge zurück zu drehen, bis schließlich das Ventil wieder senkrecht steht. Bei Maschinen, deren Höchstgeschwindigkeit 120 km/h und mehr beträgt, müssen die Räder vor dem Einbau noch ausgewuchtet werden. Das Auswuchten ist aber generell zu empfehlen, da sich bereits bei weniger als 90 km/h eine Unwucht im Vorderrad durch unangenehmes Lenkerflattern bemerkbar machen kann.

Während die Beschaffung neuer Diagonalreifen im Allgemeinen wenig Probleme bereitet – außer Metzeler bieten auch noch eine ganze Reihe anderer Hersteller Pneus mit klassischen Profilen an –, war es lange Zeit sehr schwierig, passende Reifen für die Methusalems unter den alten Motorrädern zu bekommen. Hin und wieder begegnen uns daher ältere Restaurierungsobjekte, bei denen die Besitzer, um ihre Fahrzeuge überhaupt fahren zu können, von Wulst- auf Drahtreifen umrüsten mussten. Wulstreifen, in England Beaded Edge Tyres, in den USA Clincher Tires genannt, waren in den Jahren vor dem ersten Weltkrieg als Hochdruckreifen ausgebildet, deren sicherer Sitz in den Felgen einen Luftdruck von bis zu 3,5 bar erforderten. Erst als Mitte der 20er Jahre die neuen Cord-Karkassen eingeführt wurden, konnte der Reifendruck auf die Hälfte reduziert werden, was selbstverständlich eine enorme Verbesserung des Fahrkomforts, aber auch der Fahrsicherheit mit sich brachte. Leider gab es damals noch keine einheitliche Felgennormung für diese sogenannten Cord-Ballonreifen. Im Zuge der seit Jahren kontinuierlich steigenden Zahl der Oldtimer-Enthusiasten stellt die Beschaffung von Wulstreifen heute kein unlösbares Problem mehr dar. Seit sich durch die gestiegene Nachfrage Geld damit verdienen lässt, sind auch wieder Wulstreifen erhältlich. Man muss nur bereit sein, etwa DM 300,– pro Stück über den Ladentisch zu schieben. Die Reifen kommen vorwiegend vom US-Hersteller Coker, sind aber auch in Deutschland erhältlich. Die Firma Münchner Oldtimer Reifen, Tel. 08024/6794 hat die Vertriebsrechte von Coker-Reifen übernommen und die gängigsten Reifen- und Felgentypen auf Lager. Bei den Reifen unserer Indian handelt es sich übrigens auch um Coker-Produkte. Sie besitzen sogar das Diamond-Profil der originalen Goodyear-Reifen der 20er Jahre.

Um sicher zu gehen, dass man auch wirklich die passenden Wulstreifen erhält, müssen die Felgen ausgemessen werden. Es sind genau genommen nur zwei Maße, die für die Reifenauswahl entscheidend sind: Die innere Felgenmaulweite und der Felgenumfang, der sich auf einfachste Weise mit einer, ums Felgenbett gelegten Schnur ermitteln lässt. Sind uns diese Maße bekannt, haben wir gute Chancen, unter den etwa 70 verschiedenen Nachfertigungen etwas Passendes zu finden.

5.9 Bremsen

Bei den Bremsen unserer Motorrad-Oldtimer haben wir es fast ausnahmslos mit Trommelbremsen zu tun. Zwar gab es bereits in den 20er Jahren beispielsweise an den englischen Douglas-Rennmodellen mechanische Scheibenbremsanlagen, es handelte sich dabei aber wirklich um absolute Ausnahmeerscheinungen. Dagegen waren Keilklotzbremsen in dieser Zeit schon weiter verbreitet. Hierbei befand sich seitlich am Rad eine Art Keilriemenscheibe, in die beim Bremsen ein meist aus Hartholz gefertigter Keil gedrückt beziehungsweise gezogen wurde. Nicht selten wirkten Antriebsriemen und Bremskeil auf die selbe Scheibe. Besaßen be-

Die Bremstrommel der Indian mit ihrem völlig verölten Belag.

reits die Motorräder unmittelbar nach der Jahrhundertwende sogenannte Bandbremsen an Vorder- und Hinterrad, so ist auffallend, dass sich wenige Jahre später ein Trend zum ungebremsten Vorderrad abzeichnete. Die Ursache hierfür waren immer wieder Stürze der Fahrer infolge überbremster Vorderräder auf den noch unbefestigten Straßen jener Zeit. Selbst die Indians besaßen Mitte der 20er Jahre noch keine Vorderradbremsen. Zwar verwendete man schon aus Sicherheitsgründen zwei unabhängig voneinander arbeitende Bremssysteme, aber die wirkten beide ausschließlich auf das Hinterrad. Wie das funktioniert? Eigentlich ganz einfach: Die Fußbremse arbeitet über ein Gestänge als konventionelle Trommelbremse, während die Handbremse mittels Seilzug eine Außenbandbremse betätigt, die auf dieselbe Bremstrommel wirkt.

Die auf der rechten Fahrzeugseite angeordnete Bremsankerplatte bildet mit dem Achsrohr der Indian eine Einheit. Statt der allgemein üblichen zwei Bremsbacken verwendeten die amerikanischen Konstrukteure in den 20er Jahren nur einen, der dafür aber fast den kompletten Trommelumfang ausfüllt.

Die Demontage der Indian-Bremstrommel, auf die sowohl Fuß- wie auch Handbremse wirken.

Nachdem der Splint am Befestigungsbolzen gezogen und die Beilagscheibe abgenommen ist, lässt sich der Backen mitsamt dem ölgetränkten Uralt-Bremsbelag mühelos abnehmen. Um den aufgenieteten Belag zu wechseln, werden alle Nieten angekörnt und ausgebohrt. Neue Bremsbeläge sind im Kfz-Zubehörhandel, beim Bremsendienst oder direkt beim Hersteller erhältlich. Er wird meist als Meterware in unterschiedlichen Breiten und Dicken angeboten. Natürlich sind derartige Rohlinge noch ungebohrt und müssen an die jeweiligen Bremsbacken angepasst werden. Der Fachhandel hält auch die zur Befestigung erforderlichen Hohlnieten aus Kupfer in unterschiedlichen Durchmessern und Längen bereit. Der Nieten-Durchmesser richtet sich nach dem Durchmesser der Bohrungen im Bremsbacken. Sie müssen identisch sein. Die Länge der Nieten richtet sich im Wesentlichen nach der Dicke des Belages und der Dicke des Bremsbackens. Zudem müssen noch etwa 3 Millimeter für das Vernieten hinzu gerechnet werden.

Nachdem der Bremsbacken von Fett, Öl und Bremsstaub gereinigt ist, kann das Aufnieten des neuen Belages beginnen. Der wird auf den Bremsbacken gelegt und die Bohrungen von der Rückseite her markiert. Mit Gripzangen werden dabei beide Teile zusammengespannt, damit später die Bohrungen des Backens mit denen im Belag einwandfrei fluchten. Danach wird der Belag wieder abgenommen und die Nietlöcher gebohrt. Ihr Durchmesser sollte um 0,2 Millimeter größer sein als der Nietendurchmesser. Vorsicht beim Bohren. Bei zu starkem Vorschub zieht sich der Bohrer in das weiche Material und kann die Bohrungen ausreißen. Gefühl ist also angesagt. Dem Durchmesser der Nietenköpfe entsprechend müssen dann die Bohrungen von der Bremsflächenseite her angesenkt werden. Hierfür ist ein Zapfensenker das richtige Werkzeug. Die Senkung sollte einerseits so tief wie möglich sein, um den Belag so lange wie möglich fahren zu können, bevor die Nietenköpfe in der Bremstrommel zu schleifen beginnen. Andererseits darf nicht zu tief gesenkt werden, damit das Ausbrechen eines zu dünnen Bodens sicher vermieden wird. Die verbleibende Dicke zwischen den Nieten und dem Bremsbacken sollte ca. 1,0 bis 1,5 Millimeter betragen.

Beim Aufnieten beginnen wir in der Mitte des Belages und arbeiten uns abwechselnd einmal links, einmal rechts zu den beiden Enden des Bremsbelages vor. Dabei ist es ganz besonders wichtig, dass der Belag auch zwischen den genieteten Stellen vollständig auf dem Backen aufliegt. Jeder Abstand, der größer ist als 0,01 Millimeter, wirkt sich negativ auf das Bremsverhalten aus. Bilden sich hier Hohlräume, so kann der Belag später beim Bremsen federn und somit einer ordentlichen

Neue Bremsbeläge gibt es als Meterware im Autozubehörhandel...

...genauso wie die zum Aufnieten erforderlichen Kupfernieten.

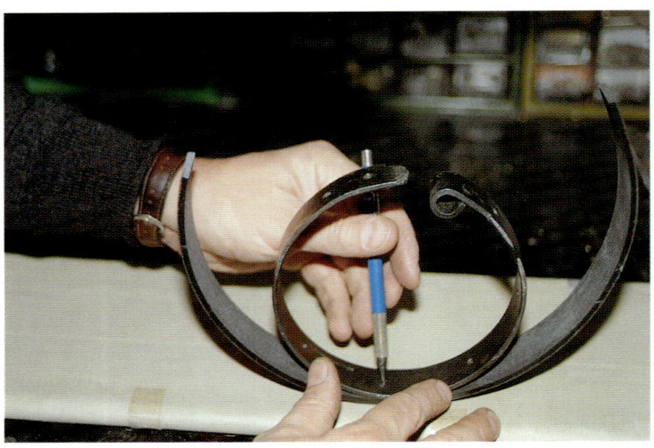

Von der Rückseite werden die Bohrungen auf dem Bremsbelag angezeichnet.

Die Gripzange fixiert während des Nietens den Belag auf dem Bremsbacken.

Bremsleistung abträglich sein. Mit Gripzangen lässt sich diese Hohlraumbildung recht gut verhindern, da sich mit ihrer Hilfe der Bremsbelag gut auf die Backen spannen lässt. Zum sauberen, zuverlässigen Nieten spannen wir ein Stück Rundeisen mit planer Stirnfläche senkrecht in einen Schraubstock. Mit einem Außendurchmesser, der nur unwesentlich kleiner als der des Nietenkopfes sein sollte, bietet dieses Rundeisen eine optimale Auflage. Mit der Hammerfinne, so nennt der Fachmann die schmale Seite eines Hammers, wird nun sauber vernietet, bis der Belag komplett befestigt ist. Dann wird der Belag noch auf die richtige Länge abgesägt und, falls erforderlich, an die Breite des Backens angepasst. Um beim Bremsen ein möglichst sanftes Anlaufen der Beläge in der Trommel zu erreichen, werden sie abschließend an ihren Stirnseiten großzügig abgeschrägt.

Sollte eine Bremstrommel durch zu stark abgefahrene Beläge Riefen von schleifenden Nieten aufweisen, so sind diese auf einer Drehmaschine auszudrehen, damit später der Belag wieder ganzflächig tragen kann. Das Ausdrehen einer Blechbremstrommel erfolgt am besten im eingespeichten Zustand. Hierfür eignen sich besonders Drehmaschinen, deren vorderes Bett sich zur Aufnahme von Teilen großen Durchmessers ausbauen lässt. Da die Blechdicke dieser Trommeln häufig kaum mehr als 2 Millimeter beträgt, bleibt zum Ausdrehen nicht viel übrig. Man kann, um die Stabilität einer derartigen Bremstrommel zu erhalten, vor den Dreharbeiten einen Stahlring auf die Bremstrommel aufschrumpfen lassen. Am besten bauen wir die Räder mit neu belegten Bremsen nach etwa 100 Kilometer Fahrstrecke noch einmal aus. Deutlich lassen sich hier die tragenden Stellen auf den Belägen erkennen. Wenn wir diese Stellen vorsichtig abfeilen, wird die wirksame Bremsfläche und damit die Bremsleistung am schnellsten optimiert. Dabei wird

auch noch einmal sorgfältig kontrolliert, dass kein Fett aus dem Radlager austritt, das uns im Nu die neuen Bremsbeläge wieder ruinieren würde.
Etwas komplizierter gestalteten sich die Arbeiten an der Indian-Handbremse, die in der deutschen Bedienungsanleitung vom Hersteller als Notbremse bezeichnet wird, und die komplett fehlte. Vom Handbremshebel über die Umlenkmechanik bis hin zum Bremsband; nichts mehr von alledem war beim Kauf vorhanden. Es sollte fast ein ganzes Jahr dauern, bis ich einem ähnlichen Indian-Modell begegnete, von dem ich alle für einen Nachbau der fehlenden Teile benötigten Maße abnehmen konnte. Für den Nachbau eines Bremsbandes verwendet man am besten einen Blechstreifen von etwa 20 Millimetern Breite und 1 Millimeter Dicke. Die Schlaufen, mit denen das Bremsband auf beiden Seiten eingehängt wird, lassen sich am einfachsten um ein Stück Rundmaterial oder eine Schraube biegen. Die umgebogenen Enden werden angepunktet oder vernietet. Wir besorgen uns Bremsbelag und nieten ihn in der gleichen Weise auf das Bremsband wie wir den Belag der Fußbremse aufgenietet haben. Danach wird der Umlenkhebel aus Flachstahl nachgebaut, wobei zur Herstellung der Lagerbuchse einmal mehr eine Drehmaschine her halten muss. Sollte der Nachbau eines Bremsgestänges erforderlich werden, so ist darauf zu achten, dass dieses möglichst aus einer geraden Zugstange ohne irgendwelchen Verkröpfungen besteht. Ein abgekröpftes Gestänge, vor allem wenn es nicht stabil ausgeführt ist, kann die Ursache dafür sein, dass ein

Die neuen Beläge tragen anfangs nur auf einer kleinen Fläche (dunkle Stellen). Entsprechend mässig ist ihre Bremswirkung.

Das Ausbauen der Beläge nach einigen Kilometern und nachfolgendes Abfeilen der tragenden Stellen verkürzt den Einlaufvorgang erheblich. Die volle Bremswirkung ist schon nach relativ kurzer Fahrstrecke erreicht.

Fettrückstände, beispielsweise vom Radlager lassen sich mit Bremsenreinigern restlos aus der Bremstrommel entfernen.

Die komplett neu angefertigte Aussenbandbremse der Indian.

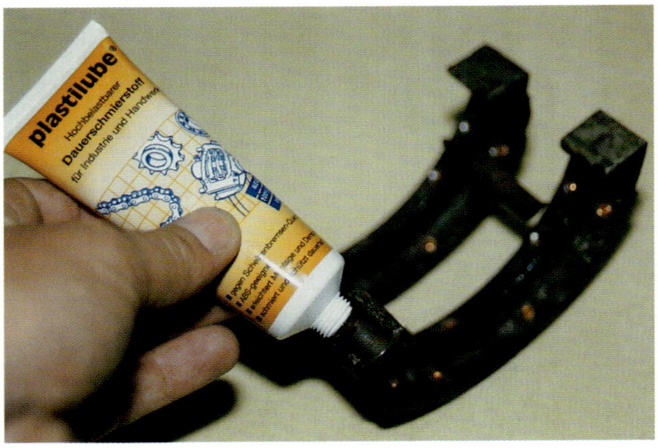

An den Bremsbolzen darf nur ein hochtemperaturbeständiges Fett in kleinsten Mengen eingesetzt werden. Sonst hat Fett nichts an der Bremsanlage zu suchen.

Teil der über den Fußbremshebel eingeleiteten Bremskraft nicht am Bremshebel des Hinterrades ankommt. Sie wird häufig als Verformungsenergie aufgebraucht, da sie versucht, die nicht stabile Verkröpfung gerade zu ziehen. Am effektivsten, das heißt mit dem wenigsten Kraftverlust arbeiten Bremsgestänge, deren Verbindung zwischen dem Fuß- und dem Hinterradbremshebel eine Gerade bildet.

Bei den Fußbremshebeln sind infolge mangelhafter Pflege meist deren Lagerungen stark ausgeschlagen und müssen überholt werden. Nicht selten haben Motorradhersteller bei dieser Lagerkonstruktion gespart und einfach den Bremshebel aus Stahl auf einer Welle aus dem gleichen Material gelagert. In solch einem Fall lässt sich die Welle vielfach leicht überdrehen, die Lagerbuchse aufreiben und das ursprüngliche Lagerspiel durch die Verwendung einer Bronzebuchse wieder herstellen. Die Handbremshebel, bei Maschinen vor 1930 meist als Innenzughebel aus Messing gefertigt, lassen sich bei zu starken Abnutzungserscheinungen durch Auftragen von Hartlot mit anschließender Weiterbearbeitung relativ einfach wieder instandsetzen. Neuere Handbremshebel sind meist aus Aluminium hergestellt. Zur Not lässt sich hier Material aufschweißen und ebenfalls entsprechend nacharbeiten. Bevor wir die alten Hebel wieder verwenden, werden sie sorgfältig auf Beschädigungen wie Risse, Brüche etc. untersucht, die von vorangegangenen Stürzen herrühren können. Derartige Teile sind Schrott und gehören mit Rücksicht auf die Verkehrssicherheit der Maschine ausgetauscht. Beide Hebelvarianten werden heute auch wieder als Nachfertigungen auf Oldtimermärkten angeboten. Hier konnte auch der fehlende Handbremshebel für unsere Indian beschafft werden.

Bei der Montage werden die Lager aller beweglichen Teile mit einem hauchdünnen Fettfilm versehen. Hierbei verwenden wir ein herkömmliches Lagerfett, das überall im Handel erhältlich ist. Nur so ist ein leichtes Betätigen der Bremsen gewährleistet. Zur Schmierung der Lagerung des Bremsnockens zwischen den Backen sowie der Lagerung der Nockenachse in der Bremsankerplatte muss im Gegensatz dazu ein Fett verwendet werden, das auch bei Temperaturen von 150 Grad Celsius noch nicht flüssig wird, da durch die Reibungswärme der Bremse flüssiges Fett in die Bremstrommel gelangt und unsere neuen Bremsbacken im Nu ruiniert.

5.10 Kette, Ritzel und Kettenräder

Manche Dinge sind für die Ewigkeit gedacht. Und sie könnten auch fast so lange halten – würde denn ihr Umfeld stimmen. Beispiel dafür sind die Maschinenelemente Ketten und Kettenräder. Ausreichend dimensioniert, vor Schmutz und Wasser geschützt und mit reichlich Schmiermittel sowie einer ordentlichen Spannvorrichtung versehen, haben diese Elemente ein sehr langes Leben. Im Motorrad und dort als Hinterradantrieb kann davon keine Rede sein. Und daher muss auch der Optimismus nicht überschwappen, wenn Kette und Kettenräder am Scheunenfund noch gut in Schuss sind. Denn das ist auch nur eine Frage der Zeit. Irgendwann geht's unweigerlich ans Ersetzen, soll das Zweirad nicht nur die heimische Stätte schmücken. Wäre der Schaden dann nur auf die Kette beschränkt, würde es sich um ein Problemchen handeln. Ketten sind seit Jahrzehnten genormt und im Kettenhandel als Meterware zu beziehen. Bei Kettenrädern ist das nicht ganz so einfach. Ob es überhaupt erforderlich ist, eine Kette zu erneuern, lässt sich auf relativ einfache Weise prüfen. Wir versuchen, die Kette am Zahnkranz des Hinterrades anzuheben. Gelingt das um nur 2 bis 3 Millimeter, ist die Kette noch verwendbar. Lässt sie sich aber wesentlich weiter abheben, ist das ein deutliches Zeichen dafür, dass sich die Rollen bereits so stark abgenutzt haben, dass die Kette gewechselt werden sollte. Es versteht sich eigentlich von selbst, dass diese Art der Überprüfung für eine in sich festgerostete Kette unbrauchbar ist und dass derartige Antriebselemente sowieso Schrott sind.

Eine andere Möglichkeit der Verschleißprüfung ist der Grad der Durchbiegung einer Kette. Hierfür ist allerdings deren Ausbau erforderlich. Mit einem Schraubendreher oder einer geeigneten Zange wird zunächst die Feder des Kettenschlosses und dann die Lasche sowie das Schloss selbst entfernt. Dies funktioniert am besten, wenn sich das Schloss im Bereich des hinteren Kettenrades befindet. Durch Drehen des Hinterrades lässt sich dann die geöffnete Kette einfach abnehmen. Als nächstes wird die Kette in einem Petroleum- oder Waschbenzinbad gründlich gereinigt. Dabei sollte sie ständig bewegt werden, weil nur so die feinen Sandkörnchen und alte Fettrückstände aus den einzelnen Gliedern herausgelöst werden können. Nach einer gewissen Einweichzeit lässt sich auch der äußerlich anhaftende Schmutz mit einem harten Pinsel gut entfernen. Schließlich hängen wir die Kette zum Trocknen auf, um sie dann bezüglich ihrer seitlichen Durchbiegung zu prüfen. Dabei ist es konstruktionsbedingt normal, dass sich auch neue Rollenketten bis zu einem gewissen Grad durchbiegen lassen. Jede einzelne Rolle benötigt natürlich ein minimales Spiel, um sich drehen zu können. Dieses Spiel in insgesamt oft mehr als 100 Gliedern resultiert schließlich in dieser Durchbiegung. Da das Spiel bei verschlissenen Ketten ungleich größer ist, lassen sich diese häufig bis zu einem Halbkreis durchbiegen. Spätestens dann muss Ersatz her. Wir müssen die alte, unbrauchbare Kette aber nicht gleich zum Schrottcontainer bringen. Immerhin kann sie uns noch bei der regelmäßigen Kettenpflege gute Dienste leisten...

Ketten und Kettenräder sind um so langlebiger, je besser sie gepflegt werden. Pflegen heißt hier regelmäßiges Schmieren, am besten mit Kettenfett aus der Sprühdose sowie gelegentliches Reinigen in der bereits beschriebenen Weise. Hierbei sollte die Kette, wenn sie ohnehin schon abgenommen ist, in einem speziellen, im Handel erhältlichen Kettenfett ausgekocht werden. Bei dieser Methode kann das heiße Fett an jede Stelle der Kette kriechen und sich dort absetzen. Die Kette wird danach mit einem Stück Draht zum Abtropfen über dem Fettbehälter aufgehängt, nach dem Abkühlen mit einem sauberen Lappen abgewischt und wieder montiert. Bei dieser Montage kann nun eine alte ausgediente Kette sehr nützlich sein, denn nicht immer ist es ganz so einfach, eine Kette im Motor- oder Getriebebereich auf das Ritzel aufzulegen, da dieses oft nur schwer zugänglich sind.

Schlaue Leute verbinden daher vor dem Ausbauen der Kette diese mit einer alten, und ziehen erst dann die Kette zum Reinigen ab. Damit ist sichergestellt, dass auf dem unzugänglichen Ritzel nun

Optimalen Schutz vor Regen und Schmutz bietet der Eigenbau-Kettenkasten an dieser Yamaha RD 250...

...im Gegensatz dazu der vollkommen offene Kettenantrieb dieser Rennmaschine.

Derart verrostete Ketten lassen sich nicht mehr instand setzen.

Kettenschloss mit Lasche und Verschlussfeder. Rechts daneben, ein kurzes, so genanntes halbes Kettenglied.

Die bequemste Art der Kettenpflege stellt zweifellos die Verwendung spezieller Kettensprays dar.

die alte Kette liegt, bis die gereinigte Kette auf die gleiche Weise wieder montiert wird. Da die Antriebsketten bei Motorrädern im Regelfall keine automatische Spannvorrichtung besitzen, benötigen sie einen gewissen Durchhang. Der sollte etwa 15 bis 20 Millimeter betragen. Ist die Kettenspannung zu gross, werden die Lager zu sehr belastet, ist sie zu gering, neigt die Kette zum Peitschen und kann anschlagen.

Viel schwieriger als das Ersetzen einer unbrauchbar gewordenen Rollenkette wird es aber mit den Kettenrädern. Denn es ist natürlich absolut sinnlos, auf die alten und verschlissenen Räder eine neue Kette aufzulegen. Selbst bei bester Pflege wäre ihre Lebensdauer nur äußerst kurz. Durch die veränderte Zahnteilung der abgenützten Kettenräder ist extremer Verschleiß schon ab der ersten Umdrehung vorprogrammiert. Kein Weg führt also an neuen Kettenrädern vorbei. Bei einem Youngtimer meist noch kein Problem. Schon garnicht bei alten BMW, denn die treiben ihre Hinterräder seit Jahr und Tag ohnehin mit aufwendigen Kardanwellen an. Selbst für alte NSUs und DKWs halten rührige Händler oder Markenclubs nachgefertigte Neuteile bereit. Und der Besitzer eines Exoten? Oder der eines ganz alten Oldies? Ja, der ist natürlich selber schuld. Warum muss er auch ausgerechnet ein solches Motorrad fahren? Für ihn ist der Weg zu neuen Kettenrädern zwar etwas mühsamer, aber es gibt ihn immerhin. Im Fachhandel sind nämlich sogenannte Kettenradscheiben oder Kettenradrohlinge erhältlich. Und zwar für alle gängigen Kettengrößen, mit fast allen Zähnezahlen und zu moderaten Preisen. Je nach Abmessung etwa 15 bis 50 Mark pro Stück. Die Bezeichnung „Rohling" hat dabei einen einfachen Grund: Die Räder haben in ihrer Mitte lediglich eine Zentrierbohrung für das Aufnehmen in die Werkzeugmaschine. Es gilt also, das Anpassen an die Kurbelwelle, Getriebewelle oder an das Hinterrad selbst zu bewerkstelligen.

Durchaus eine Sache mit Haken und Ösen, hat doch fast jeder Motorradhersteller seine eigenen Adapter konstruiert. So gibt es zum Beispiel Kettenräder, deren Inneres mehr oder weniger stark ausgedreht ist und die dann über die Bremstrommel am Hinterrad geschoben, und mit einem entsprechenden Flansch verschraubt werden. So haben beispielsweise die Konstrukteure bei Indian in den zwanziger Jahren die Adaptierung vorgesehen. Eine andere Art der Befestigung, häufig an Getrieben zu finden: Feinverzahnung oder mehrere in axialer Richtung angeordnete Nuten. Kettenritzel auf der Kurbelwelle haben vielfach einen Konus; es sind aber auch gelegentlich Flanschverbindungen zu finden. An alten Sportmaschinen wurden häufig Ritzel verwendet, die mit einem zentralen Feingewinde und einem zusätzlichen Gewindering auf einer Schnellwechsel-Einrichtung montiert sind. Diese wiederum besitzt dann einen Konus.

Am Beispiel zweier Kettenräder für unsere Indian Scout hier der Weg durch den Technikdschungel: Zunächst müssen Datenblätter und Kataloge der Anbieter studiert werden. Über die „Gelben Seiten" findet sich in jeder Großstadt ein entsprechender Laden. Entscheidend sind folgende Daten: Teilung, Zahnbreite und selbstverständlich die Zähnezahl. Nachdem wir unsere Wahl getroffen haben, machen wir uns auf den Weg zum nächsten Kettenhandel. Gängige Größen sind meist Lagerware, das heißt sofort verfügbar. Bei den Kettenradscheiben für die Indian war das zumindest so. Entsprechend dem Original fertigen wir zuerst das Kettenrad an, das an der Bremstrommel angeflanscht werden soll. Nicht jeder Hobby-Restaurator besitzt nun eine eigene Drehmaschine. Und schon gar keine, die es gestattet, ein Drehteil mit einem Außendurchmesser von mehr als 200 Millimetern aufzunehmen. In diesem Falle kommen wir um die Inanspruchnahme fremder Hilfe nicht herum. Wenn sich im Freundes- oder Bekanntenkreis keine Möglichkeit bietet, bleibt in der Regel nur noch der Gang zum Spezialisten – sprich: zu einer Dreherei. Da der Mann an der Drehmaschine im Allgemeinen lieber nach einer Zeichnung arbeitet als nach einem rostigen, angegammelten Muster, von dem er sich jedes Maß selbst abgreifen muss, fertigen wir eine entsprechende Skizze an.

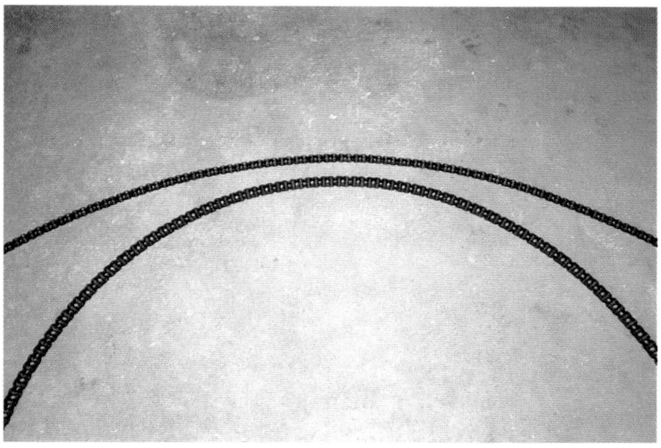

Die Durchbiegung einer Kette ist ein Indikator für ihren Verschleiss: Die obere Kette ist neuwertig, die untere schon stark verschlissen. Sie sollte ersetzt werden.

Kettenradscheiben oder -rohlinge sind in vielen Abmessungen erhältlich.

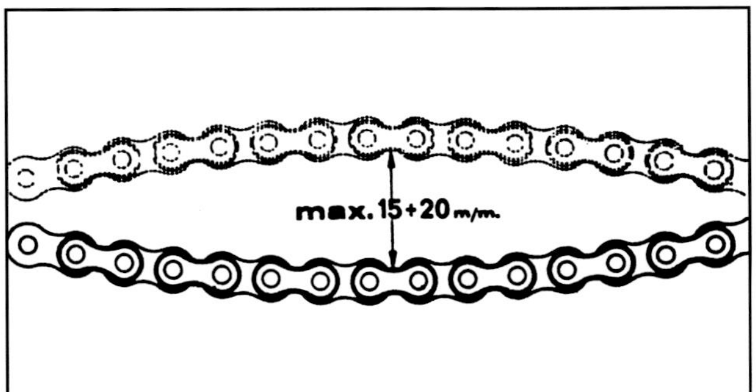

Der Kettendurchhang sollte nicht mehr als 20 Millimeter betragen.

Das muss nun keine maßstabsgetreue Zeichnung mit unnötigen Maßangaben zur Verzahnung usw. sein, sondern eine ganz einfache Skizze, die nur die Maße enthält, die zur Herstellung unseres Werkstücks erforderlich sind. Sofern die beauftragte Firma auch die Befestigungsbohrungen anfertigen

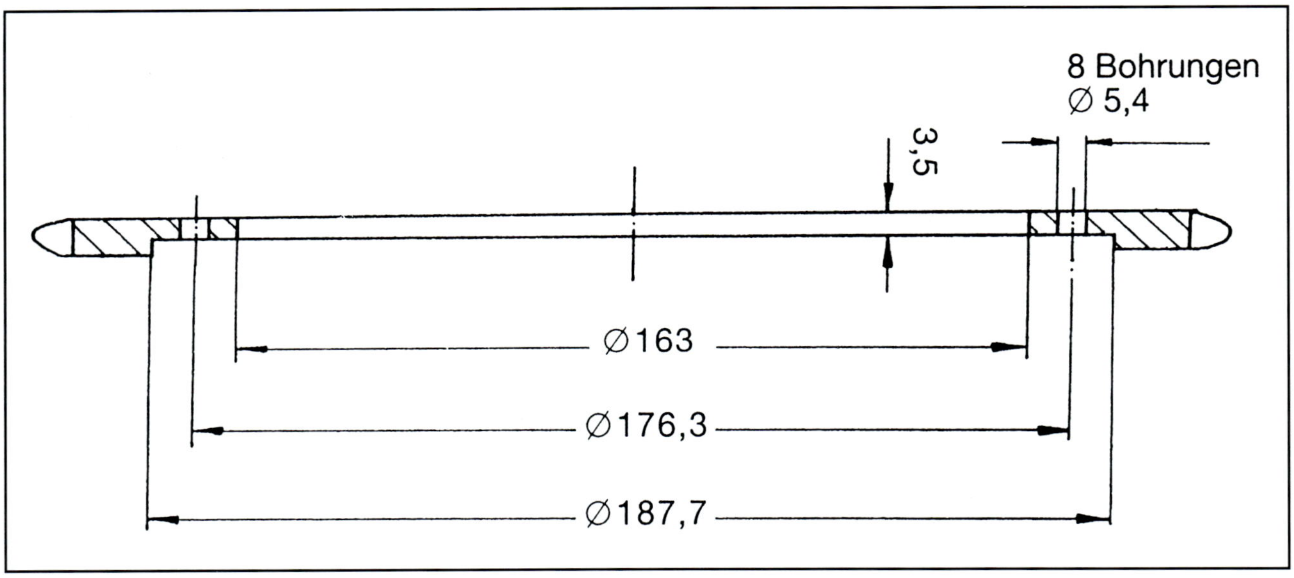

So sollte die Zeichnung für den Mann an der Drehmaschine aussehen.

Aus einem solchen Rohling entstand das neue Kettenrad unserer Indian.

Das Ritzel wird runderneuert.

soll, müssen die hierfür erforderlichen Maße natürlich ebenfalls vorhanden sein. Mit etwas Glück können wir das bearbeitete Kettenrad schon am nächsten Tag wieder abholen. Das hängt eben stark von der Auslastung der Maschinen ab. Da die Bohrungen für die Befestigung des Kettenrades nicht auf der Dreh-, sondern vielmehr auf einer Fräsmaschine hergestellt werden, kann es auch schon mal etwas länger dauern. Mit etwas Geschick lassen sich die Löcher aber auch in der eigenen Werkstatt bohren. Am besten im „Zusammenbau", wie die Profis zu sagen pflegen. Hierzu wird das Kettenrad mit mehreren Grip-Zangen auf den Flansch der Bremstrommel gespannt und sorgfältig ausgerichtet. Danach verwenden wir die vorhandenen Flanschbohrungen als Schablone und bohren von der Flanschseite her die Löcher durch das Kettenrad. Nach dem abschließenden Entgraten ist es nun bereit zum Verzinken, Vernickeln, Verchromen oder Lackieren.

Unser zweites Beispiel, das Abtriebsritzel des Getriebes, ist durch seine spezielle Aufnahme nicht so einfach nachzufertigen. Axiale Nuten, über die der Kraftfluss von der Getriebewelle zum Ritzel erfolgt, lassen sich nicht auf der Drehmaschine herstellen. Sie werden normalerweise gestoßen. Bestenfalls ließe sich die Grundbohrung dafür ausdrehen. Aber die nutzt uns wenig, wenn wir niemanden haben, der uns anschließend die Nuten stößt. Mit entsprechenden Maschinen lassen sich derartige Nuten, Feinverzahnungen und ähnliche Profile auch erodieren. Aber diese Verfahren sind aufwendig und

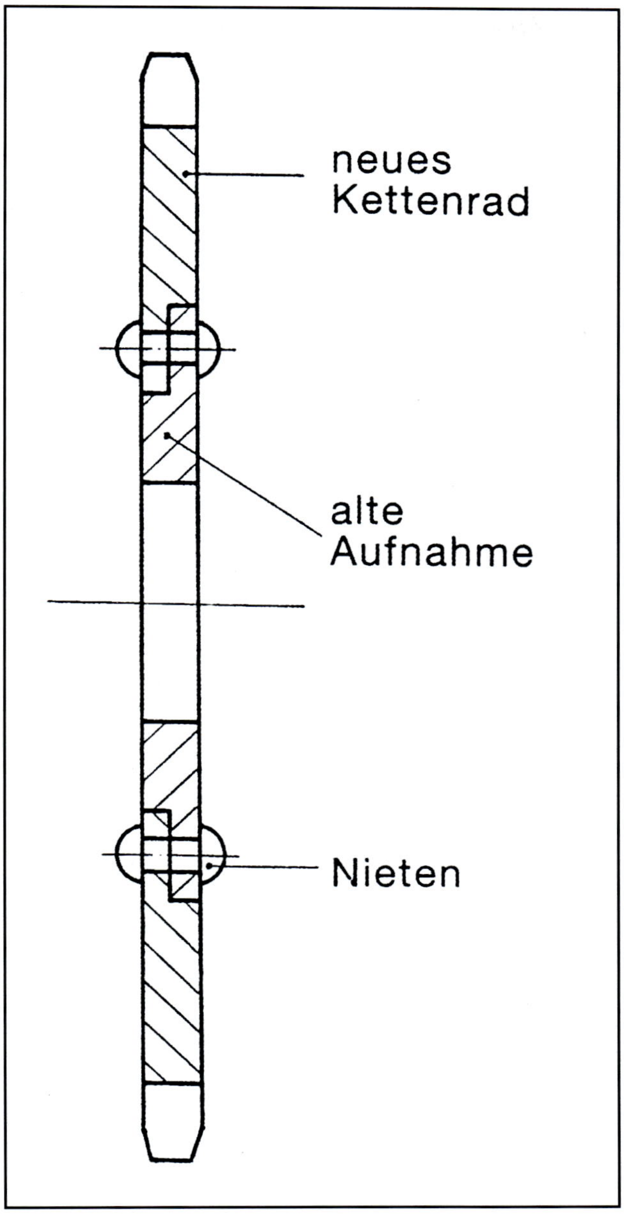

Statt geschweißt zu werden kann man das Zahnsegment auch mit der Aufnahme vernieten.

teuer und scheiden daher für unseren Anwendungsfall aus. Nun gibt es aber dennoch eine preiswerte Alternative, wie wir zu unserem Ritzel kommen: Wir verwenden einfach die alte Aufnahme, sofern diese noch in Ordnung ist. Hierzu spannen wir das alte, verschlissene in das Futter einer Drehmaschine und richten es so aus, dass es schlagfrei rund läuft. Dann werden vorsichtig die verschlissenen Zähne abgedreht. Zurück bleibt die Aufnahme, die wiederverwendet werden soll. Nun spannen wir den Kettenrad-Rohling ins Futter. Und zwar nehmen wir ihn außen an den Zähnen auf. Nachdem auch hier sichergestellt ist, dass das Werkstück exakt rund läuft, erhält es eine Bohrung, deren Durchmesser exakt mit dem Durchmesser unserer zuvor abgedrehten Aufnahme übereinstimmt. Am besten funktioniert die ganze Sache, wenn wir einen leichten Presssitz herstellen, das heißt, wenn die Aufnahme im Durchmesser 0,02 bis 0,03 Millimeter größer ist als die Bohrung des neuen Ritzels. Beide Teile lassen sich nun mit Hilfe eines Rohrstücks und einer Presse zusammenfügen. Zur Not tut es auch der Schraubstock.

Zum exakten Ausrichten wird jetzt das komplette Werkstück erneut in die Drehmaschine gespannt und auf Rundlauf und Seitenschlag geprüft. Eventuell erforderliche Korrekturen lassen sich jetzt noch mühelos mit einem Kunststoffhammer vornehmen. Nachdem beide Teile an mehreren Stellen zusammen geheftet sind, prüfen wir ein letztes mal den Rundlauf, bevor sie endlich miteinander verschweißt werden. Wen die Schweißnaht stört, weil nicht original, der kann das neue Ritzel von beiden Seiten plan drehen. Aber aufgepasst. Für diesen Fall müssen vor dem Schweißen entsprechende Fasen angedreht werden, in die sich die Schweißnähte einbetten lassen. Anderenfalls laufen wir Gefahr, dass wir die Schweißnähte beim Überdrehen zu sehr schwächen. Sie könnten im späteren Fahrbetrieb abscheren. Wer ganz auf die Schweißnähte verzichten will, kann auch Aufnahme und Kettenrad, wie in der Skizze gezeigt, stufenförmig andrehen und nach dem Anbringen entsprechender Bohrungen die Teile miteinander vernieten. Das hat den Vorteil, dass man bei einer wiederholten Erneuerung lediglich die Nieten ausbohren muss, um beide Teile wieder zu trennen. Voraussetzung für das Nietverfahren ist allerdings, dass der Durchmesser des Ritzels groß genug ist, die Nieten aufzunehmen.

6. Was es sonst noch instand zu setzen gibt

6.1 Gummi- und Lederteile

Ebenso wie die einst blanken und lackierten Metallteile, so befinden auch die Gummiteile einer alten Maschine meist in einem bedauernswerten Zustand. Das betrifft nicht nur die Reifen, sondern auch die Gummis für Fußrasten, Kickstarter, Lenkergriffe etc. etc. Eingerissene Satteldecken und Tankkniekissen sind bei Scheunenfunden ebenso an der Tagesordnung wie abgenutzte, über viele Jahrzehnte scheinbar versteinerte Fußrastengummis. Auf das Thema Reifen, mit die wichtigsten und kompliziertesten Gummiteile am Fahrzeug, wird hier nicht weiter eingegangen, da ihnen ein eigenes Kapitel gewidmet ist. Glücklicherweise sind heute die Gummiteile für viele Modelle wieder als Nachfertigung erhältlich. Insbesondere für die großen Marken wie beispielsweise BMW, DKW oder NSU ist vieles wieder lieferbar. Angefangen von der kleinen Kabeldurchführung der Lichtmaschine über den Dichtungsring für das Stößelschutzrohr bis hin zu den Faltenbälgen der Teleskopgabel und der Hardyscheibe des Kardanantriebs. Diverse Markenclubs oder der Veteranen-Fahrzeug-Verband, aber auch Oldtimer-Fachzeitschriften geben Auskunft über entsprechende Bezugsquellen.
Neue Gummiteile waren auch für die Indian erforderlich. Bei der Beschaffung von Lenkergriffen und Trittbrettbelägen konnte leider nicht auf die Teile anderer Marken zurückgegriffen werden, da sie die markanten Indian-Schriftzüge nicht trugen. Aber auch hierfür fanden sich schließlich die passenden Nachfertigungen. Damit sich Griffgummis im späteren Fahrbetrieb nicht verdrehen oder gar unbeabsichtigt von den Lenkerenden rutschen, sollten sie stramm auf dem Lenker beziehungsweise den Rohrhülsen für Gasgriff und Zündverstellung sitzen. Vor der Montage streichen wir die Teile am besten mit einer Seifenlösung ein, damit sie sich leichter aufziehen lassen. Die Trittbrettgummis waren an den Indians der 20er Jahre aufgenietet und werden aus Gründen der Originalität auf die gleiche Weise wieder befestigt. Hierzu markieren wir die Befestigungslöcher auf den Gummibelägen von der Rückseite der Trittbretter her mit einem Stift und stanzen anschließend mit einer Lochzange die markierten Löcher aus. Ein kleines Locheisen oder ein scharf angeschliffenes Stück Rohr erfüllt den gleichen Zweck. Das Bohren mit einem gewöhnlichen Spiralbohrer, wie wir das noch vom Belegen der Bremsen in Erinnerung haben, funktioniert bei dem weichen Gummi nicht. Hierfür müssten die Schneiden des Bohrers entsprechend umgeschliffen werden. Um die bereits neu lackierten Trittbretter beim Vernieten nicht unnötig mit unpräzisen Hammerschlägen zu malträtieren und so dem Rost gleich wieder neue Angriffsflächen zu bieten, spreizen wir

Für viele Motorrad-Modelle sind heute wieder Gummiteile lieferbar.

Auch Indian-Lenkergriffe sind als Nachfertigungen erhältlich.

Trittbrettgummis werden mit einem Locheisen oder einer Lochzange gelocht...

...und dann vernietet

die hohlen Schäfte der Nieten mit einem geeigneten Körner. Das geht am besten zu zweit. Eine(r) hält das Trittbrett während der andere nietet. Ähnlich wie beim Belegen der Bremsen wird von der Mitte her in Richtung Vorder- und Hinterkante des Trittbretts genietet, bis die Gummibeläge rundum befestigt sind.

Was können wir aber tun, wenn wir einen Oldie besitzen, für den es keine Nachfertigungen gibt? Sofern die alten Griffe, Kniekissen usw. noch vorhanden sind, müssen sie wohl oder übel aufgearbeitet werden. Das ist aber nicht weiter tragisch, schließlich bedeutet restaurieren ja eher das Erhalten von alter Substanz als dessen Erneuerung durch Austausch gegen Neuteile. Mit Wasser und Seife sowie einer nicht zu harten Bürste, wie sie beispielsweise zum Geschirrspülen eingesetzt wird, werden die Teile gründlich von altem Straßenschmutz und anderen Verunreinigungen befreit. Manchmal haben Gummiteile bei einer früheren Neulackierung des Fahrzeuges eine gehörige Portion Farbe mit abbekommen, die nun wieder entfernt werden muss. Hierfür ist eine Messingdrahtbürste am besten geeignet. Sie ist nicht ganz so hart wie gewöhnliche Drahtbürsten, aber immer noch hart genug, um damit die alten Farbrückstände zu entfernen. Nachdem die gereinigten Teile trocken sind, werden sie mit Vaseline eingerieben. Auch die Behandlung mit Schuhcreme, Silikonöl oder einem speziellen Gummipflegemittel bewirkt häufig Wunder. Die eben noch unansehnlichen, von der Witterung ausgebleichten Kniekissen haben plötzlich wieder ihren seidenmatten schwarzen Glanz und können so wieder verwendet werden.

Schwieriger wird es, wenn die Gummiteile ganz fehlen. Hier ist Improvisationstalent gefragt. Vielleicht lässt sich ja das eine oder andere Teil von einem fremden Fabrikat verwenden. Vielfach kann auch mit Gummischlauch oder Gummi in Plattenform improvisiert werden. Oder mit Leder. Ich habe einmal bei der Restaurierung einer Opel Motoclub, weil es keine roten Gummigriffe gab, die Griffhülsen mit rotem Leder bezogen. Die Lederstücke wurden hierzu passend zugeschnitten und mit einem handelsüblichen Klebstoff so aufgeklebt, dass sich der Stoß an der Unterseite der Griffe befand. Diese Methode ist so einfach und preiswert, dass sie inzwischen auch bei zahlreichen anderen Motorradbesitzern zur Anwendung kam.

Leder zählt zu den Werkstoffen, die schon von Beginn an im Motorradbau verarbeitet wurden. Als preiswertes, widerstandsfähiges und pflegeleichtes Naturprodukt wurde es über Jahrzehnte eingesetzt, bis es schließlich mehr und mehr durch Materialien wie Gummi und Kunststoff verdrängt wurde. Nicht selten lassen sich alte Lederteile, beispielsweise Sattelbezüge, Werkzeugtaschen und dergleichen, nach entsprechender Aufarbeitung wiederverwenden. Mit einer milden Seifenlauge wird zunächst das Leder gereinigt. Nach dem Abtrocknen lässt es sich dann entweder neu einfärben oder, wenn die Naturfarbe erhalten werden soll, mit entsprechendem Lederpflegemittel behandelt. Das Einreiben mit Vaseline macht altes Leder wieder geschmeidig und verhilft ihm nach abschließender Politur zu neuem Glanz. Sind die alten Lederteile nicht mehr zu gebrauchen, weil sie vielleicht irreparabel eingerissen oder abgeschliffen sind, hilft

Der Sattel wurde mit neuem Leder bezogen.

meist nur noch die Neuanfertigung. So war beispielsweise die Satteldecke der Indian nur noch Schrott. Ich besorgte ein großes Stück Naturleder und ließ den Sattel der Indian von einem Sattler neu beziehen. Diese Tätigkeit erfordert sehr viel Erfahrung und Geschick. Außerdem besitzen die Spezialisten das geeignete Werkzeug, um das dicke Leder richtig vernähen zu können.

Besonders original wirkt eine Nachfertigung von alten Werkzeugtaschen und dergleichen, wenn wir anstelle von neuem Leder ausgemusterte Aktentaschen oder Koffer, die wir für ein paar Mark vom Flohmarkt holen, verarbeiten. Nicht selten lassen sich dabei noch die hübschen alten Verschlüsse, Beschläge und Schnallen verarbeiten. Aber auch das Leder einer durchgesessenen Couch, die von ihren Besitzern ausgemustert und zur Entsorgung an die Straße gestellt wurde, ist als Rohstoff-Lieferant nicht zu verachten. Gerade dieses Material besitzt durch seine Gebrauchsspuren einen ganz besonderen Charme. Die anerkennenden Worte eines Betrachters beispielsweise „Wie gut das alte Leder noch erhalten ist..." sind dann ein echtes Kompliment für unsere fachgerechte Restaurierung.

6.2 Bowdenzüge

Zur Betätigung von Vergaser, Zündverstellung, Dekompressionsvorrichtung, aber auch Handbremse und Kupplung verwendeten die Motorradhersteller vorwiegend Bowdenzüge. In einer spiralförmig gewickelten Stahlhülle überträgt dabei ein Stahlseil die Bewegung vom Hand- oder Fußhebel beispielsweise zur Bremse. Zur Vermeidung von Funktionsstörungen durch eindringenden Staub und Nässe ist die Hülle mit einem Kunststoff- oder Lederüberzug geschützt. Abschlusshülsen an den beiden Enden der Hüllen, die bei der Montage gerne vergessen werden, sollen ein Aufwickeln der Spirale verhindern sowie eine glatte Auflage der Hüllen in ihren Widerlagern gewährleisten.

Ob nun die Bowdenzüge eines Oldtimers noch verwendbar sind oder nicht, hängt von deren Zustand ab. Auf alle Fälle muss an einem der beiden Enden der Nippel abgeschraubt beziehungsweise abgelötet werden, um so den Seilzug komplett aus der Hülle ziehen zu können. Sind Seil und Hülle stark geknickt oder gequetscht, macht deren Wiederverwendung wenig Sinn. Derartige Verformungen verursachen eine deutliche Erhöhung der Reibung zwischen Hülle und Zug, die bis zum Blockieren führen kann. Das Ausreißen eines Lötnippels ist nicht selten auf die Schwergängigkeit der Züge zurück zu führen. Aber auch Schäden an der wasserdichten Ummantelung, die im Inneren zu rascher Korrosionsbildung führen und damit eine Schwergängigkeit der Züge verursachen, machen Kabelhüllen unbrauchbar. Sofern die feinen Seilzüge keine gerissenen Drähte aufweisen und nicht zu stark von Rost befallen sind, werden sie zuerst einmal mit einem trockenen Tuch abgerieben. Dann werden sie in die Hülle eingeführt und zusammen mit einer ordentlichen Portion Öl, in der Hülle einige Minuten lang hin und her bewegt. Hierbei wird der Rost in der Hülle gelöst und mit dem Öl gebunden. Nun ziehen wir den Seilzug erneut heraus, um das rotbraune Gemisch aus Öl und Rost abzuwischen.

Nach mehrmaligem Wiederholen dieses Vorgangs stellen wir fest, dass das Öl immer sauberer wird, das heißt, der Rost mehr und mehr abnimmt. Vor dem endgültigen Wiedereinbau wird der Zug dann eingefettet, um eine möglichst lang anhaltende Schmierung zu gewährleisten. Sollten die Bowdenzüge nicht wieder verwendbar sein, müssen neue angefertigt werden. Die hierfür erforderlichen Hüllen und Züge sind meist im Fahrrad-Handel als

Meterware zu bekommen. Dort gibt es für ein paar Pfennige auch Abschlusshülsen und Lötnippel. Wer zu einem großen Motorradhändler geht, wird nicht selten eine derbe Enttäuschung erleben. Dort legt man sich vielfach nur noch vorgefertige Züge für moderne Maschinen ins Lager.

Beim Kauf von Neuteilen ist darauf zu achten, dass die Außendurchmesser der Abschlusshülsen nicht zu dick sind, damit sie später in die Aufnahmen der Armaturen passen. Am besten nehmen wir die alten Teile als Muster mit. Auch neue Züge werden vor der Montage mit Fett versehen. Zuvor sind Rückstände vom Einlöten der Nippel zu entfernen. Um die Flexibilität der Seilzüge auch im Bereich der Hebel zu erhalten, sollte das Zinn beim Löten nicht zu weit aus dem Nippel austreten und am Seilzug entlang laufen. Besondere Sorgfalt ist beim Verlegen geboten. Wenn die neuen Züge nach den alten abgelängt wurden, müssen sie auch wieder genau so verlegt werden, da sie sonst eventuell zu kurz werden. Hier kommen uns sicher die Fotos, die wir vor der Demontage der Maschine gemacht haben, zur Hilfe. Wichtig ist vor allen Dingen, dass die Züge in möglichst großen Bogen verlegt werden, um unnötige Reibung zu vermeiden. Je enger die Biegeradien sind, je höher wird die innere Reibung. Die Hüllen müssen völlig freigängig sein. Das heißt, dass insbesondere bei der Tankmontage darauf zu achten ist, dass die Züge nicht eingeklemmt werden.

Sollten wir mit dem guten Stück nach Abschluss der Restaurierung zwecks Vollabnahme zum TÜV fahren, wird spätestens hier geprüft werden, ob die

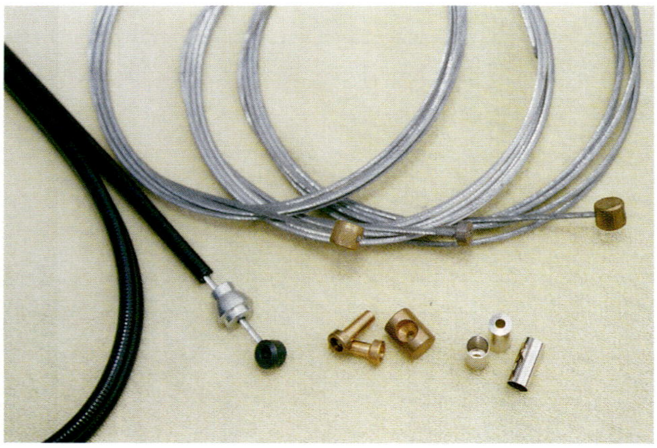

Seilzüge, Nippel, Hüllen und Abschlusshülsen zur Anfertigung neuer Bowdenzüge.

Züge in ihrer Funktion nicht beeinträchtigt sind. Besonders beliebt ist hierbei eine Kontrolle, die die Prüfingenieure bei laufendem Motor durchführen. Sie drehen die Vorderradgabel vom linken zum rechten Lenkeranschlag und prüfen dabei, ob sich die Motordrehzahl nicht infolge eines falsch verlegten Bowdenzuges verändert.

6.3 Armaturen

Unter dem Begriff Armaturen verstehen wir zunächst Lenker, Hebel, Griffe, aber auch Kontrollinstrumente wie Tachometer, Benzinuhr usw. Die Lenker waren meist aus dünnwandigem Stahlrohr hergestellt. Im Zubehör gab es aber auch Modelle, die als Blattfeder-Paket ausgebildet waren und durch ihre federnde Bewegung die Stöße von der Fahrbahn dämpfen sollten. Die verwendeten Rohre besaßen bis in die 30er Jahre meist einen Außendurchmesser von 25 Millimetern, der im Laufe der Jahre auf 22 Millimeter reduziert wurde. Bei Motorrädern, die nach dem 2.Weltkrieg hergestellt wurden, werden wir fast ausschließlich diesen dünneren Varianten begegnen. Das ist insofern von Bedeutung, als dass bei einem eventuellen Neukauf von Gasgriff und den dazugehörigen Gummiteilen aber auch anderen, am Lenker angeschraubten Hebeln deren Durchmesser mit dem des Lenkers übereinstimmen müssen. Stark verrostete oder geknickte Lenker werden aus Sicherheitsgründen ersetzt. Auf Oldtimermärkten werden häufig fertig lackierte, vernickelte oder verchromte Neuteile angeboten, die kaum teurer sind, als die Restaurierung des rostigen, vernarbten Originals käme. Wer das benötigte Modell nicht auftreiben kann, muss nachbauen. Ein entsprechendes Stück Stahlrohr wird dabei mit trockenem Sand gefüllt, beidseitig mit Holzstopfen verschlossen und dann warm gebogen. Dabei verhindert der Sand, dass das rotglühende Rohr Biegefalten bekommt. Wer es noch nie gemacht hat, versucht es vielleicht einmal bei einem Heizungsbauer. Neue Kupplungs- und Bremshebel sollten selbstverständlich den Originalteilen entsprechen. Das Gleiche gilt für Dekompressionshebel, Zündver-

stell- und Luftregulierhebel. So hat beispielsweise ein Bremshebel mit Kugelenden nichts an einem 20er-Jahre-Motorrad verloren, da es diese damals noch nicht gab. Auch die heute üblichen Drehgas-Griffe waren vor 1925 eher die Ausnahme. Die Gasregulierung erfolgte meist über einen Handhebel, der den Zündverstellhebeln sehr ähnlich war.
Im Zuge der fortschreitenden Motorisierung auf Deutschlands Straßen mußte ab 1935 jedes Motorrad mit einem Tachometer ausgerüstet sein. Zwar gab es Tachos schon vor dem ersten Weltkrieg, die arbeiteten jedoch nach dem Fliehpendel-Prinzip der Dampfmaschinenregler, waren dementsprechend groß und schwer. Die hohen Drehzahlen von bis zu 2500 U/min verbunden mit den unvermeidbaren Erschütterungen strapazierten die Lagerungen aufs Äußerste, so dass Funktionsstörungen an der Tagesordnung waren. Mitte der 20er Jahre kamen dann die ersten Wirbelstrom-Tachometer auf den Markt. Von der Tachowelle wird bei diesem heute noch üblichen Prinzip ein scheibenförmiger Magnet in Rotation versetzt. Über ihm hängt eine Aluminium-Glocke, um die wiederum ein Eisenring angebracht ist. All diese Bauteile sind nicht mechanisch miteinander verbunden. Der Antrieb der Glocke, an der die Tachonadel befestigt ist, erfolgt berührungslos durch ein Magnetfeld. Diese neuen Tachometer, die nur noch etwa die Hälfte der Drehzahl ihrer Vorgänger benötigten und zudem wesentlich kleiner und leichter waren, hatten bereits Anfang der 30er Jahre die Fliehpendel-Instrumente fast vollständig vom Markt verdrängt.
Leider verwendeten die Hersteller damals für die inneren Teile vielfach Zinkdruckguss, der infolge von Materialversprödung mit der Zeit regelrecht zerbröselte. Solche Tachos sind heute fast immer irreparabel, es sei denn, die Teile werden ohne Rücksicht auf die Kosten vollständig nachgefertigt. Es gibt Firmen, die sich auf die Instandsetzung von Tachometern spezialisiert haben und vielfach Ersatzinstrumente anbieten können, die sich durch die Verwendung nachgefertigter Zifferblätter äußerlich kaum von den Originalgeräten unterscheiden. Derartige Instrumente sind ab ca. DM 300,– für gängige Modelle zu haben. Für Nachfertigungen der alten Corbin-Tachos, wie sie an den Indians Verwendung fanden, muss man dagegen schon über

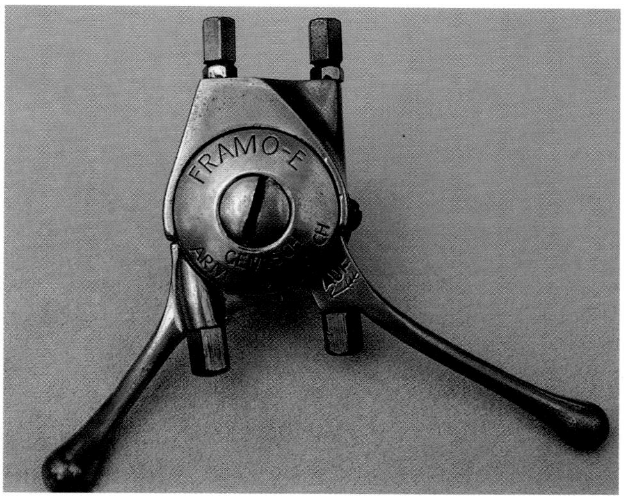

Markenspezifische Hebel und Armaturen, die an unserem Restaurierungsobjekt fehlen, müssen zum Teil teuer bezahlt werden.

DM 1000,– hinblättern. Mitunter findet sich aber auch etwas Brauchbares auf einem Veteranenmarkt. Wichtig beim Kauf eines Ersatzgerätes sind neben dem Gehäusedurchmesser, der Anschlußart der Tachowelle (gerade oder abgewinkelt), auch die Drehrichtung sowie die Wegdrehzahl des Tachometers. Die Wegdrehzahl ist meist auf der Rückseite des Gehäuses vermerkt. Sie gibt an, wie viel mal sich die Tachometerwelle drehen muss, wenn die Maschine 1 Meter Wegstrecke zurück legt. Besitzt unser Tacho beispielsweise eine Wegdrehzahl von 1,6 so bedeutet das, wenn wir die Maschine 1 Meter schieben, muss sich die Welle 1,6 mal drehen. Ist die Wegdrehzahl nicht bekannt, wird sie ermittelt. Wir markieren uns hierzu eine Strecke von 10 Metern, schieben die Maschine entlang dieser Strecke und zählen dabei die Umdrehungen der Tachowelle. Die Umdrehungen müssen nun lediglich zurück gerechnet werden auf 1 Meter, das heißt, wir müssen durch 10 teilen.
Mit ein wenig Geschick können wir auch versuchen, einmal selbst nachzusehen, warum es unser Tacho nicht mehr tut. Mit einem kleinen Schraubendreher wird der Chromring aufgebogen, der meistens dabei einreißt. Beim Tachodienst gibt es vielfach noch Ersatz. Nachdem Dichtung und Glas entfernt sind, wird der aufgesteckte Zeiger abgezogen und das Zifferblatt abgeschraubt. Um die Mechanik auszubauen, sind die Schrauben auf der Rückseite zu lösen. Häufig sind lediglich Schmutz, Rost und

Tachometer und Uhren aus dem Zweiradsektor.

verharztes Fett die Ursache für defekte Tachometer. Eine gründliche Reinigung mit Alkohol und etwas frisches Fett für die Lagerstellen helfen unserem Instrument häufig wieder auf die Sprünge. Gegebenenfalls wird noch das alte, vergilbte Zifferblatt durch ein nachgefertigtes ersetzt und alles wieder zusammengebaut. Dabei muss der Zeiger mit etwas Vorspannung montiert werden, das heißt, er wird nicht exakt bei Null aufgesteckt sondern um ca. 5 bis 10 km/h darunter. Profis verwenden zum exakten Einstellen der Geschwindigkeitsanzeige spezielle Drehzahlmesser, die uns nicht zur Verfügung stehen. Wir müssen, bevor Scheibe und Chromring endgültig montiert werden, die Anzeige unseres Instrumentes im Fahrversuch überprüfen, indem wir zum Beispiel hinter einem anderen Fahrzeug herfahren, das verschiedene konstante Geschwindigkeiten vorgibt. So lassen sich noch eventuelle Korrekturen vornehmen. Da zum Tachometer auch dessen Antrieb zählt, sollten wir nicht vergessen, auch diesen einer sorgfältigen Reinigung und Kontrolle zu unterziehen. Das anschließende Abschmieren aller beweglichen Teile sollte dabei selbstverständlich sein.

6.4 Auspuffanlagen

Eine Auspuffanlage besteht im Wesentlichen aus dem Krümmerrohr und dem Schalldämpfer. Die meisten Motorräder besitzen je eine Anlage pro Zylinder. Besonders in den 30er Jahren folgten viele Hersteller jedoch einem allgemeinen Modetrend und rüsteten ihre Einzylindermaschinen mit sogenannten Doppelport-Zylinderköpfen aus. Diese besaßen, obwohl sie meist nur über ein einziges Auslassventil verfügten, einen Auslasskanal, der sich hinter dem Ventil gabelte und so das Anschließen von 2 Krümmerrohren erlaubte. Aus technischer Sicht hatte diese Konstruktion eher Nachteile. Erstens wurden die Maschinen dadurch schwerer und zweitens heizten sich die Zylinderköpfe durch die Gabelung des Auslasskanals unnötig stark auf. Aber wenn es der Kunde so wollte...

Die Krümmer und Schalldämpfer der Motorräder waren meist vernickelt oder verchromt, es gab allerdings auch Maschinen mit lackierten Schalldämpfern. Da von dem ursprünglichen Glanz meist nicht mehr viel übrig geblieben ist, kommen wir um eine Erneuerung der Oberfläche nicht herum. Es ist zu überlegen, ob beispielsweise die teure Neuverchromung eines bereits stark vernarbten Krümmers überhaupt noch wirtschaftlich ist. Besonders dann, wenn er zu dem Rost auch noch starke Beulen aufweist. Manchmal sind sehr gute Nachfertigungen die preiswertere Alternative. Es gibt mittlerweile Firmen, die sich auf die Neuanfertigung von Auspuffkrümmern spezialisiert haben. Gleiches gilt selbstverständlich auch für die Schalldämpfer, obwohl sich diese im Regelfall nicht so einfach anfertigen lassen wie ein simples Krümmerrohr. Nachbauten sind daher verhältnismäßig teuer. Waren die Schalldämpfer ab Werk lackiert, so ist vor einer Neulackierung zu bedenken, dass es die heute im Handel erhältlichen hochtemperaturfesten, mattschwarzen Lacke vor dem Krieg noch nicht gab. Die

Doppelport-Auspuffanlage an einer NSU OSL 351 von 1939.

Zum Lackieren thermisch hoch beanspruchter Teile sind Speziallacke im Autozubehörhandel erhältlich.

Schalldämpfer waren schwarz glänzend lackiert und sollten dementsprechend wieder restauriert werden. Das bereitet auch keine nennenswerten Probleme, da ein guter Autolack die Oberflächentemperaturen an unseren Oldtimer-Schalldämpfern gewöhnlich aushält. Nicht selten ließen sich die Schalldämpfer früherer Maschinen zum Reinigen zerlegen, was heute bei Ausbeularbeiten sehr hilfreich ist. Das Zerlegen sollte behutsam erfolgen, da die Teile besonders bei Viertaktmaschinen häufig eingerostet sind. Durch wiederholtes Einsprühen mit Rostlöser und leichten Schlägen mit einem Kunststoffhammer wird der Rost nach und nach besiegt. Es erfordert viel Geduld und wenig Gewalt...

Etwas einfacher gestaltet sich meist das Zerlegen von Zweitakt-Schalldämpfern. Hier hat unverbranntes Öl vielfach ein allzu starkes Festrosten der Teile verhindert. Dafür müssen die Schalldämpfer und Krümmer von Zweitaktmaschinen aber regelmäßig von der lästigen, jedoch kaum zu vermeidenden Ölkohle befreit werden. Mit Schaber und Drahtbürste lässt sich das einigermaßen bewerkstelligen. Man kann die Rückstände auch mit einer Lötlampe abbrennen und dann ausklopfen. Hier besteht allerdings die Gefahr des Überhitzens der verchromten Teile, die dann schnell blau anlaufen. Müssen diese ohnehin neu verchromt werden, ist das nicht weiter tragisch. Ärgerlich ist es nur bei der Reinigung von bereits restaurierten Anlagen beziehungsweise von Anlagen, die sich noch in gutem Originalzustand befinden. Bei der Montage der Auspuffanlage muss darauf geachtet werden, dass die Teile gut passend und frei von Spannungen sowohl am Motor wie auch am Rahmen befestigt werden. Wer hier nicht gewissenhaft arbeitet, riskiert defekte Krümmer-Anschlußgewinde, undichte Verbindungen und abgerissene Krümmerflansche im späteren Fahrbetrieb.

6.5 Benzinhahn

Der Benzinhahn dient der Unterbrechung der Kraftstoffzufuhr vom Tank zum Vergaser. Er ist meist mit einem Gewindestück oder einer Überwurfmutter am Tank festgeschraubt. Ganz alte Modelle entsprachen in ihrem konstruktiven Aufbau etwa dem eines Bierzapfhahns. Als Werkstoff wurde vielfach Messing verwendet. Die Abdichtung erfolgt über einen Konus ohne zusätzlichen Dichtwerkstoff, Metall auf Metall. Eine kleine Feder zieht dabei die konischen Dichtflächen zusammen. Sind derartige Benzin- oder Ölabsperrhähne undicht, ist dies meist eine Folge von Verschmutzung. Bringt eine Demontage mit gründlicher Reinigung nicht den gewünschten Erfolg, werden die beiden Konen mit feiner Ventil-Einschleifpaste eingeläppt.

Später, das heißt nach dem ersten Weltkrieg, wurden die Benzinhähne etwas komfortabler. Neben integrierten Filtern in Form von feinen Metallsiebchen, die häufig in den Tank hineinragten und zur Reinigung die Demontage des kompletten Hahns erforderten, besaßen Benzinhähne bald neben „AUF“ und „ZU“ auch eine Stellung „RESERVE“. Die Konstruktion war eben so simpel wie wirkungsvoll: Zwei dünne Messingröhrchen unterschiedlicher Länge ragten von den inzwischen aus Aluminium hergestellten Benzinhähnen in das Tankinnere. In der Stellung „AUF“ wurde der Kraftstoff über das längere Röhrchen entnommen. Sank nun während der Fahrt der Kraftstoffspiegel im Tank bis auf die Oberkante des Röhrchens ab, begann der Motor zu stottern. Durch Umlegen des Hahns auf die Reservestellung hatte der Fahrer nun die Möglichkeit, auf das um mehrere Zentimeter kürzere Röhrchen umzuschalten, und so noch genügend Kraftstoff für die Fahrt zur nächsten Tank-

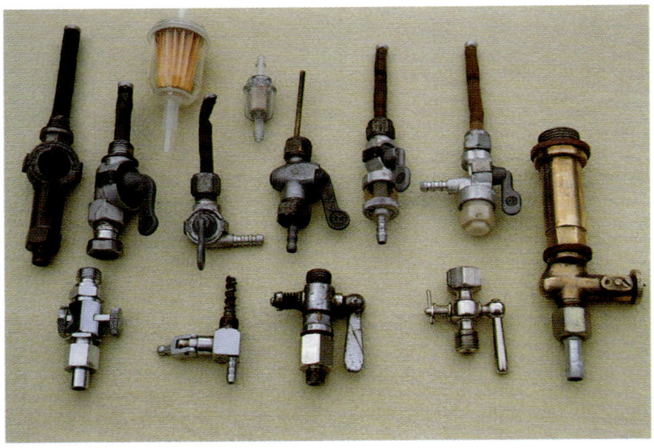

Kraftstoffhähne und Filter

stelle zu erhalten. Die langen Röhrchen sind im Laufe der Jahre bei vielen Benzinhähnen abgebrochen, wodurch beide Röhrchen nun etwa gleich lang sind. Damit ist logischerweise die Reservefunktion außer Kraft gesetzt.
Mit Weichlot kann ein entsprechendes Röhrchen meist wieder angelötet und somit die Reservefunktion wieder aktiviert werden. Die Abdichtung dieser Benzinhähne erfolgt häufig durch eine dünne Korkplatte, die nach langer Standzeit der Maschine austrocknet und schrumpft. Undichtigkeit des Hahns ist die Folge. Hier hilft manchmal schon ein Bad des kompletten Hahns ein bis zwei Tage in Wasser. Hierbei quillt der Kork auf und dichtet wieder ab. Die gleiche Prozedur wenden wir auch bei neuen Benzinhähnen aus Altbeständen an, die oft noch auf Teilemärkten angeboten werden und vielfach ohne ein entsprechendes Bad nicht dicht werden. Das Zerlegen dieser Hähne erfolgt durch das Abnehmen des Federbügels, der mit einem kleinen Schraubendreher von seinen beiden Sitzen auf der Rückseite des Gehäuses abgedrückt werden kann. Sollte die Korkdichtung einmal brechen, lässt sie sich aus einer dünnen Korkplatte ohne allzu großen Aufwand selbst herstellen. Eine andere Konstruktionsform der Benzinhähne besaß ein Schiebestück, das mit einem Korkring umgeben war, der sich durch Zusammenspannen an die zylindrische Wand im Inneren des Hahns anlegte, um so abzudichten. Derartige Korkringe sind nicht so einfach nachzufertigen. Sie lassen sich aber sehr gut durch ein Stückchen kraftstoffbeständigen Schlauch ersetzen, der dann genau wie der originale Korkring gespannt werden muss.

6.6 Dichtungen

Obwohl wir das Thema Dichtungen bereits in dem einen oder anderen Instandsetzungskapitel behandelt haben, soll ihm aufgrund seiner Bedeutung gerade in der heutigen, vom Umweltbewusstsein der meisten Menschen geprägten Zeit ein eigenes Kapitel gewidmet werden. Wenngleich sich die Aggregate unserer alten Motorräder konstruktionsbedingt nur selten hundertprozentig abdichten lassen, müssen sogenannte „Ölsardinen“, die bereits nach einem kurzen Ampelstopp einen Ölfleck zurück lassen, wirklich nicht sein. Sie schaden damit dem Ruf unseres Veteranenhobbys beträchtlich. Aber Dichtungen haben nicht nur die Aufgabe, das Austreten von Motor- oder Getriebeöl zu verhindern, sie müssen zum Beispiel auch mit sehr hohen Drücken und Temperaturen fertig werden. Denken wir nur an Zylinderkopfdichtungen. Wir unterscheiden im Wesentlichen zwischen Flächen- und Wellendichtungen. Auf Sonderformen, wie zum Beispiel die Kolbenringe des Motors, die der Abdichtung zwischen Brennraum und Kurbelgehäuse dienen sollen, wird an dieser nicht näher eingegangen.
Da wir kaum den neuen Dichtungssatz für unseren 70 Jahre alten Oldie beim Motorradladen um die Ecke kaufen können und der nächste Veteranenmarkt vielleicht erst in einigen Wochen stattfindet, müssen wir improvisieren. Von einer Wiederverwendung der alten Papierdichtungen ist unbedingt abzuraten, da diese im Regelfall ausgehärtet

Zur Herstellung von Dichtungen gibt es spezielles Dichtungspapier.

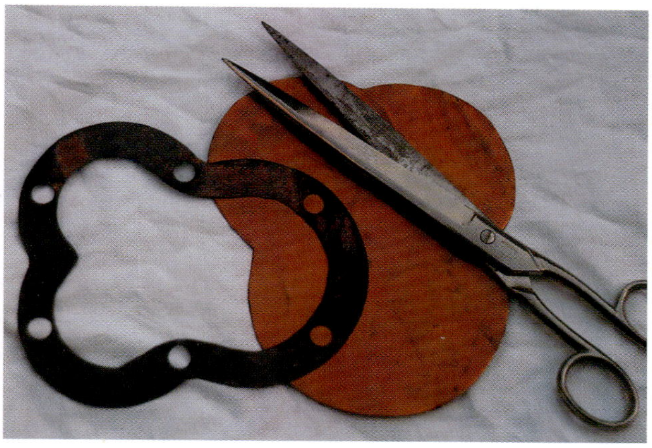

Zylinderkopfdichtungen werden aus dünnem, weichgeglühtem Kupferblech ausgeschnitten. Sie sind meist mehrfach verwendbar.

sind. Sie können ihre Hauptaufgabe, nämlich die kleinen Unebenheiten zwischen den Dichtflächen auszugleichen, nicht mehr erfüllen. Im Kfz-Zubehörhandel ist Dichtungspapier in unterschiedlichen Dicken erhältlich, aus dem sich mit etwas Geschick die meisten Dichtungen selbst anfertigen lassen. Voraussetzung für eine gute Abdichtung sind natürlich Dichtflächen, die plan und frei von Riefen sind. Ist dies nicht der Fall, müssen die Flächen vor der Montage instand gesetzt werden. Leichte Unebenheiten lassen sich durch Abziehen auf einem Stück Schleifpapier, das auf eine gerade Unterlage geklebt wird, beseitigen. Kerben und Riefen, die zum Herausschleifen zu tief sind, können mit Flüssigmetall ausgeglichen werden.

Grundsätzlich sollten Papierdichtungen so dünn wie möglich sein. Dicke Dichtungen können sich im späteren Betrieb setzen und führen zu neuen Leckagen. Das ist besonders dann ärgerlich, wenn zum Austausch dieser Dichtung der komplette Motor wieder ausgebaut und zerlegt werden muss. Am besten heben wir uns bei der Demontage von Motor- und Getriebegehäusen die alten Dichtungen auf, und stellen die neuen Dichtungen aus Papier gleicher Dicke her. Damit ist gewährleistet, dass nach dem Zusammenbau die Wellen nicht neu ausdistanziert werden müssen. Die Konturen einfacher Teile lassen sich am besten auf das Dichtungspapier übertragen, in dem wir diese auflegen und mit einem Stift an der Außenkante entlang fahren. Die Dichtflächen komplizierterer Teile mit Zwischenwänden und zahlreichen Bohrungen werden dagegen dünn mit Öl oder Fett bestrichen, und dann fest auf das Dichtungspapier gepresst. Nach dem Abnehmen hinterläßt die Dichtfläche einen fettigen Stempelabdruck, nach dem sich die Dichtung mit einer Schere sehr gut ausschneiden lässt. Für besonders kleine Dichtungen und komplizierte Konturen eignet sich eine kleine Nagelschere am besten. Zum Ausschneiden kreisrunder Löcher von größerem Durchmesser empfielt sich die Verwendung sogenannter Kreisschneider. Besonders dann, wenn wir anstelle von Papierdichtungen mit Materialien wie Leder, Gummi oder Kork arbeiten.

Kleinere Löcher lassen sich am besten mit Locheisen ausstanzen. Sind diese nicht verfügbar, tut es auch ein scharf angeschliffenes Röhrchen mit entsprechendem Durchmesser. Durch die besondere Belastung der Zylinderkopfdichtung infolge hoher Verbrennungsdrücke und Temperaturen ist Dichtungspapier zu deren Herstellung nicht geeignet. Sollte die alte Dichtung aus Kupfer sein, lässt sie sich häufig nach dem Weichglühen mit einer Lötlampe wiederverwenden. Ist eine neue Kopfdichtung erforderlich, so schneiden wir diese mit einer Schere aus dünnem Kupferblech zurecht. Für den Fall, dass dieses Kupferblech zu hart ist, wird es ebenfalls kurz ausgeglüht. Danach lässt es sich fast so gut schneiden wie Papier. Bei der Neuanfertigung ist zu berücksichtigen, dass die Dicke des Kupferbleches das Verdichtungsverhältnis unseres Motors beeinflusst. Ein entprechendes Auslitern des Motors, wie im Kapitel Motor beschrieben, ist empfehlenswert.

Wem das mühsame Aufzeichnen und Ausschneiden von einem Dutzend und mehr Papierdichtungen zu

Schnell und bequem: die flüssige Dichtung.

mühsam ist, kann natürlich auch auf die moderne „Dichtung aus der Tube bzw. Dose“ zurück greifen. Die haben sich seit Jahren bestens bewährt und sind auch in der Lage, kleinere Unebenheiten auf den Dichtflächen auszugleichen. Getriebe- und Kurbelwellen waren früher häufig mit einfachen Filzringen abgedichtet. Die verhinderten zwar das Eindringen von Schmutz und Wasser, waren jedoch kaum in der Lage, das Austreten von Öl längerfristig zu gewährleisten. Wer nun eine absolut dichte Maschine besitzen möchte, sollte prüfen, inwieweit die Verwendung moderner Wellendichtringe möglich ist. Die gibt es heute in allen möglichen Abmessungen, und der Aufwand der Umrüstung ist oft gar nicht so groß.

Bei der Verwendung von neuen Rundschnurringen, häufig auch ihrer Form wegen als O-Ringe bezeichnet, ist darauf zu achten, dass diese, sofern sie mit Kraftstoff und Öl in Berührung kommen, gegen diese Flüssigkeiten resistent sind. Wir werden auf die Dauer nicht viel Freude an einem Rundschnurring als Tankdeckeldichtung haben, den wir im Baumarkt aus dem Lieferprogramm für Abwasserrohre erworben haben. Bei Berührung mit Benzin quellen sie meist schon nach wenigen Tagen stark auf und verändern ihre Form. Solche Teile kaufen wir besser aus einem geeignetem Material im Handel für Kfz-Bedarf oder in Fachgeschäften, in denen es auch Kugellager und dergleichen gibt. Wer seinen Rundschnurring in der erforderlichen Größe nirgendwo auftreiben kann, hat die Möglichkeit, sich diesen individuell selbst anzufertigen. Hierfür gibt es heute im Handel geeignete Materialien, aus denen sich eine kleine Wurst kneten lässt, die dann zu dem gewünschten Durchmesser geformt wird und deren beiden Enden sich selbst miteinander verschweißen.

6.7 Wasserkühler

Wassergekühlte Motoren sind bei Veteranenmotorrädern eher die Ausnahme, obwohl diese Art der Kühlung heute als die beste angesehen wird. Das Wasserkühlsystem sorgt dafür, dass der Motor immer unter optimalen Betriebstemperaturen läuft. Zu niedrige Temperaturen führen zu einem erhöhten Verschleiß der Motorenbauteile. Es kommt zu Kondensatbildung im Brennraum und in Verbindung mit den Verbrennungsgasen entstehen Säuren, die ins Motoröl gelangen. Bei zu hohen Motortemperaturen wird das Öl irgendwann seine Aufgabe nicht mehr erfüllen können. Der Schmierfilm reißt ab, die Teile laufen teilweise trocken, dehnen sich infolge zusätzlicher Erwärmung zu stark aus und fressen. Die moderneren Wasserkühlungen nach dem 2. Weltkrieg regeln die Kühlwassertemperatur über Thermostate. Diese bleiben nach dem Anlassen des Motors so lange geschlossen, bis der Motor seine Betriebstemperatur erreicht hat. Erst dann öffnen sie sich und geben dem warmen Wasser den Weg zum Kühler frei. Eine Wasserpumpe sorgt zusätzlich für einen schnelleren Durchsatz des Kühlwassers.

Die Kühlsysteme der 20er und 30er Jahre besaßen diese Einrichtungen noch nicht. Sie arbeiteten nach dem Thermosyphon-Prinzip, das sich die Eigenschaft zu Nutzen macht, dass warmes Wasser nach oben steigt. So gelangt das am Zylinder und Zylinderkopf aufgeheizte Wasser über eine Schlauchverbindung in den Kühler. Kälteres Wasser aus dem unteren Kühlerbereich strömt zum Motor, erwärmt sich dort, um schließlich wieder aufgeheizt in den Kühler zu gelangen. Durch das Fehlen eines Thermostates zur Temperaturregelung hatten diese Kühlsysteme besonders im Winter den Nachteil, dass die Motoren ihre Betriebstemperatur oft gar nicht erreichten. Dieser Nachteil, verbunden mit zusätzlichen Fertigungskosten und einem erhöhten Fahrzeuggewicht ließ die meisten Motorradhersteller an den bewährten luftgekühlten Motoren festhalten. Dennoch gab es einige namhaften Firmen wie beispielsweise DKW oder Scott, die Motorräder mit Wasserkühlung bauten. Was ist nun zu tun, wenn wir mit solch einem Modell konfrontiert werden?

Falls sich der Kühler beim Befüllen mit heißem Wasser nicht als undicht erweist, lassen wir ihn am besten, wie er ist. Optisch vielleicht etwas aufpolieren, neuer Lack, falls er ursprünglich lackiert war, neue Kühlwasserschläuche und fertig. Als Kühlwasserschläuche eignen sich besonders die aus dem Autozubehör, mit denen die Fahrzeugheizung versorgt wird. Sie sind temperaturbeständig, besitzen eine unsichtbare Gewebeeinlage und sind vor allem schwarz. Die beste Auswahl hält der nächste Schrottplatz bereit. Sollte der Kühler stark verkalkt sein, kann er mit einem handelsüblichen Entkalker oder auch einer Mischung aus Essigessenz und Wasser behandelt werden. Im Zuge der Restaurierung einer Opel-Werksrennmaschine wurde der Kühler zur Überprüfung zu einem namhaften Fachbetrieb gegeben. Nach etwa einer Woche kam der niederschmetternde Befund: „Bestenfalls noch als Rasensprenger zu gebrauchen. Wirtschaftliche Instandsetzung nicht mehr möglich.“ Die originalgetreue Nachfertigung eines alten Lamellenkühlers kann sehr aufwändig sein, und die Kosten übersteigen schnell den Wert des kompletten Motorrades, weil vielfach die benötigten Messing-Profilrohre erst angefertigt werden müssen. So gesehen lohnt sich schon der Versuch, das Originalteil wieder zu reparieren. In mühevoller Kleinarbeit wurden alle von außen zugänglichen Leckstellen mit Weichlot nachgelötet, der Kühler immer wieder mit leichtem Überdruck in einem Wasserbad auf Leckagen untersucht, bis letztlich alle erreichbaren Stellen nachgelötet waren.

Dort, wo man nur mit ganz feinen Lötspitzen arbeiten konnte, deren Kontaktflächen zu klein waren, um das Material auf die zum Löten erforderliche Temperatur zu bringen, musste eine Heißluftpistole als zusätzliche Wärmequelle dienen. Trotz dieser mehrtägigen Prozedur blieben im Inneren des Kühlergitters mehrere winzige Stellen, die mit dem Lötkolben nicht erreichbar waren. Derartige Leckagen, so wird erzählt, hat man früher mit Kaffeesatz abgedichtet. Auch das Einfüllen von Eiweiss bei laufender Maschine soll wahre Wunder bewirken. Warum aber solche, doch eher zweifelhaften Hausmittel anwenden, wenn die heutige Chemie einfachere Möglichkeiten bietet?

Leckagen an Wasserkühlern, die mit dem Lötkolben nicht erreichbar sind, lassen sich zuverlässig mit Kühlerdichtungsmittel verschliessen.

Die beiden Kühleranschlüsse werden für eine derartige Abdichtprozedur zunächst mit Schläuchen versehen, die beide in einem alten Kochtopf enden, der mit Wasser gefüllt auf einer Heizplatte steht. Mit Hilfe einer ausgedienten Waschmaschinenpumpe wird dann das heisse Wasser aus dem Topf in den Kühler gepumpt. Über den zweiten Schlauch fliesst es dann wieder zurück. Dem auf „Betriebstemperatur“ gebrachten Wasser wird nun ein spezielles, im Auto-Zubehör erhältliches Kühlerdichtmittel beigemischt. Mit dieser Mixtur wird nun ständig der Kühler durchströmt. Das Dichtmittel bildet im heissen Wasser Flocken, die sich in die feinen Leckagen setzen und diese von innen abdichtet.

Nachdem der Kühler wieder montiert ist, wird er mit einer Mischung aus Wasser und Frostschutzmittel befüllt. Nicht nur aus Gründen des Frostschutzes sondern auch wegen der korrosionsverhindernden Wirkung der darin enthaltenen Zusätze. Bei dem Mischungsverhältnis halten wir uns an die Angaben des Herstellers. Ob es sinnvoll ist, den Kühler mit destilliertem Wasser zu befüllen, um erneuter Verkalkung vorzubeugen, darf bezweifelt werden. Sofern der Kühler dicht bleibt, und nicht ständig frisches Wasser nachgefüllt werden muss, ist keine weitere Verkalkung zu erwarten. Das System verhält sich ähnlich dem Heizungssystem eines Wohnhauses. Hier verkalken höchstens die Brauchwasserleitungen, die ständig mit frischem Wasser durchströmt werden. Die Leitungen der Heizung hingegen sind gewöhnlich frei von jeglichem Kalk. Sollte es bei einer bereits restaurierten Maschine einmal zu einer Leckage kommen, braucht der Kühler nicht unbedingt demontiert zu werden. Hier genügt in den meisten Fällen die Zugabe des Dichtungsmittels zur Kühlflüssigkeit. Die Leckage wird während des anschliessenden Fahrbetriebes automatisch abgedichtet.

6.8 Batterie

Um es gleich vorweg zu nehmen: Die alte, noch aus den 50er Jahren stammende Batterie unseres Scheunenfundes ist bestenfalls noch als Ausstellungsstück zu gebrauchen. Eine Befüllung mit Batteriesäure und der Versuch, ihr mit einem Ladegerät wieder zu neuem Leben zu verhelfen, wird mit Sicherheit fehlschlagen. Die Batterie als Stromspeicher unserer Maschine wird während der Fahrt durch die Lichtmaschine geladen. Das Maß ihrer maximal möglichen Stromaufnahme wird als Kapazität bezeichnet, deren Maßeinheit ist die Amperestunde (Ah). Eine Batterie mit der Kapazität von 5,5 Ah ist zum Beispiel in der Lage, 5,5 Stunden lang einen Strom von einem Ampere aufzunehmen beziehungsweise wieder abzugeben, bevor sie restlos entleert ist. Die Kapazität einer Batterie richtet sich nach der Größe und Anzahl der Platten innerhalb einer Zelle, wobei jeweils eine Zelle die Spannung von 2 Volt liefert. Die 6-Volt-Batterien unserer Oldtimer-Maschinen haben demnach 3 Zellen, während neuere Maschinen mit 12-Volt-Anlagen 6 Zellen besitzen. In einer Batteriezelle stehen sich, von Schwefelsäure umgeben, Blei-Schwefel-Platten gegenüber, die abwechselnd mit ihren Plus- und Minuspolen verbunden sind. Während des Aufladens fließt nun Strom in die Zelle, wobei eine chemische Reaktion stattfindet, bei der Schwefel aus den Platten an die Säure abgegeben wird. Dabei erhöht sich die Konzentration der Säure. Ihre Dichte nimmt zu. Umgekehrt wandert der Schwefel beim Entladen von der Säure wieder zurück in die Platten, wodurch die Säurekonzentration absinkt. Die Dichte nimmt ab. Das Messen der Säurekonzentration gibt demnach Aufschluß über den Ladezustand der Batterie. Mit einem entsprechenden Säureheber lässt sich die Konzentration messen. Dabei markieren Dichten von 1,15 , 1,25 und 1,285 g/cm^3 eine leere, eine halb volle und eine ganz volle Batterie.

Die Lebensdauer einer Batterie ist zwar begrenzt, hängt aber dennoch stark von ihrer Behandlung ab. Zu ihren „natürlichen" Feinden zählen Vibrationen, zu hohe Ladeströme sowie das lange Stehen in entladenem Zustand. Die Platten entladener Batterien sulfatieren und werden unbrauchbar. Wenn wir unseren Oldie im Winter nicht bewegen, wird die Batterie am besten ausgebaut und an einem kühlen Ort gelagert. Alle 4 Wochen schließen wir einmal ein Ladegerät an, um die Batterie frisch zu halten. Hierbei richtet sich der Ladestrom nach der Kapazität der Batterie. Er sollte etwa ein Zehntel dieser Kapazität betragen. Das wären bei 5,5 Ah demnach

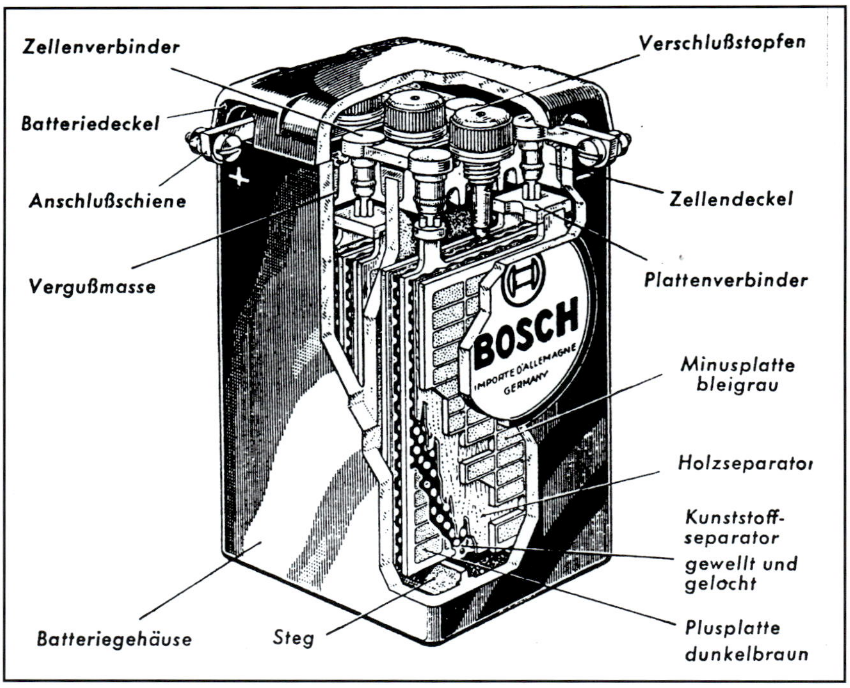

Aufbau einer Kraftradbatterie (Robert Bosch GmbH).

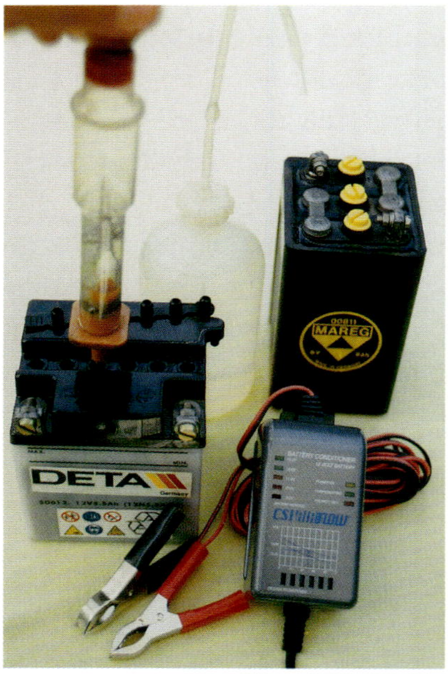

Zur Pflege der Motorradbatterie gehören Ladegerät, Säureheber und destilliertes Wasser.

Empfehlenswert: Vaseline zum Schutz der Batteriepole.

0,55 Ampere. Die Ladedauer einer Batterie in Stunden errechnet sich nach der Formel:

Kapazität : Ladestrom x 1,4

(Beispiel)

5,5 : 0,55 x 1,4 = 14 Stunden

Die Ladespannung sollte etwa 15 bis 20 % über der Nennspannung der Batterie liegen, für eine 6-Volt-Batterie also rund 7,4 Volt beziehungsweise für eine 12-Volt-Batterie 14,5 Volt betragen. Während des Betriebs nimmt der Flüssigkeitsstand in der Batterie allmählich ab. Er sollte regelmäßig überprüft und gegebenenfalls mit destilliertem Wasser, nicht mit Batteriesäure aufgefüllt werden. Die Platten müssen immer mit Flüssigkeit bedeckt sein. Beim Umgang mit der Batteriesäure ist Vorsicht geboten. Spritzer auf der Haut oder auf Kleidungsstücken rufen starke Verätzungen hervor, wenn nicht gleich mit viel Wasser nachgespült wird.

6.9 Gewinde

Manchmal bemerken wir es erst, wenn alle Teile restauriert sind und wir uns schon in der Phase des Zusammenbaus befinden. Da wird die letzte Befestigungsschraube des wunderschön lackierten Tanks eingedreht und schon beim leichten Anziehen nimmt der Widerstand plötzlich wieder ab... Gewinde kaputt. Die Hoffnung, es könnte das Gewinde der Schraube, nicht das im Tank sein, kommt gar nicht erst auf, die Schraube war neu. Was tun? Das Gleiche passiert noch häufiger an Motor- und Getriebegehäusen, die im Regelfall aus weichem Leichtmetall gefertigt sind...

Musste man früher derartige Gehäusebohrungen zuschweißen, neu aufbohren und dann wieder ein neues Gewinde schneiden, so wurden bei solchen Aktionen meist auch die Dichtflächen ruiniert. Natürlich konnte man ein ausgerissenes Gewinde auch aufbohren und ein größeres schneiden. Aber vielfach fehlte bei dünnwandigen Teilen einfach der Platz für das nächstgrößere Gewinde. Schlaue Köpfe haben sich bereits vor etlichen Jahren mit dieser Problematik befasst und Gewinde-Reparatursätze entwickelt, die im Grunde genommen das Material, das bis dahin aufgeschweißt werden mußte, in Form einer Edelstahl-Spirale ersetzen. Diese Gewindeeinsätze sind so zuverlässig und dauerhaltbar, dass sie heute beispielsweise im Motorsport an hoch beanspruchten Leichtmetall- oder Kunststoffteilen von vornherein eingebaut werden.

Zur Reparatur des defekten Gewindes ist zunächst wichtig zu wissen, um welches Gewinde es sich handelt. Haben wir es mit einem metrischen Gewinde, einem Standard- oder gar Feingewinde zu tun? Stammt unsere Maschine aus England oder wie die Indian aus den USA, so müssen wir, wenn alles dem Original entsprechen soll, statt metrische, zöllige Einsätze verwenden. Die sind zwar auch erhältlich, aber wir sollten uns fragen, ob wir das defekte Zollgewinde nicht besser durch ein ähnlich großes metrisches ersetzen. Der Vorteil liegt auf der Hand: Schrauben mit metrischem Gewinde findet man heute in jedem Baumarkt. Die Beschaffung von Zollschrauben ist dagegen nicht immer so einfach. Aus diesem Grund rüsten oftmals auch die Fahrer amerikanischer oder englischer Bikes ihre Maschinen auf metrische Gewinde um. Sobald wir uns darüber im Klaren sind, wie unser neues Gewinde auszusehen hat, brauchen wir uns nur noch das nötige Werkzeug und die Einsätze zu besorgen und schon kann es los gehen.

Zunächst wird das defekte Gewinde oder besser gesagt das, was davon noch übrig ist, ausgebohrt. Der Durchmesser des Bohrers richtet sich hierbei nach

Zur Instandsetzung maroder Gewinde: Reparatursätze zum Beispiel von Re Coil sind in metrischen und zölligen Abmessungen lieferbar.

dem zu reparierenden Gewinde. Er wird auf dem Reparatursatz mit angegeben. Zur Sicherheit überprüfen wir die Gewindesteigung des mitgelieferten Spezial-Gewindebohrers mit der Steigung der später verwendeten Schraube. Hierzu werden die Gewindegänge beider Teile übereinander gelegt. Sie müssen dabei einwandfrei ineinander greifen. Mit diesem Spezial-Gewindebohrer wird nun das neue Gewinde, das nur zur späteren Aufnahme des Gewinde-Einsatzes dient, wie ein normales Gewinde geschnitten. Bei Sacklöchern werden wir, sobald der Gewindebohrer am Ende der Bohrung angelangt ist, merken, dass er sich schwerer drehen lässt. Jetzt nicht mehr weiterdrehen, sonst kann der Gewindebohrer abreißen. Er wird nun in entgegengesetzter Richtung aus der Bohrung heraus gedreht. Mit Druckluft werden die Späne ausgeblasen und der Rand der Bohrung mit einem Senker angefast. Jetzt wird der Gewindeeinsatz auf das mitgelieferte Eindrehwerkzeug gesetzt und der Stellring an diesem Werkzeug so fixiert, dass der kleine Mitnehmerzapfen des Einsatzes in der Mitte der Nut sitzt. Mit leichtem Druck drehen wir nun der Einsatz vollkommen in die Bohrung hinein, bis sein oberes Ende etwa 1/4 bis 1/2 Umdrehung unterhalb der Werkstück-Oberkante sitzt. Beim Eindrehen wird der Einsatz zusammengezogen und springt nach Beendigung des Einbaus zurück in seine endgültige Position. Auf keinen Fall versuchen, den Mitnehmerzapfen nun mit dem Eindrehwerkzeug abzudrehen. Das Werkzeug wird gerade zurückgezogen, bis der Führungsschlitz den Zapfen frei gibt. Jetzt wird das Werkzeug um etwa 90 Grad verdreht und der Zapfen durch einen kurzen, kräftigen Schlag auf den Griff des Werkzeuges abgeschlagen. Eine Sollbruchstelle sorgt dafür, dass die Zapfen auch wirklich sauber abbrechen, bevor sich der Einsatz an seinem unteren Ende aus dem Gewinde herausdrückt. Bei kleineren Gewinden bis M8 werden spezielle Zapfenbrecher mitgeliefert. Bei Gewinden mit großen Nenndurchmessern wie beispielsweise bei Zündkerzen, sollte man zum Ausbrechen der Führungszapfen eine Spitzzange benutzen. Besonders dann, wenn der Zylinderkopf zur Instandsetzung nicht demontiert wird.

Sollte uns das Missgeschick passieren und der Zapfen in den Brennraum fallen, muss er unbedingt vor dem Starten des Motors von dort entfernt werden. Bleibt ein solcher Zapfen im Motor zurück, kann er gehörigen Schaden anrichten. Wir können versuchen, ihn mit Druckluft aus dem Kerzenloch herauszublasen. Zuvor muss der Motor allerdings auf OT gestellt werden, damit die Ein- und Auslasskanäle beziehungsweise die Ventile geschlossen sind. Führt das nicht zu dem gewünschten Erfolg, versuchen wir den Kolbenboden mit einem Klümpchen Knetmasse, das an einem Stück Draht befestigt ist, abzutasten in der Hoffnung, dass der Zapfen daran hängen bleibt. Die Verwendung eines Magneten macht keinen Sinn, da sich das Material nicht von ihm anziehen lässt. Wenn sich der Zapfen nicht durch das Kerzenloch herausfischen lässt, muss der Zylinderkopf demontiert werden.

7. Glänzende Höhepunkte

7.1 Schleifen und Polieren

Das Schleifen von Oberflächen dient, wenn wir einmal von der Herstellung hochgenauer Passungen mit Hilfe von Präzisionsschleifmaschinen absehen, beim Restaurieren hauptsächlich zur Vorbereitung für Lackier- oder Polierarbeiten. Viele Restaurateure geben heute ihre Motorradteile zum Sandstrahlen, weil dieses Verfahren mit zu den gründlichsten und saubersten Arten der Oberflächenreinigung zählt. Rost und alter Lack lassen sich aber auch zuhause mit entsprechenden Hilfsmitteln recht ordentlich entfernen. Das ist nicht nur für Leute mit begrenztem Budget wichtig, sondern auch für denjenigen, der vielleicht nur eine neu erstandene Bremstrommel bearbeiten möchte und deswegen nicht zum 50 Kilometer entfernten Sandstrahlbetrieb fahren will. Ließe sich der alte Lack zur Not auch abbeizen, so muss spätestens dem Rost mechanisch zu Leibe gerückt werden. Versuche mit einfachen, rotierenden Drahtbürsten in der Handbohrmaschine verlaufen meist enttäuschend. Zu schnell legen sich die einzelnen Drähtchen um, die Bürste verliert ihre Wirkung. Wer nun glaubt, durch einen Wechsel der Drehrichtung die Borsten wieder aufrichten zu können, wird sich wundern. Die Bürste springt und schlägt auf dem Werkstück umher, ohne jede Wirkung.

Ganz anders dagegen die seit einigen Jahren im Handel erhältlichen Nylonbürsten. Die sind zwar etwas teurer, erreichen dafür aber wesentlich längere Standzeiten. Die Borsten richten sich durch die Fliehkraft immer wieder auf und verrichten ihre Arbeit selbst in den entlegensten Ecken und Winkeln, egal, ob die Maschine gerade links herum oder rechts herum läuft. Noch wirkungsvoller sind Schleifpads. Das sind schmale, schwammähnliche Scheiben, in deren elastischer Struktur Schleifmittel eingebunden sind. Sie werden genau wie die Bürsten für den Einsatz in der Handbohrmaschine angeboten und eignen sich besonders gut für ebene Flächen wie Schutzbleche, Tank etc. Leider geht ihre Standzeit rapide in den Keller, wenn die Scheiben mit Kanten und dergleichen in Berührung kommen. Hier werden nicht selten ganze Stücke herausgerissen, wodurch sich die Lebensdauer auf wenige Minuten verkürzen kann. Zum Abschleifen von Rohrrahmen, Gabeln, aber auch zur Bearbeitung von anderen unzugänglichen Stellen wurde eine sogenannte Bandschleiffeile als Vorsatzgerät für die Bohrmaschine oder den Einhandwinkelschleifer entwickelt. Mit einem Preis von ca. DM 70,– und günstigen Ersatz-Schleifbändern in verschiedenen Körnungen eine empfehlenswerte Anschaffung. Der Vertrieb erfolgt zum Beispiel über die Firma Hitschmann, Ettlingen, Tel. 0 72 43 / 59 78 30.

Zum Polieren von größeren Motorradteilen eignen sich derartige Vorsatzgeräte jedoch meist nicht mehr. Zwar lassen sich mit Handbohrmaschine, biegsamer Welle und den entsprechenden Miniwerkzeugen die Ecken und Winkel von Motoren- und Getriebe-

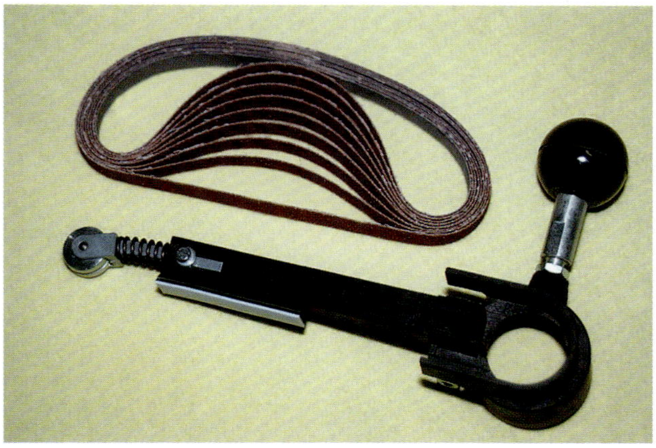

Mit sogenannten Bandschleiffeilen lassen sich nicht nur Winkel und Ecken,...

...sondern auch Rahmenrohre gut bearbeiten.

Zum Entrosten von Kleinteilen eignen sich Fächerschleifer und Nylonbürsten.

Ein leistungsstarker Motor mit dem entsprechenden Zubehör macht sich schon bei der ersten Restaurierung bezahlt, wenn wir die Teile vor dem Vernickeln oder Verchromen selbst polieren.

deckeln gut erreichen, für größere Flächen sind jedoch kräftigere Elektromotoren mit hohen Drehzahlen erforderlich. Die Firma Metzger in Rodalben, Tel. 0 63 31/1 63 19, die Profibetriebe beispielsweise im Bereich der Galvanik mit Schleif- und Poliermittel beliefert, bietet zum Beispiel seit einiger Zeit auch ein komplettes Polierset an, das speziell auf die Belange der Hobby-Restaurateure abgestimmt ist. Dies beinhaltet neben entsprechenden Polierscheiben und Wachs auch einen 1,5 kW starken Elektromotor, der mit einer Spannung von 220 Volt betrieben werden kann und eine Nenndrehzahl von 2850 U/min erreicht. Die Motorwelle ist auf der Abtriebsseite schon zur Aufnahme der entsprechenden Polierscheiben vorbereitet, so dass wir direkt loslegen können: Der Fachmann unterscheidet zwischen Vorpolieren, Polieren und Glanzpolieren, wobei für jeden dieser Arbeitsgänge eigene Polierscheiben und das entsprechende Polierwachs benötigt werden. Die einzelnen Wachssorten sind durch unterschiedliche Farbgebung gekennzeichnet. Sie enthalten die feinen Schleifpartikelchen in unterschiedlicher Körnung.

Bei den zu verwendenden Polierscheiben sollte auf Billigprodukte verzichtet werden, da sich diese oft schon beim Einschalten der Maschine aufgrund der hohen Drehzahl in ihre Einzelteile zerlegen. Und das, noch bevor sie überhaupt mit dem Werkstück in Berührung gekommen sind. Und was noch schlimmer ist, diese Scheiben sind häufig derart unrund, dass sie einem fast das Werkstück aus der Hand schlagen. Für eine gute Scheibe mit einem Durchmesser von 150 Millimeter muss man schon mit rund DM 20,– rechnen. Zum Vorpolieren werden üblicherweise Sisalscheiben mit Zwischeneinlagen aus Stoff zum besseren Binden der Polierpaste verwendet. Allzu tiefe Kratzer sollten jedoch bereits vor Beginn der Politur mit einer feinen Schlichtfeile, einem Bandschleifer oder noch besser mit einem Schleifvlies geglättet werden. Etwa 70 Prozent der gesamten Polierarbeit erstrecken sich auf das Vorpolieren, während auf das anschließende Polieren nur etwa 20 Prozent entfallen. Zum Polieren werden zweckmäßigerweise Ringe aus Nessel oder Wirrfaservlies, beispielsweise aus Notiflex-hart eingesetzt, wobei letztere wegen ihrer höheren Standzeit bevorzugt werden sollten. Für die abschließende Glanzpolitur empfiehlt der Fachmann dann Flanellringe oder solche aus Notiflex-weich.

Besonders wichtig für ein zufriedenstellendes Ergebnis ist die Umfangsgeschwindigkeit der Polierscheibe. Sie ist abhängig vom Scheibendurchmesser sowie von der Drehzahl der Poliermaschine und sollte bei der Bearbeitung von Leichtmetall 20 bis 30 Meter pro Sekunde betragen. Wer bereits einen Motor besitzt, von dem er glaubt, dass er für derartige Arbeiten geeignet ist, der kann sich auf relativ einfache Weise ausrechnen, welchen Scheibendurchmesser er benötigt, um die erforderliche Umfangsgeschwindigkeit zu erreichen. Zur Berechnung muss lediglich die Drehzahl des Motors bekannt sein:

$$\text{Scheibendurchmesser} = \frac{\text{Umfangsgeschwindigkeit} \times 60.000}{\text{Motordrehzahl} \times 3{,}14}$$

Beispiel: Unser Motor läuft mit einer Drehzahl von 2000 U/min, die erforderliche Umfangsgeschwindigkeit beträgt 25 m/sec. Welcher Scheibendurchmesser ist erforderlich?

$$\text{Erf. Scheibendurchmesser} = \frac{25\ \text{m/sec} \times 60.000}{2000\ \text{U/min} \times 3{,}14} = 239\ \text{mm}$$

Das bedeutet, dass wir für einen vorhandenen Motor mit einer Drehzahl von 2000 U/min eine Polierscheibe mit einem Durchmesser von etwa 240 Millimetern verwenden sollten.

Polierarbeit ist Schmutzarbeit, daran sollten wir bei der Wahl des Ortes, an dem poliert werden soll, denken. Da wohl kaum ein Hobbyrestaurator über die entsprechenden Absaugvorrichtungen eines Profibetriebs verfügt, verlegen wir unsere Werkstatt am besten ins Freie. Den Elektromotor verschrauben wir mit einer festen Unterlage, beispielsweise auf einer kippsicheren Hobbywerkbank, die es gestattet, dass die Teile mit dem nötigen Anpressdruck bearbeitet werden können. Auch sollte die Arbeitssicherheit nicht zu kurz kommen: Eng anliegende Kleidung, Schutzbrille und Mundschutz sind obligatorisch! Nicht nur weite Ärmel können sich in der rotierenden Scheibe verfangen, auch lange Haare!

Nachdem der Motor mit dem zum Vorpolieren montierten Sisaltuchring eingeschaltet ist, wird etwas von dem entsprechenden Wachs aufgetragen. Dann wird das Werkstück unter gleichmässigem Druck immer von oben nach unten an der rotierenden Scheibe entlang geführt. Nicht erschrecken, wenn das zu polierende Teil durch die ständige Reibung an der einen oder anderen Stelle richtig heiss wird. Durch allmähliches Drehen des Werkstücks verändern wir immer wieder die Polierrichtung. Der graue Schmierfilm, der sich dabei auf der Oberfläche des Werkstücks bildet, ist ein Zeichen dafür, dass noch genügend Polierpaste vorhanden ist. Nach einer gewissen Zeit, wenn dieser Schmierfilm mehr und mehr verschwindet, muss ein wenig neues Wachs aufgetragen werden. Das Vorpolieren ist zu Ende, wenn die bearbeitete Fläche gleichmäßig glatt, also frei von Kratzern und Riefen ist. Um das Ergebnis unserer Politur beurteilen zu können, wird das Werkstück mit Wiener Kalk abgerieben. Dieses feine Pulver, ein Steinmehl ohne chemisch Zusätze, bindet die auf der polierten Oberfläche zurück gebliebenen Wachsreste. Wiener Kalk wurde schon von unseren Großeltern zum Putzen und „Wienern“ benutzt. Er ist vereinzelt noch in Apotheken oder aber bei der Firma Metzger zu beziehen. Der beim Vorpolieren entstandene matte Glanz hat seine ganz besondere Ausstrahlung, und es stellt sich die Frage, ob dies dem Originalzustand unseres Oldies nicht sogar näher kommt als ein vollkommener Hochglanz. Wem es gar nicht genug glänzen kann, der muss das Werkstück mit den entsprechenden Scheiben und dem jeweils passenden Wachs noch weiter bearbeiten, bis schließlich die gewünschte Oberflächengüte erreicht ist.

Auf die gleiche Weise, auf die sich Aluminium auf Hochglanz polieren lässt, kann auch Messing, Stahl und Edelstahl behandelt werden. Dabei gilt die Faustregel, je härter der Werkstoff ist, desto niedriger kann die Umfangsgeschwindigkeit der Polierscheiben sein. Edelstahl ist ein sehr zähes und hartes Material. Zum Polieren wird etwa die halbe Umfangsgeschwindigkeit wie für Leichtmetall gewählt,

Wer Hochglanz liebt, kommt an einem eigenen Polierset auf Dauer nicht vorbei. Wegen des Staubes verlegen wir den Arbeitsplatz am besten ins Freie.

alle anderen Metalle liegen irgendwo dazwischen. Wer glaubt, dass sich die Anschaffung eines kompletten Poliersets mit Motor und dem entsprechenden Zubehör lohnt, der sollte die etwa 350,– DM investieren, bevor er die Teile seiner Maschine zum Vernickeln oder Verchromen bringt. Wenn er die nämlich schon fix und fertig poliert dem Galvanikbetrieb anliefert, hat sich die Anschaffung eventuell schon wieder amortisiert. Und die Chancen auf eine zügige Bearbeitung steigen ebenfalls...

7.2 Chrom oder Nickel

Bereits zu Beginn der Motorradfertigung, also schon vor 1900 verwendeten die Hersteller zum Schutz der metallischen Teile vor Korrosion neben Lack auch Nickel. Im Gegensatz zu Lack, der anfangs mit dem Pinsel, später dann im Spritzverfahren aufgetragen wurde, erhalten Metallteile ihren Zink,- Kupfer,- Nickel- oder Chromüberzug auf galvanischem Weg. Da Nickel- und Chrombeschichtungen nicht nur edel aussehen sondern aufgrund ihrer Härte auch deutlich widerstandsfähiger sind als konventionelle Lacke, wurden besonders die mechanisch beanspruchten Teile, bis hin zu den Zylinderlaufbuchsen von Motoren, gerne damit versehen. Wegen ihrer Unempfindlichkeit gegenüber Wärme, Kraftstoff und Öl, finden wir entsprechende Beschichtungen natürlich auch an zahlreichen Motorenteilen und an der Auspuffanlage. Die meisten vernickelten beziehungsweise verchromten Fahrzeugteile tragen ihre glänzende Beschichtung jedoch aus optischen Gründen. Bereits im Jahre 1922 war man in der Lage, die gelbliche Nickelschicht, die ähnlich wie Silber, nach einer gewissen Zeit matt anläuft und demzufolge immer wieder aufpoliert werden muss, mit einer nahezu pflegefreien Chromschicht zu überziehen. Es sollte aber noch einige Jahre dauern, bis sich der Chrom mit seinem blauweissen Glanz nachhaltig im Kraftfahrzeugbau durchzusetzen vermochte.
So stellt sich heute für manche Oldtimerrestauratoren die Frage, ob die entsprechenden Teile seiner Maschine ursprünglich vernickelt oder verchromt waren. Sofern Markenclubs oder Oldtimerverbände hier keine zufriedenstellende Auskunft erteilen können und anhand der Originalteile die Art der ursprüngliche Beschichtung nicht mehr zweifelsfrei nachzuweisen ist, orientieren wir uns am besten am Baujahr der Maschine. So sollten die Teile von Motorrädern, die vor 1930 in den Verkehr kamen, vernickelt, von Motorrädern danach jedoch verchromt werden. Insbesondere Fahrzeugkonfektionäre, also die meist kleineren Hersteller, die neben Motoren und Getrieben auch Bremsen und Gabeln zukauften, hatten um 1930 häufig sowohl vernickelte wie auch verchromte Teile an ihren Modellen, ganz so wie die Zulieferer eben die Komponenten verschickten.
Zum Vernickeln oder Verchromen müssen wir die Teile in einen Galvanikbetrieb geben. Für den edlen Glanz sind meist zwei Dinge erforderlich: Viel Zeit und viel Geld. Wartezeiten von 6 bis 8, manchmal sogar 12 Wochen gelten unter Fachleuten als üblich. Genau wie Kosten in Höhe von 1000,– bis 2000,– DM, je nach Zustand und Anzahl der zu behandelnden Teile. Dabei ist es nicht einmal das Verchromen selbst, das die Sache so teuer werden lässt, sondern viel mehr die zeitintensive Vorarbeit. Da muss beispielsweise so ein Auspuffkrümmer zuerst einmal von allen Kratzern und Rostnarben befreit werden, was eine gründliche Schleifarbeit mit sich bringt. Sind die Rostnarben zu tief, muss aufgekupfert, wieder geschliffen und nicht selten noch einmal verkupfert und geschliffen werden, bis schließlich alle Poren und Kratzer verschwunden sind. Dann wird vernickelt und poliert und falls er-

Wenig Chrom galt in den 70er Jahren als besonders sportlich. Selbst Auspuffanlagen waren, wie bei dieser Ducati 500 Sport Desmo von 1977, komplett lackiert.

forderlich abschließend verchromt. Die Metallschichten, die dabei galvanisch aufgebracht werden, sind im Regelfall nur einige Hundertstel Millimeter dick. Angesichts dieses Aufwands müssen wir uns fragen, ob im Falle eines einfachen Auspuffkrümmers nicht die Neuanfertigung die kostengünstigere Variante darstellt. Ein Nachbau, der beim Krümmer noch relativ einfach zu bewerkstelligen wäre, ist bei einem Fischschwanz-Schalldämpfer oder gar einem Tank nun nicht mehr so einfach durchzuführen. Und hier geht es dann meist richtig ins Geld.

Sind auch wirklich alle Teile vom Verchromen zurück?

Um beim Abholen und Bezahlen der Teile keine unliebsame Überraschung zu erleben, lassen wir uns einen Kostenvoranschlag geben. Den hier genannten Betrag wird der Betrieb aufgrund des Schleif- und Polieraufwandes zwar nicht auf die Mark genau einhalten können, aber wir haben zumindest einen Anhaltspunkt. Auch wenn es manchmal den Betrieben lieber ist, wenn die Teile unbearbeitet angeliefert werden (schliesslich verdienen sie ja daran), lässt sich durch entsprechende Eigenleistung schon die eine oder andere Mark sparen. Es wird einleuchten, dass das Polieren und Verchromen eines ordentlich vorbereiteten Bauteils weniger Zeit und Geld kostet, als wenn der Mann am Schleifbock noch eine halbe Stunde mit dem Herausschleifen von Rostnarben zubringen muss.

Es hat sich schon häufig als vorteilhaft erwiesen, die zu bearbeitenden Teile aufzulisten und zu fotografieren. Ich gebe dann gewöhnlich eine Liste und ein Foto bei der Warenannahme mit ab, während ein zweites Foto und eine Kopie der Liste bei mir bleibt. So haben auch die Leute im Betrieb die Möglichkeit, nach dem Verchromen die Teile alle wieder in den richtigen Karton einzuordnen, denn die Teile unserer Maschine sind meist nicht die einzigen, die auf ihre Veredelung warten. Auch wenn wir unsere Teile vielleicht unter all den anderen wieder herausfinden, die Leute im Galvanikbetrieb können es ohne ein entsprechendes Foto sicher nicht. Manche Firmen lehnen das Bearbeiten von gebrauchten Auspuffanlagen kategorisch ab, da Verbrennungsrückstände vom Motor wie Ruß und Ölkohle, die Bäder, welche die Teile während der Behandlung zu durchlaufen haben, zu stark verschmutzen. Abhilfe schaffen kann hier ein Ausbrennen der Krümmer oder auch das zuverlässige Verschliessen der Öffnungen mit geeigneten Stopfen, die sich zusätzlich mit Silikonkautschuk einkleben lassen. Ist der Mann an der Warenannahme auch dann noch skeptisch, lassen sich die Öffnungen auch vorübergehend mit Zinn zulöten.

Auspuffkrümmer haben häufig durch das Abstellen der Maschine am Bordstein Beulen, die sich recht gut durch das Eintreiben eines passenden Rohrstückes in den Krümmer herausdrücken lassen. Der letzte Rest kann dann mit Silberlot ausgelötet und verschliffen werden. Das Auslöten ist natürlich gleichermaßen bei Beulen in Auspufftöpfen und Tanks geeignet. Der Einsatz von Spachtelmasse ist hier wenig hilfreich, da sie nicht elektrisch leitend ist, und sich daher nicht ohne Weiteres galvanisch behandeln lässt. Das Abdecken von Gewindeteilen und Passungen vor der galvanischen Behandlung ist besonderes dann zu empfehlen, wenn es sich um Teile handelt, die aus bereits genannten Gründen besonders dick verkupfert werden müssen. Da sich hierbei der Metallüberzug auch an Stellen niederschlägt, an denen er später wieder mühsam entfernt werden müsste, ist das Bestreichen dieser Bereiche mit einem speziellen Schutzlack sinnvoll. Bei einem einfachen Vernickeln oder Verchromen, bei dem die Teile nur einen verhältnismäßig dünnen Überzug erhalten, sind derartige Schutzmaßnahmen jedoch nicht erforderlich.

Abschließend noch ein Tipp für all diejenigen, die es besonders gut mit ihrem Oldie meinen. Gerade dem ersten Restaurierungsobjekt wird häufig zuviel des Guten zugemutet. Eine Restaurierung ohne Kompromisse soll es werden, auch wenn es ein

Chrom und Nickel wirken besonders, wenn sparsam damit umgegangen wird.

Für die Schleifarbeiten suchen wir uns am besten ein ruhiges, schattiges Plätzchen.

paar Mark mehr kosten sollte. Gerade der bezaubernde Glanz von Nickel und Chrom, selbst an Teilen, die im Originalzustand lediglich lackiert waren, macht den Oldtimer in den Augen von Neueinsteigern vermeintlich besonders wertvoll. In der Praxis ist jedoch das Gegenteil der Fall. Wer Wert auf die Originalität seiner Maschine legt und auch vor den kritischen Augen von Fachleuten bestehen will, der lässt nur die Teile seiner Maschine vernickeln beziehungsweise verchromen, die auch original entsprechend behandelt waren. Selbst dann, wenn er Beziehungen hat, und die Teile zum Nulltarif veredelt bekommt. Denn: Nickel und Chrom wirken um so mehr, je sparsamer damit umgegangen wird...

7.3 Lackierarbeiten

Den ersten Eindruck über die Qualität einer Restaurierung erhält der Betrachter durch den äußeren Zustand der Maschine. Und der wird neben Nickel und Chrom zweifellos durch die Lackierung geprägt. Wenn ein Besitzer schlecht lackierte Teile an sein neu restauriertes Motorrad baut, stellt sich dem Betrachter zwangsläufig die Frage, wie dann erst die nicht sichtbaren Teile, beispielsweise im Motor und Getriebe aussehen. Wurde dort vielleicht genauso lieblos oder gar unfachmännisch gearbeitet? Das muss zwar nicht zwingend so sein. Manche Veteranen-Liebhaber legen einfach mehr Wert auf eine zuverlässige Technik als auf ein Hochglanz-Finish. Insbesondere dann, wenn sie ihr altes Eisen noch regelmässig auch bei Wind und Wetter bewegen. Ich denke aber, eine wirklich gut ausgeführte Restaurierung kommt an einer fachmännischen Lackierung nicht vorbei. Das bedeutet nun aber keineswegs, dass wir alle zu lackierenden Teile zu einem Fachbetrieb bringen müssen, der dann ausbeult, spachtelt, schleift, füllert, grundiert, lackiert und liniert. Bei einer Low-Budget-Restaurierung scheidet das ohnehin aus, da bei der Komplettvergabe eines derartigen Auftrages schnell zweitausend Mark und mehr zusammen kommen. Es gibt Lackierbetriebe, die lehnen das Bearbeiten von Motorradteilen grundsätzlich ab.
Zu mir hat vor Jahren einmal der Chef eines Lackierbetriebes gesagt: „Abgesehen von den mühsamen Spachtel- und Schleifarbeiten, die aufgrund der meist kleinen und unhandlichen Teile fast alle von Hand ausgeführt werden müssen, sind häufig 30 und mehr Teile nach dem Schleifen mit Draht aufzuhängen und zu grundieren. Dann, nach dem Trocknen wieder schleifen, wieder aufhängen und lackieren. In der gleichen Zeit lackieren wir einen kompletten Bus. Und wenn den Herrn Motorradfahrern dann die Rechnung präsentiert wird, gibt es noch Gemecker und lange Gesichter. Motorradteile? Nein danke, kein Interesse...!" Damals entschloss ich mich, die Sache selbst in die Hand zu nehmen. Die Anschaffung einer elektrischen Spritzpistole erwies sich dabei als Fehlinvestition, da die Regulierung des Spritzstrahles für die vielen Kleinteile unbefriedigend war. Zudem musste der Lack,

um überhaupt ein halbwegs zufriedenstellendes Spritzbild zu erreichen, viel stärker als bei einer Druckluft-Spritzpistole verdünnt werden. Nicht umsonst arbeiten Profis mit Druckluft. Ich beschaffte mir also einen gebrauchten Kompressor mit Luftkessel und Druckminderer sowie Wasserabscheider und Feinfilter nebst einer ordentlichen Spritzpistole. Wer den finanziellen Aufwand zur Anschaffung eines Kompressors scheut, kann versuchen, einen zu leihen. Auch das Leihen einer mit Druckluft gefüllten Gasflasche stellt eine preiswerte Alternative dar.

Was nun die Indian betrifft, so wurde sie schon einmal vor Jahren neu lackiert. Aber der Lack war mittlerweile auch schon wieder derart beschädigt, dass eine Erneuerung unumgänglich war. Da die Maschine verhältnismäßig wenig Rost besaß, wurde sie nicht sandgestrahlt, sondern die alte Farbe restlos abgeschliffen. Dabei findet man häufig noch den einen oder anderen wichtigen Hinweis auf Original-Farbton, Verlauf der Linierung, über Schriftzüge und Embleme etc. Das Abschleifen alter Farbe funktioniert am besten nach dem Ausbeulen. Wenn die Metallteile dann blitzblank sind, wird die Lackierung von Grund auf erneuert.

Nachdem die Teile so vollständig wie möglich ausgebeult sind, werden die verbliebenen Unebenheiten sparsam mit Polyesterspachtel überzogen. Karosseriespengler zinnen solche schadhaften Stellen aus. Hierzu gehört aber die nötige Erfahrung. Wer die nicht hat, versucht es mit Reparaturspachtel aus dem Automobilhandel. Diese meist aus zwei Komponenten bestehenden Produkte sind relativ preiswert. Wir sollten daher ein Markenprodukt unbedingt einem No-name-Produkt vorziehen. Die meisten namhaften Hersteller bieten vom Reparaturspachtel über Feinspachtel bis zur Grundierung und dem Lack, alles aufeinander abgestimmt, in ihrem Sortiment an. Für größere Blessuren ist sogar Spachtelmasse mit Glasfaserzusatz erhältlich. Wer

Für jede Anwendung die richtige Spachtelmasse und...

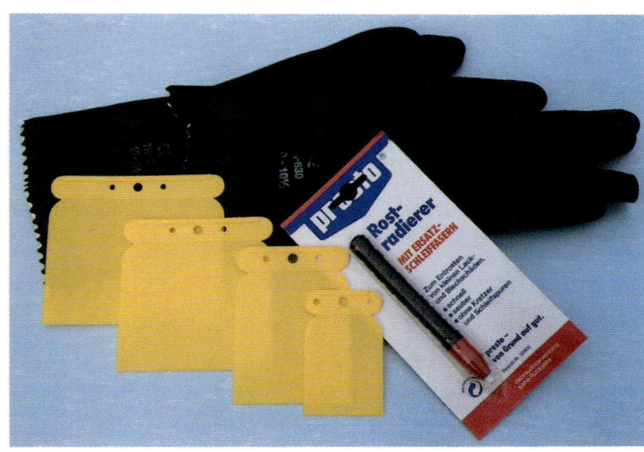

...das passende Werkzeug, der Rest ist Übungssache.

Trocken- und Nassschleifpapier wird in verschiedenen Körnungen angeboten.

Kleine Kratzer und Unebenheiten werden mit Füller abgedeckt.

beispielsweise eine größere Beule an einer unzugänglichen Stelle im Tank hat, und das Heraustrennen des Tankbodens zum Ausbeulen vermeiden möchte, der sollte auf Polyesterspachtel zurückgreifen. Aber nur, wenn es unbedingt nötig ist. Ein optimales Ausbeulen ist in jedem Fall einer übermässigen Verwendung von Spachtelmasse vorzuziehen. Zur perfekten Haftung muss der Untergrund frei sein von Rost, Öl, Fett und Staub. Außerdem gilt die Devise, je rauher die zu behandelnde Oberfläche ist, desto besser ist später die Haftung.

Die beiden Komponenten der Spachtelmasse werden nach Angabe des Herstellers gemischt. Da die Verarbeitungszeit bei korrektem Mischungsverhältnis nur wenige Minuten beträgt, sollten wir nur die Menge anrühren, die wir innerhalb dieser Zeit verarbeiten können. Mit einer geeigneten Metall- oder Kunststoffspachtel wird die Masse aufgetragen. Je nach Dicke und Umgebungstemperatur lässt sich dieses Material bereits nach einer Viertelstunde mit Feile oder Schleifpapier bearbeiten. Zum Glätten verwenden wir Nassschleifpapier, das es mit verschiedenen Körnungen für kleines Geld in jedem Farbengeschäft oder Heimwerkermarkt zu kaufen gibt. Eine 280er Körnung für das Grobe, die 400er Körnung für den mittleren Bereich, beispielsweise zur Vorbehandlung für die Grundierung, und eine 600er bis 800er Körnung für das Finish vor dem Aufbringen des Decklacks. Nach dem Motto „Wer nicht spachteln kann, muss schleifen", tragen wir nicht mehr Material auf als unbedingt nötig ist. Lieber nach dem Überschleifen nochmal eine zweite Schicht auftragen. Für ebene Flächen kann die Verwendung eines Lineals sehr hilfreich sein. Für die grossen Seitenflächen des Indian-Tanks hat sich die Verwendung einer Aluminium-Abschlussleiste für Teppichböden bewährt, die es in jedem Baumarkt gibt. Mit ihr ließ sich die frisch gespachtelte Fläche mühelos abziehen und somit überschüssiges Material abtragen, solange es noch weich und geschmeidig war. Feinste Kratzer und Einschlüsse lassen sich am besten mit Nitrospachtel oder einem sogenannten Füller beseitigen. Dünn aufgetragen trocknet dieses Material fast schneller als man es verarbeiten kann.

Eine Unart, die sich scheinbar wachsender Beliebtheit erfreut, ist der verschwenderische Umgang mit Spritzfüller. Das ist zugegebenermaßen verlockend, weil schnell und bequem, aber leider verschwinden unter dem dicken Überzug auch die schönen und wie ich meine historisch wertvollen Gussstrukturen und Gießerei-Kennzeichnungen beispielsweise auf

Die letzten winzigen Poren kommen zum Vorschein, wenn die Teile mit einem schwarzen Kontrolllack besprüht werden, der dann wieder abgeschliffen wird. Poren und Einschlüsse zeigen sich als schwarze Pünktchen, die alle herausgeschliffen werden müssen.

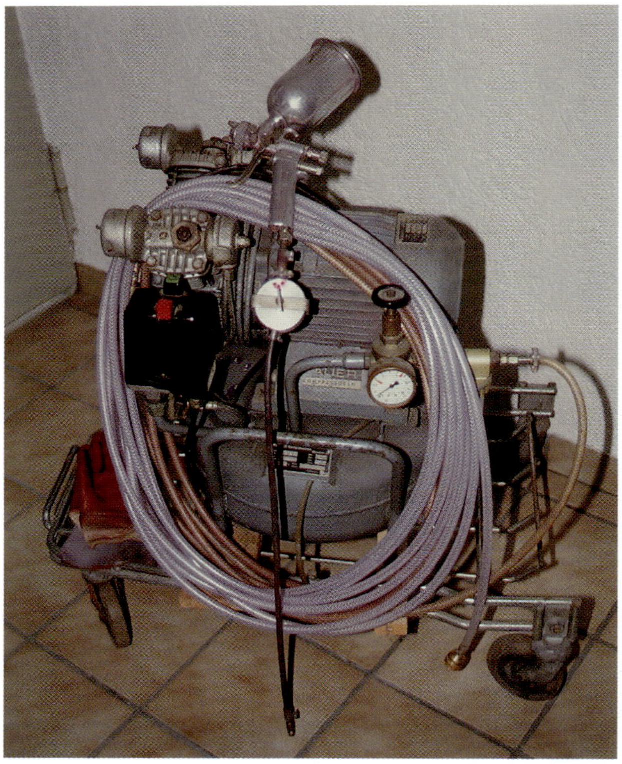

Kompressor mit Druckregler, Wasserabscheider und Spritzpistole.

Zum Spachteln großer, ebener Flächen eignen sich Teppichboden-Abschlussleisten.

Das Verschleifen der gespachtelten Fläche.

Grundierung aus der Sprühdose eignet sich besonders für kleinere Flächen.

Kleine Schäden werden mit einer Kunststoffspachtel abgezogen.

Stark vibrierende Kunststoffteile erfordern hoch elastische Spachtelmassen, wenn die Reparatur gelingen soll.

Endlich gibt es auch entsprechende Reparaturkits, mit denen Kunststoffe wie beispielsweise diese zerbrochene Lampenverkleidung dauerhaft repariert werden können.

Das Auftragen von Feinspachtel ist zum Schließen feiner Poren geeignet.

den Muffen des Rahmens. Und was noch viel schlimmer ist, manche bösen Buben schmieren auf diese Weise selbst tiefste Rostnarben an Felgen, Rahmen und Gabeln, kurzum an sicherheitsrelevanten Bauteilen der Maschine zu. Das ist nicht nur leichtsinnig, sondern grob fahrlässig. Besonders dann, wenn die Maschine irgendwann einmal den Besitzer wechselt und dieser von dem fragwürdigen Zustand der Bauteile nichts erfährt. Wie bereits im Kapitel Rahmen beschrieben, müssen daher schlechte Bauteile schon aus Gründen der allgemeinen Verkehrssicherheit durch neue ersetzt werden.

Alter Lack und Rost lässt sich von Gabel und Rahmen genau wie von den anderen Blechteilen am einfachsten mit mechanischen Mitteln entfernen. Auch die Vorbereitungen für die Lackierung entsprechen denen für die Blechteile. Wichtig ist, dass die metallisch blanken Teile so schnell wie möglich einen korrosionsschützenden Überzug in Form einer Grundierung erhalten. Unzugängliche Stellen, die weder mit einem Werkzeug noch mit dem Sandstrahl erreichbar sind, werden mit entsprechenden chemischen Mitteln präpariert, um ein Weiterrosten zu verhindern. Zu den typischen Stellen am Motorrad gehören die Umbördelung an den Schutzblechen und die sogenannten Felgenhörner. Hier hat sich zum Beispiel Fertan in weiten Kreisen der Oldtimer-Zunft als eines der besten und zuverlässigsten Produkte einen guten Namen erworben. Nach Abschluss der Lackierarbeiten lassen sich diese Stellen dann beispielsweise mit Wachs oder Bitumen versiegeln.

Wer die zu lackierenden Teile ganz oder teilweise zum Kunststoffbeschichten gibt, braucht sich um eine schnelle Grundierung nach dem Entrosten keine Gedanken zu machen. In entsprechenden Fachbetrieben werden die Teile gestrahlt und danach meist direkt mit einer im Vergleich zu konventionellen Lacken sehr viel robusteren, widerstandsfähigeren Kunststoffschicht überzogen. Die Qualität derartiger Beschichtungen wurde, was den Glanz der Oberfläche betrifft, in den letzten Jahren stark verbessert. Auch die Auswahl der verfügbaren Farbtöne ist heute grösser denn je. Während Vielfahrer häufig der Kunststoffbeschichtung den Vorzug geben, sind es meist die Puristen unter den Veteranenliebhabern, die eine konventionelle Lackierung bevorzugen. Aber auch die Restaurateure, die möglichst viel Eigenleistung erbringen möchten. Sei es aus Rücksicht auf das für die Restaurierung zur Verfügung stehende Budget oder auch, um dem Anspruch gerecht zu werden, möglichst viel selbst restauriert zu haben.

Was benötigen wir nun zum Lackieren? Zuerst einmal eine ordentliche Spritzpistole und einen Kompressor. Oder anstelle des Kompressors eine große, gut gefüllte Druckluftflasche. Rund 200 Liter Luft in der Minute sollte der Kompressor schon zur Verfügung stellen. Und dann wäre da noch ein entsprechend großer Kessel empfehlenswert, der die komprimierte Luft speichern kann. Je größer Kompressorleistung und Kesselinhalt sind, desto besser ist es für die Lackierarbeit. Wir wissen von der Fahrradluftpumpe, dass sich Luft beim Komprimieren stark erwärmt. Wenn der Luftbedarf nun während des Lackierens an die Leistungsfähigkeit des Kompressors heran kommt, so muss dieser nahezu ununterbrochen arbeiten. Durch den permanenten Verbrauch kann die im Kessel befindliche Luft nicht abkühlen und dabei einen Teil ihrer Feuchtigkeit in Form von Wassertröpfchen im Kessel zurück lassen. Die Folge ist, dass der Wasserdampf erst nach dem Druckminderer auf dem Weg zur Spritzpistole auskondensiert. Dort wandert er dann in Form von kleinen Wassertropfen an der Innenwand des Schlauches bis zur Pistole, um schliesslich mit dem Lack auf das zu lackierende Objekt zu gelangen. Die Folge ist, dass diese Wassertröpfchen nach dem Abtrocknen kleine hässliche Narben im Lack zurück lassen, über die man sich nachher meist ärgert, solange man die Maschine besitzt.

Wer sich weder Spritzpistole noch Kompressor leisten kann oder möchte, dem bietet sich heute mehr denn je die Möglichkeit des Sprühens aus der Dose. Zum einen liefern namhafte Hersteller heute von der Grundierung über Feinspachtel und Spritzfüller bis hin zum Matt-, Hochglanz- und Klarlack alles, was für eine gute Lackierung erforderlich ist. Zum anderen ist die Qualität der Sprühköpfe heute so gut, dass selbst Profis zum Ausbessern kleinerer Lackschäden teilweise auf die Produkte aus der Dose zurück greifen. Die Firma Vogelsang zum Beispiel, die ihre Lackprodukte unter der Bezeichnung DupliColor vertreibt, bietet sogar schon Sprühdosen an, deren Düsen sich, ähnlich wie die einer Spritzpistole, wahlweise auf

Flach- oder Breitstrahl umstellen lassen. Unabhängig davon, ob wir uns nun für das Lackieren mit der Sprühdose oder mit der Spritzpistole entscheiden, alle verwendeten Produkte sollten aufeinander abgestimmt, also am besten von einem Hersteller sein.

Besonders bei einer Lackierung mit der Pistole stellt sich zudem die Frage, wo lackiert werden soll. Da in den meisten Fällen keine professionelle Spritzkabine mit Wasservorhang und Absaugeinrichtung zur Verfügung steht, ist dies sicher eine berechtigte Frage. Garage? Schlecht. Keller? Noch schlechter. Überall viel zu viel Staub, der durch den Luftstrahl der Pistole aufgewirbelt wird und sich auf die frisch lackierten Teile niederschlägt. Zudem birgt die unzureichende Belüftung durch das Einatmen von Lackstaub und Lösungsmittel erhebliche Gesundheitsrisiken. Das Beste ist, wir gehen einfach ins Freie. Windstille, gutes Tageslicht, nach Möglichkeit ohne direkte Sonneneinstrahlung und etwa 20 Grad Außentemperatur sind nahezu ideale Voraussetzungen für ein gutes Gelingen. An einem frühen Sommertag, wenn der Tau noch auf dem Rasen sitzt und die Fliegen noch nicht umher schwirren, gehen wir es an. Zuvor haben wir einen möglichst staubfreien Ort ausgewählt, an dem wir unsere 20 bis 30 frisch lackierten Teile zum Trocknen aufhängen können. Die Wäscheleine in der Waschküche ist aufgrund ihrer wind- und regensicheren Lage zwar der im Freien vorzuziehen, wir sollten aber unbedingt auf ihre begrenzte Tragfähigkeit achten. Dann benötigen wir noch eine entsprechende Anzahl Haken, mit denen die Teile aufgehängt werden. Die lassen sich am besten aus kräftigem Draht oder auch aus alten Fahrrad- bzw. Motorradspeichen zurecht biegen. Außerdem stecken wir uns noch ein sauberes Tuch zum Wischen in die Hosentasche sowie einen feinen Pinsel für den Fall, dass sich doch einmal eine Fliege auf die frisch lackierte Oberfläche setzt. Ganz behutsam lässt sie sich mit einer Pinselborste wieder entfernen, solange der Lack noch nass ist. Dann noch einmal ein Hauch Lack über die Stelle und schon ist nichts mehr davon zu sehen. Um eine möglichst glatte Oberfläche zu erhalten, wurden alle grundierten Stellen mit Nassschleifpapier 600er Körnung abgeschliffen.

Einen guten Lack und den dazu passenden Verdünner besorgen wir uns im Fachhandel. Wenn alles klappt, genügt ein halber Liter. Nein, bitte nicht den aus dem Sonderangebot vom Baumarkt für vierfünfundneunzig die Dose. Richtiger Autolack sollte es schon sein. Und der hat natürlich seinen

Umbördelungen, beispielsweise an Schutzblechen, werden vom Sandstrahl meist nicht erreicht. Hier hilft nur die Chemie.

Für den professionellen Einsatz wurden sogar Spühdosen mit Düsen entwickelt, die sich beliebig auf Flach- oder Breitstrahl umstellen lassen.

Mit einem Durchflussmessbecher wird der Lack auf Spritzviskosität eingestellt.

Zuerst werden die Ecken, Winkel und Rahmenmuffen lackiert...

...und abschließend die Verbindungsrohre.

Nachdem die Innenseite und die Kanten der Schutzbleche lackiert sind,...

...erhalten die später sichtbaren Flächen ihren Glanz.

Preis. „Altrot" von Mercedes, da sind sich Indian-Experten einig, kommt dem Originalfarbton der alten Rothäute am nächsten. Ein halber Liter kostet rund 40 Mark. In einem sauberen Glas wird der Lack nach den Angaben des Herstellers verdünnt oder, wie der Fachmann sagt, auf Spritzviskosität eingestellt. Hierfür hält der Handel spezielle Messbecher bereit, deren Kalibrierbohrung im Boden vom Lack in einer bestimmten Zeit durchflossen werden muss. Dauert es länger, ist der Lack noch zu dick, läuft er zu schnell durch, ist er bereits zu dünn. Hat die Mixtur die gewünschte Viskosität erreicht, wird sie in den Farbbecher der Spritzpistole gefüllt und dann kann es los gehen. Der Druck an der Armatur des Kompressors bzw. der Druckluftflasche sollte etwa 3 bar betragen. Wir beginnen mit dem Rahmen und zwar mit der Unterseite. Zweckmäßigerweise steht er in einer Höhe, die es erlaubt, auch den höchsten Punkt noch von oben zu lackieren. Statt jetzt einfach drauflos zu nebeln, gehen wir mit System vor. Zuerst lackieren wir die Muffen, Kreuzverbindungen, Trittbrettbefestigungen, Winkel und den Steuerkopf, kurz, alles außer den glatten Rohrverbindungen. Die kommen danach an die Reihe. Dabei ziehen wir mit der Spritzpistole aus etwa 30 Zentimetern Abstand gleichmäßige Bahnen, bis die Grundierung restlos unter dem Decklack verschwunden ist. Schließlich wird der Rahmen gedreht und von der anderen Seite lackiert. Das ist die Seite, die später sichtbar ist und daher besondere Aufmerksamkeit verdient.

Analog verfahren wir mit dem Tank, den Schutzblechen und den anderen Teilen. Zuerst die Innenseiten, Streben usw. und zuletzt die später sichtbaren Schokoladenseiten. Natürlich gilt die beschriebene Prozedur genauso für eine Lackierung mit

Sprühdosen. Sollten wir beim Auftragen des Lacks etwas zu ungestüm vorgegangen sein und sich irgendwo ein Läufer gebildet haben, nicht ärgern. Das passiert selbst den Profis noch hin und wieder. Wenn wir ihn gleich entdecken, das heißt solange die Farbe noch „schwimmt", kann durch eine entsprechend horizontale Lagerung des Teils noch das Zerfließen des Läufers erreicht werden. Hat der Lack schon leicht angezogen, lässt er sich mit einer neuen, dünn aufgebrachten Lackschicht vielleicht noch einmal zum Fließen bringen. Wenn nicht, wird der Läufer mit Verdünner abgewischt, danach sollte das Ganze gut trocknen. Nach erneutem Schleifen der Oberfläche beginnt das Spiel von vorn. „Übung macht den Meister", sagt ein altes Sprichwort. Tags darauf, wenn die lackierten Teile abgetrocknet sind, erhalten sie nach Möglichkeit ihr erstes Sonnenbad. Das lässt den Lack schneller durchhärten, denn wir sind ja noch lange nicht fertig. Mit der Linierung geht es weiter...

7.4 Linieren

Für viele Hobbyrestauratoren ist das Aufbringen der Zierlinien beispielsweise auf dem Tank oder den Schutzblechen eines Motorrades eine Wissenschaft für sich. Zugegeben, es gibt heute kaum noch Spezialisten, die nach alter Väter Sitte mit Schleppern linieren können. Schlepper heissen die Spezialpinsel, die mit feinen, mehrere Zentimeter langen Borsten schon seit je her für diese Tätigkeit eingesetzt werden. Auf Veteranenmärkten werden vielfach Liniergeräte angeboten, die mit verschiedenen, der Breite der Linierung entsprechenden Rädchen bestückt werden können. Aus einem kleinen Tank gelangt die relativ dickflüssige Farbe auf dieses Rädchen, das am Umfang zur Aufnahme der Farbe gerändelt ist. Mit diesem Rädchen wird nun die gewünschte Linierung aufgebracht. Die Spur des Rädchens ergibt hierbei die Linie. Die sogenannten Linierköpfe gibt es in 13 verschiedenen Breiten von 0,4 bis 12,7 Millimeter. Außerdem sind diverse Köpfe mit jeweils zwei Rollen zur Herstellung von Doppelstrichen unterschiedlicher Breiten erhältlich. Bevor wir uns an das eigentliche Objekt heranwagen, sollten wir uns im Umgang mit dem Gerät etwas vertraut machen und das Linieren üben. Zuerst auf einem Stück Papier und schließlich auf einer der glatten Oberfläche lackierter Teile sehr viel näher kommenden Glasplatte. Neu lackierte Teile sollten einige Tage abgetrocknet sein, damit eine eventuell missratene Zierlinie mit Lösungsmittel wieder entfernt werden kann, ohne dabei die Lackierung anzugreifen. Hersteller dieser seit 1934 gebauten Liniergeräte ist die Firma Beugler. Bezugsnachweis: S. Gerber, Tel. (00 44) für GB, 1342/31 73 63, Fax 32 44 40. Herr Gerber spricht sehr gut deutsch.

Die Verwendung von im Autozubehör erhältlichen Zierlinien zum Aufkleben oder aus farbigem Klebestreifen selbst angefertigten Zierlinien gilt unter

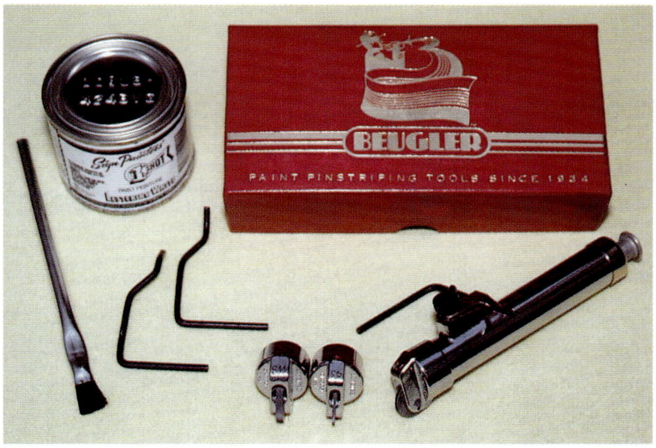

Das Beugler-Linierkit Deluxe mit drei Köpfen zur Herstellung unterschiedlicher Strichbreiten kostet etwa DM 230,–.

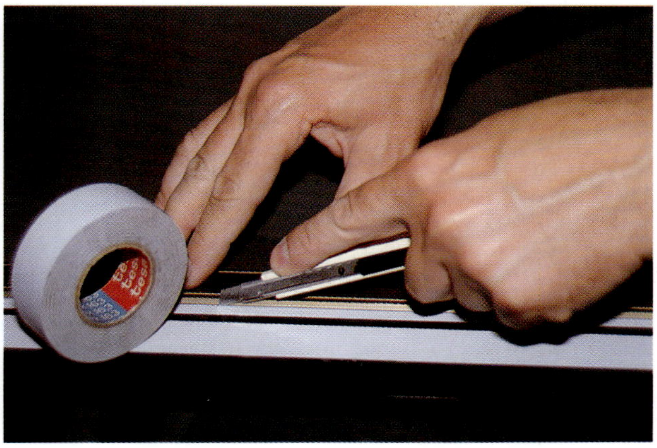

Auf einer ausgedienten Glasplatte werden dünne Klebestreifen zugeschnitten.

Selbst enge Radien sind kein Problem, wenn der Klebestreifen mit einem einfachen Haarfön während des Abklebens angewärmt wird.

Der Zwischenraum wird vorsichtig ausgemalt. Dabei sollte unbedingt ein ganz weicher Pinsel verwendet werden.

Die Klebestreifen sollten abgezogen werden, solange die Zierlinien noch frisch sind. Werden sie erst nach dem Abtrocknen entfernt, können die Ränder der Linierung ausbrechen.

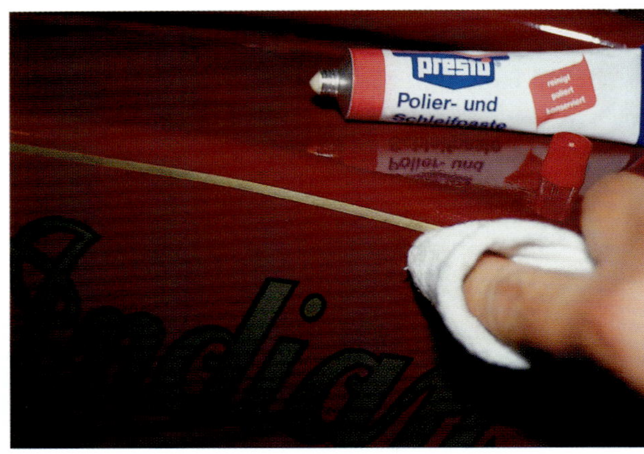

Eventuelle Kanten an den Rändern der Zierlinien lassen sich später mit einer Politurpaste glätten.

Verteranenexperten eher als unfachmännisch. Von ihrer Verwendung ist daher abzuraten. Richtige Farbe sollte es schon sein.
Wer nun auf die Anschaffung eines speziellen Liniergerätes, das je nach Ausstattung und Zubehör mit etwa DM 230,– bis 350,– zu Buche schlägt, verzichten will, und schon gar nicht mehrere Hundert Mark für eine Linierung durch einen Profi zu investieren bereit ist, dem bietet sich noch die Möglichkeit des Abklebens. Dabei gehen wir wie folgt vor: Eine große Glasplatte, beispielsweise von einem ausgedienten Wohnzimmertisch, wird zunächst gründlich mit Spiritus gereinigt. Anschließend kleben wir ein langes Stück handelsübliches PVC-Isolierband darauf. Da der Streifen möglichst ohne Bogen verlaufen soll, kleben wir ihn nahe und mit gleichmäßigem Abstand zum Plattenrand. Mit einem langen Lineal und einem Skalpell, es darf auch ein mit neuer Klinge versehenes Tapeziermesser sein, schneiden wir das Isolierband in etwa 3 Millimeter breite Streifen. Mit diesen Streifen werden dann die Zierlinien abgeklebt. Selbst enge Radien lassen sich problemlos herstellen, wenn das Isolierband beim Verkleben mit einem Fön angewärmt wird. Wichtig ist auch hier, dass die Lackierung schon einige Tage alt ist und nicht beim späteren Abziehen an dem Klebestreifen hängen bleibt. Nun werden die Zwischenräume mit der gewünschten Farbe und einem feinen Pinsel sorgfältig ausgemalt. Dabei wird ständig kontrolliert, dass die Kanten der Streifen fest auf der Oberfläche haften, damit kein Lack darunter laufen kann. Wichtig ist auch,

dass die Streifen entfernt werden, solange die Farbe noch frisch ist. Werden sie erst nach dem Antrocknen abgezogen, entstehen an den Rändern der Zierlinien meist unschöne Kanten, die eventuell beim Abziehen sogar ausfransen. Zur Herstellung der Zierlinien verwenden wir sicherheitshalber eine Farbe, die nicht zu schnell trocknet. Aus dem gleichen Grund empfiehlt sich auch, die Arbeiten in einem kühlen Raum, keinesfalls in praller Sonne durchzuführen.

7.5 Aufkleber und Abziehbilder

Krönender Abschluss der Tankrestaurierung ist das Anbringen der Schriftzüge und Markenembleme, geben sie doch letztlich auch dem Nichtfachmann Auskunft über die Identität des Fabrikates, dem er gegenüber steht. Die Liebe zum alten Blech und seiner Historie hat sich in den letzten 20 Jahren aus dem ursprünglichen Hobby einiger „Verrückter" zu einem nicht zu unterschätzenden, lukrativen Geschäft entwickelt. Dank der verhältnismäßig großen Nachfrage hat es sich daher auch gelohnt, die Tankembleme alter Motorräder wieder herzustellen. Einige Firmen, die sich auf dieses Gebiet spezialisiert haben, bieten selbst für ausgefallene Modelle die passenden Embleme an. Wir unterscheiden grundsätzlich zwischen aufgeschraubten und aufgeklebten Varianten, wobei wir uns in diesem Kapitel ausschließlich mit den geklebten befassen wollen. Hier wird unterschieden zwischen Aufklebern, die einfach von ihrer Trägerfolie abgezogen und auf die staub- und fettfreie Oberfläche des Tanks oder Schutzbleches aufgedrückt werden. Diese, sehr einfach zu verarbeitenden Produkte sollten allerdings nur dort Verwendung finden, wo sie ursprünglich auch vorhanden waren. Das waren hauptsächlich die Youngtimer, also Maschinen ab den 60er Jahren.

Bei Vorkriegsmodellen sollten wir, wenn irgend möglich, auf das gute alte Wasserabziehbild zurück greifen. Die Handhabung erfordert zwar etwas mehr Zeit und Geschick als das Anbringen von Aufklebern, ist aber gar nicht so schwierig wie viele Leute behaupten, wenn man einige Dinge dabei beachtet: Besonders bei der Anbringung relativ großflächiger Abziehbilder, wie das bei den Schriftzügen der Indian der Fall ist, sind vorher angebrachte Markierungen hilfreich, welche die Position der Schrift auf dem Tank markieren. Dünne Streifen aus PVC-Isolierband stellen sicher, dass die Abziehbilder gerade und in der richtigen Höhe angebracht werden. Dann wird das Abziehbild für etwa 10 Sekunden in eine Schüssel mit Wasser getaucht und eine Minute liegen lassen. Mit einem Schwamm oder Fensterleder wird die Tankfläche angefeuchtet, damit wir das Abziehbild, das sich inzwischen leicht auf dem Papierträger hin und her bewegen lässt, gut auf die Tankoberfläche schieben können. Nur keine Panik. Hier kann nichts anbrennen. Sollte die hauchdünne Folie beim Verschieben auf der Tankfläche einmal anhängen, nicht mit Gewalt weiterziehen. Sie reißt leicht ein. In solch einem Fall hilft ein Tropfen Wasser, und nach wenigen Sekunden ist die Folie wieder frei und kann verschoben werden, bis ihre endgültige Position erreicht ist. Nun wird sie mit dem Schwamm angedrückt, bis alle Luftbläschen und Wassertropfen zwischen Tank und Abziehbild verschwunden sind. An einem schattigen Platz lassen wir das Ganze in Ruhe abtrocknen. Danach lässt sich der Tank mit Wasser abwaschen, ohne dass sich der Schriftzug noch einmal löst. Zum Schutz gegen Abrieb und überlaufenden Kraftstoff kann das Abziehbild später noch mit einem Klarlack überzogen werden.

Für die meisten Motorradmarken werden Schriftzüge und Tankembleme heute wieder hergestellt.

Kleine Markierungen aus Klebestreifen erleichtern das Positionieren.

Kurzes Eintauchen des Abziehbildes in Wasser.

Nach dem Aufbringen werden noch verbliebene Wassertropfen und Luftbläschen mit einem Schwamm oder Fensterleder herausgedrückt.

Ein Klarlacküberzug gewährt dauerhaften Schutz. Für Motorräder, die als Alltagsfahrzeuge eingesetzt werden sollen, ist das Aufbringen einer Klarlackschicht unbedingt zu empfehlen.

7.6 Von matten und gebrochenen Gläsern

Wenn's um hübsches Design geht, stehen die Italiener mit an der Spitze. Dies gilt für Kleidung ebenso wie für Automobilkarosserien, Motorräder und vieles andere mehr. Um so größer war das Entsetzen, als beim Aufbocken der alten Moto Guzzi das Rücklicht gegen ein Regal stieß, und... klar, dass das so kunstvoll und edel geformte, über die Jahre wohl etwas versprödete Kunststoffteil zu Boden ging und zerbrach. Schlichtweg ein Jammer. Jetzt war guter Rat teuer. Eine vorsichtige Anfrage beim Moto Guzzi-Händler hatte ebenso wenig Erfolg wie die Suche eines Freundes nach Ersatz auf einem Teilemarkt in Italien. Obwohl es sich bei dem Rücklicht nicht um das Originalteil der damaligen Serie handelte, wollte ich es dennoch unter allen Umständen erhalten. Also reparieren...

Voraussetzung für eine derartige Reparatur ist natürlich, dass möglichst noch alle Bruchstücke vorhanden sind. Also die Trümmer nicht gleich in die Mülltonne werfen, solange die Ersatzbeschaffung noch nicht geklärt ist. Für den Reparaturfall werden erst einmal alle Bruchstücke geordnet und so bereit gelegt, dass die Position jedes einzelnen Teilchens klar wird. Dann muss zunächst das Puzzle Stück für Stück zusammengeklebt werden. Eine Geduldsprobe der besonderen Art. Dabei erleichtern schnell trocknende Sekundenkleber diese Arbeit ganz erheblich. Es ist unbedingt darauf zu achten, dass die Bruchstellen so exakt wie möglich zusammengefügt werden. Damit ist gewährleistet, dass später beispielsweise die Löcher für die Befestigungsschrauben des Rücklichtglases noch den gleichen Abstand haben wie vor der Misere. Außerdem ist wichtig, dass wir wieder eine möglichst plane Auflage für die Dichtfläche zum Rücklichtgehäuse erreichen. Obwohl die Hinweise der Klebstoffhersteller fast immer – und völlig zu Recht – vor Berührungen mit der Haut warnen und sich in vielen Fällen das Tragen von Schutzhandschuhen empfiehlt, sind diese Schutzmaßnahmen für derart diffizile Arbeiten eher hinderlich. Sie nehmen einerseits das Gefühl für die Kleinstteile und sind in Handumdrehen fest mit den zu klebenden Teilen verleimt. Zurück bleibende Spuren des Klebstoffs in Form von Schlieren oder matten Stellen auf der Oberfläche der Teile. Das ist aber nicht weiter schlimm. Die bekommen wir am Ende schon wieder in den Griff. Wir konzentrieren uns vorerst ausschließlich auf die Wiederherstellung der ursprünglichen Form. Und wenn uns das gelungen ist, haben wir den schwierigsten Teil bereits hinter uns.

Während wir den Teilen genügend Zeit zum Trocknen und Aushärten geben, besorgen wir uns ein Stück dünnwandiges Plexiglas. Es sollte sich noch mit einer haushaltsüblichen Schere schneiden lassen. Dieses 0,5 bis 1 Millimeter dicke Material soll zukünftig die alte Bruchstelle unsichtbar von innen stabilisieren. Schwingungen beim Fahren und die Vibrationen des Motors würden unser geklebtes Rücklichtglas ohne einen derartigen Stabilisator innerhalb kürzester Zeit wieder zerrütteln. Im ungünstigsten Falle ginge es womöglich beim Anschrauben bereits wieder zu Bruch. Bei dem Plexiglas kann es sich ruhig um ein Stück Verpackungsmaterial handeln. Von einem Schraubenkästchen oder einer Pralinenverpackung beispielsweise. Wollten sie nicht sowieso Ihrer Liebsten schon längst wieder einmal Pralinen mitgebracht haben? Die mit den Kirschen gibt es beispielsweise in solchen Plexiglas-Kästchen. Dieses Plexi schneiden und feilen wir nun so zu, dass möglichst die gesamte Bruchstelle damit überdeckt wird. Als nächstes rühren wir uns eine Portion Klebstoff an, die ausreichend ist, um die beiden miteinander zu verklebenden Flächen satt einzustreichen. Hierbei verwenden wir am besten einen Zweikomponenten-Kleber, der für Kunststoff ausgelegt ist, eine gewisse Elastizität auch nach dem Aushärten gewährleistet und vor allen Dingen transparent bleibt. Schließlich nutzt die ganze Schinderei wenig, wenn am Ende das Licht der Lampe nicht mehr durchdringen kann. Zur Not lässt sich diese Reparatur auch mit Polyester-Harz durchführen. Nun werden sowohl unser Plexiglasflicken wie auch die Bruchstelle mit dem Kleber eingestrichen. Das geht am einfachsten mit einer kleinen Spachtel, die häufig dem Kleber beiliegt, sich aber ohne weiteres auch aus einem Stück Kunststoff anfertigen lässt. Auch der kleine Löffel aus der Eisdiele hat sich bestens bewährt.

Beim Aufbringen des Klebers auf den meist geriffelten oder gezackten Boden des Rücklichtglases sollten wir darauf achten, dass diese Vertiefungen möglichst nicht vollständig mit Klebstoff voll laufen, da diese Rillen und Zacken für eine optimale Licht-

Plexiglasstreifen und Rücklichtboden werden mit einem transparenten Kleber bestrichen.

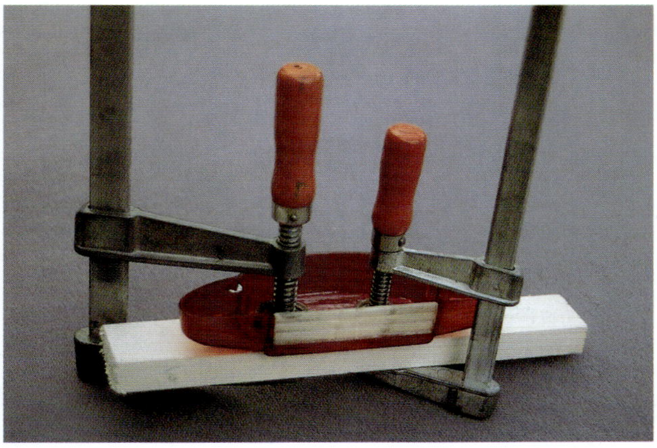

Zum Aushärten werden Rücklicht und Plexiglasstreifen vorsichtig zusammen gespannt.

Von dem Bruch ist nichts mehr zu sehen.

ausbeute erforderlich sind und somit der allgemeinen Verkehrssicherheit dienen. Sollten beim Zerbrechen des Glases kleine Splitter verloren gegangen sein, lassen sich die fehlenden Teilchen mit dem gleichen Material, mit dem wir auch das Plexiglas verklebt haben, auffüllen. Als nächstes werden die zu verklebenden Teile zusammengefügt und, falls irgendwie möglich, mit zwei Schraubzwingen vorsichtig zusammen gespannt. Am besten legen wir zur besseren Verteilung des Druckes ein Stückchen Sperrholz zwischen Glas und Zwingen. Bevor wir nun die Teile zum Trocknen zur Seite legen, überprüfen wir noch einmal, ob sich unter dem Druck der Zwingen nicht die Dichtfläche verzogen hat. Jetzt lässt sie sich noch korrigieren. Zur Behebung kleinerer Unebenheiten lässt sich die Dichtfläche später, nach Abschluss der Reparatur immer noch durch Abziehen auf einem Stück Schmirgelpapier auf einer ebenen Unterlage plan schleifen. Zum Beispiel auf der Glasplatte des Wohnzimmertisches, wenn Mutter wieder einmal beim Einkaufen ist.

Um dem Klebstoff die erforderliche Zeit zum Durchhärten zu geben, lassen wir die Teile über Nacht liegen. Nach dem Entfernen der Zwingen am nächsten Tag prüfen wir zunächst, ob die Passform des Glases in seiner Aufnahme noch gewährleistet ist. Nachdem die Dichtfläche gegebenenfalls wie zuvor beschrieben neu geplant ist, geht es an das Finish. Mit Wasserschleifpapier der Körnung 600 und reichlich Wasser wird nun die gesamte Oberfläche des Rücklichtglases vorsichtig matt geschliffen. Kratzer und Rückstände des Sekundenklebers lassen sich auf diese Weise meist problemlos entfernen. Abschließend erhält die nun optimal vorbereitete, trockene und möglichst staubfreie Oberfläche einen Überzug mit handelsüblichem Klarlack, wodurch unser edles Rücklichtglas wieder im alten Glanz erstrahlt....

8. Zusammenbau

Hand auf's Herz, würden Sie nicht auch schon am liebsten mit dem Zusammenbau der Maschine beginnen, noch bevor der Lack richtig trocken ist? Stellen Sie nicht auch schon einmal die glänzenden Schutzbleche an den neu lackierten Rahmen? Vielleicht noch provisorisch mal den Tank aufsetzen und den Motor hinter den Rahmen stellen? Toll, sieht schon fast wie ein fertiges Motorrad aus. Dennoch, wir sollten dem Lack ein paar Tage Ruhe gönnen, damit er wirklich durchtrocknen kann. Eine Schelle oder ein Halter beispielsweise, der zu früh am Rahmen montiert wird, hinterlässt im Falle einer nochmals erforderlichen Korrektur seiner Position tiefe, hässliche Abdrücke. Er ist regelrecht in den neuen Lack eingesunken. Wenn es dann aber soweit ist, beginnen wir am besten mit dem Einbau der Vorderradgabel. Die Lagerschalen werden mit reichlich Fett gefüllt, damit die kleinen Stahlkugeln schön darin kleben bleiben. Nun wird die Gabel von unten in den Lenkkopf eingeführt und die Feingewindemutter soweit aufgeschraubt, dass keine Kugeln mehr herausfallen können. Mit Gefühl ziehen wir die Mutter an, bis leichter Widerstand spürbar wird. Während des Anziehens bewegen wir die Gabel, damit die Kugeln sich setzen können. Nun wird sich die Gabel nur noch mit einem gewissen Widerstand drehen lassen, den wir beseitigen, indem die Mutter wieder etwas gelöst wird. Später, nach den ersten hundert Kilometern, wird dann noch einmal das Spiel geprüft und die Lenkkopflager gegebenenfalls nachgestellt.
Als nächstes kommt die vormontierte Motor-Getriebe-Einheit der Indian an die Reihe. Im Automobilbau nennen die Techniker den Moment, in

Wieder vereint: Motor, Getriebe und Fahrwerk.

Verpackungsfolie verhindert, dass die Lackierung des Rahmens beim Motoreinbau beschädigt wird.

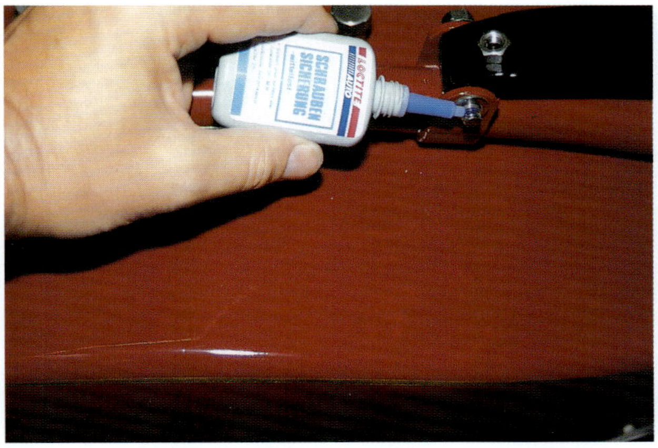

Die Verwendung von Schraubensicherungsmittel schützt vor unliebsamen Überraschungen im späteren Fahrbetrieb.

Unterbodenwachs auf den Innenseiten der Schutzbleche dient als optimaler Schutz gegen Steinschlag und Korrosion.

dem der Motor in die Karosserie montiert wird, liebevoll „Hochzeit". Doch was dort heutzutage dank modernster Technik von Industrierobotern millimetergenau platziert wird, ist in der Hobbywerkstatt ohne diese Hilfsmittel häufig ein enormer Kraftakt. Nicht selten erhält dabei die schöne Lackierung bereits wieder die ersten Schrammen. Dabei geht es auch anders. Wichtig ist, dass der Rahmen stabil steht und dass mindestens eine zweite Person zur Stelle ist, die einmal mit anpacken kann. Wenn wir dann noch die gefährdeten Stellen des Rahmens mit Verpackungsfolie (die mit den Bläschen) beziehungsweise mit Wellpappe umwickeln, ist unser gutes Stück gegen die grössten Blessuren geschützt. Der Indian-Motor lässt sich am besten von der linken Fahrzeugseite her einbauen. Sobald er die richtige Position hat, wird er mit Schrauben und Muttern gesichert. Zuerst alles nur mit der

Innerhalb weniger Stunden entsteht ein vollkommen neues Motorrad.

Zum erstenmal seit der Restaurierung am Tageslicht,...

...die Indian Scout 600 aus dem Jahre 1925.

Hand anziehen. Unter jeden Schraubenkopf und jede Mutter gehört eine entsprechende Unterlegscheibe. Zwischen Mutter und Scheibe gehört zudem noch ein Federring, der ein unbeabsichtigtes Lösen verhindern soll. Ferner sollten wir mit einem flüssigen Schraubensicherungsmittel arbeiten. Je nach Gewindedurchmesser genügt oft schon ein winziger Tropfen um die Mutter gegen unbeabsichtigtes Lösen zu sichern. Nun werden die Schutzbleche montiert, deren Innenseiten zuvor noch mit einer satten Schicht Unterboden-Schutzwachs aus der Sprühdose überzogen wurden. Das Wachs bleibt dauerelastisch und bietet einen hervorragenden Schutz gegen Steinschlag und Korrosion. Nun noch der Tank und dann die Räder mit ihren dicken, neuen Wulstreifen. Innerhalb weniger Stunden scheint die Indian nahezu komplett zu sein. Aber das sieht nur so aus. Der Rohbau eines Hauses ist auch schnell hochgemauert...

Das dunkle Rot und die goldenen Zierlinien verschmelzen...

...mit dem V-Twin unter dem verschnörkelten Indian-Schriftzug zu einer vollkommenen Harmonie. Es war die Mühe wert

All die vielen Kleinigkeiten sind jetzt noch zu montieren: Bremsanlage, Lenkerarmaturen, Züge, Öl- und Benzinleitungen, die dazugehörigen Absperrhähne, Sattel, Ständer und, und, und. Doch blinder Eifer schadet nur, sagt ein altes Sprichwort. Der mächtige Kettenschutz lässt sich jetzt, wo Hinterrad und Kette bereits montiert sind, nicht mehr einbauen. Das bedeutet also Achsmuttern wieder lösen, Kettenschloss öffnen, Kette runter, Achse ziehen, Hinterrad entfernen und schliesslich klappt es auch mit der Montage des Kettenschutzes. Er wird mit zwei Schrauben am hinteren Rahmenteil und mit einer weiteren Schraube am Getriebe befestigt. Apropos Schrauben. Die Frage, ob die alten Schrauben wieder aufgearbeitet oder durch neue ersetzt werden sollen, beschäftigt die Restaurateure schon solange sie Motorräder restaurieren. Natürlich ist es etwas Besonderes, wenn an einer Maschine alle Originalschrauben wieder verwendet wurden. Der Aufwand der Realisierung ist jedoch nicht zu unterschätzen. Wer einmal tagelang nur rundgedrehte, verrostete Schraubenköpfe nachgefeilt oder mit Hammer und Meißel malträtierte Muttern aufgearbeitet hat, der überlegt sich das beim zweiten mal. Hinzu kommt, dass das Polieren und der neue Galvaniküberzug den Geldbeutel ganz schön strapazieren können. Bei Schrauben und Muttern, deren Gewinde „morsch", sprich deren Flanken abgerostet oder sonstwie beschädigt sind, erübrigt sich die Frage sowieso. Hier muss schon aus Sicherheitsgründen Ersatz her.

Bei der Indian schlossen wir einen Kompromiss: Spezialschrauben wurden aufgearbeitet und neu vernickelt, andere durch zöllige aus Edelstahl ersetzt. Als Durchgangsschrauben kamen ebenfalls rostfreie Schrauben und Muttern zum Einsatz. Und zwar solche mit metrischem Gewinde. Hier lassen sich ohne weiteres 1/4 Zoll-Schrauben, deren Gewindedurchmesser 6,35 Millimeter beträgt durch Schrauben und Muttern mit Gewinde M6 ersetzen...

Ja, und dann sind es wirklich nur noch wenige Tage, bis die Indian wieder komplett ist. Nachdem der Motor die vorgeschriebene Ölmenge erhalten hat und Benzintank samt Absperrhahn ihre Dichtheitsprobe bestanden haben, wird die Maschine vorsichtig von der Hebebühne abgelassen und auf dem Hinterradständer aufgebockt. Geschafft. Es ist bereits kurz nach Mitternacht, zu spät für eine Probefahrt. Aber morgen, morgen muss sie zeigen, was sie kann.

MOTO GUZZI
Castrol

9. Schmiermittel

„Wer gut schmiert, fährt gut", sagt ein altes Sprichwort. Das wussten schon die alten Römer und schmierten die Radlager ihrer Streitwagen mit Talg, damit die Räder leichter, schneller und vor allen Dingen länger liefen als die ungeschmierten ihrer Gegner. Und auch unsere ersten, vor mehr als 100 Jahren entwickelten Verbrennungsmotoren wären ohne Schmierung nicht in der Lage gewesen, ordentlich zu arbeiten. Oder genauer gesagt, nicht sehr lange. Es kann ohne Übertreibung gesagt werden, dass die Reibung zweier trockener Körper rund zwanzig mal grösser ist als die Reibung bei einer optimalen Schmierung. Was dies im Hinblick auf Verschleiß und Temperaturentwicklung bedeutet, können sich selbst Nichttechniker vorstellen. Mit ständig steigenden Anforderungen an Motordrehzahl und Leistung stiegen auch die Anforderungen an die Schmierstoffe, besonders an die Motorenöle. Obwohl das Schmieren seit jeher die Hauptaufgabe des Öls ist, muss es dennoch zahlreichen weiteren Anforderungen gerecht werden. Denken wir nur an die Kühlung der Motorenteile wie Pleuellager, Kolben und so weiter. Dort kommt selbst bei wassergekühlten Motoren kein anderes Kühlmittel als eben das Motorenöl in Frage. Aber auch die Abdichtung zwischen Kolbenringen und Zylindern, der Abtransport von Verunreinigungen, die Neutralisierung chemisch wirksamer Verbrennungsprodukte sowie die Dämpfung von Schwingungen sind Zusatzaufgaben des Öls. Was moderne Hochleistungsöle heute zu leisten vermögen, wäre noch vor dreißig, vierzig Jahren undenkbar gewesen. Sommeröle, Winteröle, das kennt heute kaum noch jemand. Mehrbereichsöle, die das ganze Jahr über gefahren werden können und Ölwechsel-Intervalle von 25.000 Kilometern erlauben, kosten heute teilweise weniger als vor Jahren noch die gewöhnlichen Einbereichsöle.

Und gerade weil diese modernen Öle so gut und zuverlässig sind, bekommen wir heute vielfach auf die Frage nach dem besten Öl für unseren Oldtimer oft die simple, zunächst aber durchaus einleuchtende Erklärung: „Das billigste Kaufhausöl ist heutzutage besser als das teuerste Motoröl, das in der Zeit, als unser Oldie gebaut wurde, zur Verfügung stand. Wenn die alten Maschinen damals mit den Einbereichsölen problemlos liefen, dann tun sie es heute mit den modernen Ölen erst recht." Das klingt doch plausibel, oder? Ganz so einfach ist das aber nicht. Während zur Schmierung von Zweitaktmotoren tatsächlich die modernen, selbstmischenden Zweitaktöle bedenkenlos eingesetzt werden können, sieht das bei Viertaktmotoren etwas anders aus. Wer schon einmal einen Motor zerlegt hat, der noch mit den früher unlegierten Ölen gefahren wurde, der hat sicher an allen möglichen Stellen Ölschlamm, Schmutz und Abrieb entdeckt, der sich meist in Form einer dunkelgrauen Schicht in Ölfangtaschen und an zahlreichen anderen Stellen besonders im Bereich der Kurbelwelle angelagert hat. Er sieht fast aus wie Ventilschleifpaste, nur noch etwas feiner. Dieses Ablagern der verschleißbegünstigenden Partikel war überaus wichtig, hatten doch die alten Motoren Ölfilter, die bestenfalls in der Lage waren, abgerissene Schrauben und grobe Späne zurück zu halten. Filter, die im Grunde genommen diese Bezeichnung gar nicht verdienten.

Mit besonderen Spülölen beziehungsweise einer Mischung aus Öl und Petroleum wurden dann bei einem Ölwechsel diese Partikel ausgespült. Der Motor musste dabei einige Minuten mit Leerlaufdrehzahl laufen, bevor diese Reinigungsmixtur wieder abgelassen und frisches Motoröl eingefüllt wurde. Manche Motorenhersteller hatten sogar spezielle Abscheider konstruiert, in denen sich der Ölschlamm sammeln und von außen zugänglich, in gewissen Zeitabständen entfernt werden konnte (z.B. die Schlammhülsen der NSU-Max-Modelle). Die modernen Hochleistungsöle verhindern jedoch das Absetzen dieser Schmutzpartikel. Sogenannte Dispersant- und Detergent-Additive umschließen die kleinen Schädlinge und halten sie in der Schwebe, bis sie schon kurz darauf in den äusserst feinen Papierelementen heutiger Ölfilter vom Öl getrennt werden. Für moderne Motoren eine wunderschöne Sache, für unsere Oldtimer mit den groben Fliegendraht-Filtern jedoch alles andere als wünschenswert. Denn, wie bereits gesagt, es können sich die verschleißbringenden Partikel bei Verwendung

Brauchen Oldtimer ein besonderes Motorenöl?

moderner Öle nicht mehr absetzen, werden aber auch nicht herausgefiltert. Sie bleiben in ständigem Umlauf und verrichten dabei ihr schändliches Schmirgelwerk. Was lässt sich dagegen tun? Wir können versuchen, unlegierte Einbereichsöle zu bekommen. Die gibt es zwar kaum noch an Tankstellen und schon gar nicht im Supermarkt, werden aber von einigen großen Ölherstellern heute wieder angeboten. Die in den letzten Jahren ständig gestiegene Nachfrage von Oldtimerbesitzern hat die Wiederherstellung lukrativ gemacht. Leider sind diese Öle nicht ganz billig und häufig als Schmieröl für Kompressoren nur in großen, beispielsweise 20-Ltr.-Gebinden erhältlich. Für Fahrten im Sommer sind dabei Motorenöle der Viskositätsklassen SAE 30, 40 oder 50 zu empfehlen und im Winter, wenn wir das unserer Maschine überhaupt zumuten wollen, SAE 20. Die Viskositätszahlen geben dabei die Zähflüssigkeit des Öls an. Je niedriger der Zahlenwert, umso dünnflüssiger ist das Öl.

Wer seine alte Maschine dennoch mit modernen Mehrbereichsölen fahren möchte, der sollte entsprechend häufig das Motoröl wechseln. Bei einem Preis von rund DM 5,– bis 10,– für einen Liter Mehrbereichsöl ist ein Ölwechselintervall alle 2000 Kilometer sicher zumutbar. Hier wäre ein Öl der Viskositätsklasse 20W-50 wohl am besten geeignet. Ich selbst habe vor Jahren eine Ducati 750 aus den frühen 70er Jahren, die auch noch mit einem einfachen Ölsieb ausgestattet war, mit einem Papierfilter für einen Opel Kadett nachgerüstet. Dabei musste die Druckleitung hinter der Ölpumpe angezapft und dort das Öl zum Filterelement umgeleitet werden. Das ist die sicherste Methode, modernes Motorenöl in älteren Maschinen zu fahren.

Zum Schmieren von Getrieben sind spezielle Getriebeöle im Handel, die von fast allen großen Ölherstellern in den Viskositätsklassen SAE 80 bis SAE 140 angeboten werden. Sie eignen sich für moderne Getriebe ebenso wie für die Getriebe unserer Oldies. Bei Motorrädern aus der Zeit vor 1930, in Ausnahmefällen auch noch bis in die 50er Jahre, waren hier vielfach halbflüssige, sogenannte Fließfette vorgeschrieben. Diese sirupähnlichen Fette sind heute nicht mehr überall zu bekommen. Sie werden allerdings noch bei Betrieben, die Landmaschinen reparieren, eingesetzt. Dort sollten wir uns mit einem entsprechenden Vorrat eindecken.

Zum Abschmieren von Radlagern, Schwingen, Lenkkopflagern und anderer Schmierstellen verwenden wir ein modernes Heißlagerfett. Im Umgang mit der Fettpresse ist darauf zu achten, dass besonders bei Radlagern nicht zu viel des Guten getan wird. Nur zu gerne tritt überschüssiges Fett aus den Lagern aus, gelangt in die Bremstrommeln und ruiniert dort unsere Bremsbeläge. Im Gegensatz hierzu sollte im Bereich der Lenkkopflager nicht mit Fett gegeizt werden, da dieses hier wie eine Dichtung gegen Straßenstaub und Wasser wirkt.

10. Die erste Probefahrt

Endlich ist es soweit: Monate, vielleicht sogar Jahre haben wir auf diesen Tag hingearbeitet. Die letzten Tage des Zusammenbaus waren geprägt von einer einzigartigen Unruhe. Die Nervosität vor genau diesem Moment. Es soll Leute geben, die sich zu diesem Anlass Freunde einladen, um ihn gebührend zu feiern. Andere wollen den Moment, in dem der geliebte Oldie zum ersten mal spricht, ganz alleine genießen. Wie dem auch sei, zuerst einmal muss er aus dem Keller, oder wo immer wir die Maschine zusammengebaut haben, ins Freie geschafft werden. Wer erst jetzt bemerkt, dass die in Teilen in den Keller geschaffte und dort zusammengebaute Maschine jetzt nicht mehr über die schmale Kellertreppe nach oben transportiert werden kann, der muss wohl seine Probefahrt noch ein wenig verschieben... Auch der Lenker der Indian musste noch einmal demontiert werden, weil die Maschine wegen dieses Riesengeweihs nicht mehr durch meine Werkstatttür passte, durch die im Laufe der letzten 25 Jahre mehr als 20 verschiedene Motorradveteranen gerollt sind.

Zum Schutz gegen auslaufendes Öl legen wir sicherheitshalber vor dem ersten Startversuch ein Stück Karton unter das Fahrzeug. Der Luftdruck der Reifen war in Ordnung? Batterie anschließen, Öl- und Benzinhahn öffnen und dann mit dem Tupfer die Schwimmerkammer des Vergasers fluten. Der oder die Zündkerzenstecker werden nur leicht aufgesteckt, damit im Falle einer plötzlich hochdrehenden Maschine der Stecker schnell wieder abgezogen werden kann. Gewissermaßen als Notschalter. Wichtig: Die Zündverstellung wird, falls vorhanden, auf volle Spätzündung eingestellt. Wer das vergisst, läuft Gefahr, dass der Motor und mit ihm der Kickstarter zurück schlägt. Viele Motorradfahrer haben diese, mitunter recht schmerzhafte Erfahrung schon machen müssen. Bei gezogenem Dekompressionshebel treten wir den Motor mehrmals durch und lassen dann den Hebel während des Abwärtstretens des Kickstarters schnell los. Nun sollte die Maschine anspringen. Tut sich auch nach mehrmaligen Versuchen noch nichts, hilft bestimmt ein Schuss Starthilfespray aus der Sprühdose. Es kann durchaus sein, dass der Vergaser noch nicht die richtige Einstellung hat, die für ein müheloses Anspringen erforderlich ist. Tut der Motor immer noch nichts, kontrollieren wir, ob überhaupt ein Zündfunke vorhanden ist. Kerze herausschrauben, Stecker aufsetzen, die Kerze mit dem Gewinde gegen Masse, zum Beispiel die Kühlrippen halten und den Motor durchtreten. Ist der Funke stark genug, bleibt nur noch die Überprüfung und gegebenenfalls die Korrektur des Zündzeitpunktes. Und wenn das alles stimmt, springt der Motor auch an. Während er warmläuft, kontrollieren wir, ob alle Leitungen dicht sind, ob die Ölpumpe einwandfrei fördert, justieren grob die Leerlaufdrehzahl und versuchen bei gezogenem beziehungsweise bei getretenem Kupplungshebel, ob sich die Getriebegänge sauber durchschalten lassen.

Bevor der Vergaser richtig eingestellt ist, springt der Motor unter Umständen nur widerwillig an. Ein Schuss Starthilfespray bewirkt oft Wunder.

Nach der ersten größeren Tour werden die Zylinderkopfschrauben noch einmal nachgezogen...

...sowie Bremsen und Kupplung neu eingestellt.

Normalerweise beginnt der Motor schon nach kurzer Zeit kräftig an Zylinder und Zylinderkopf zu qualmen. Das ist typisch für einen frisch montierten Motor. Der neue Lack, Reste von Öl und Fett, all das dampft jetzt aus. Für die Probefahrt haben wir uns bei der Zulassungsstelle ein entsprechendes Kennzeichen besorgt und am Fahrzeug montiert. Jetzt noch den Helm aufgesetzt und dann geht es zum ersten mal um den Block. Nach dem Losfahren kontrollieren wir zunächst die Funktion der Bremsen. Dann stellen wir bei unveränderter Gasgriffstellung die Zündung auf „Früh“. Darauf muss der Motor deutlich mit einer Leistungszunahme antworten. Nun schalten wir einmal alle Gänge durch und versuchen, uns mit der Maschine etwas vertraut zu machen. Bevor wir uns dann weiter von zuhause entfernen, sollten wir etwas Bordwerkzeug einpacken. Hierzu gehören die wichtigsten Schlüssel, Schraubendreher, Bindedraht, ein Zangenset, Fühlerlehre, Kerzenschlüssel, Ersatzkerze, Isolierband, ein Lappen, ein ordentliches Schloss und etwas Kleingeld zum Telefonieren. Man weiss ja nie. Auf dieser Tour werden dann Motor und Getriebe erstmals so richtig auf Betriebstemperatur gebracht. Die beste Gelegenheit für eine Vergasereinstellung mit anschließender Überprüfung des Kerzenbildes. Es sollte nicht zu hell, aber auch nicht von Ruß geschwärzt sein. Rehbraun nennt der Fachmann die richtige Farbe der Zündkerze. Ansonsten genießen wir diese erste Tour mit unserem Oldtimer. Sicher wird noch die eine oder andere Feineinstellung erforderlich sein, aber das ist ganz normal.

Nach der Rückkehr sollte die Maschine noch einmal durchgecheckt werden. Ist das Spiel der Rad- und Lenkkopflager in Ordnung? Stimmt die Kettenspannung noch? Keine losvibrierten Teile? Tritt irgendwo am Motor oder Getriebe Öl aus? Stimmt der Ölstand im Motor noch und ist das Öl am Messstab frei von Metallabrieb? Wer sich die Mühe machen möchte, kann nun die frisch belegten Bremsen ausbauen und die tragenden Stellen auf den Belägen nacharbeiten, um auf diese Weise eine bessere Bremswirkung zu erreichen. Vielleicht arbeiten die Bremsen aber auch so schon zufriedenstellend und wir können uns voll und ganz auf die nächsten Ausfahrten freuen...

11. Zulassung und TÜV

Eine der häufigsten Fragen, die in Verbindung mit historischen Fahrzeugen gestellt wird und nicht die Fahrzeugtechnik betrifft, ist die nach den Zulassungsmodalitäten. Was tun, wenn weder Kaufvertrag noch Kfz-Brief vorhanden sind? Kann man derartige Fahrzeuge überhaupt wieder ohne weiteres zulassen? Und wenn ja, wer kann über die benötigten Unterlagen zur Vorlage bei der Zulassungsstelle, dem TÜV oder der Versicherung Auskunft geben? Nicht zuletzt stellt sich natürlich auch noch die Frage nach den Kosten, die in Verbindung mit einer Wiederzulassung anfallen. Auf alle diese Fragen gibt es inzwischen weitestgehend klare Antworten und seit wenigen Jahren sogar speziell für Oldtimerfahrzeuge festgeschriebene Sonderregelungen. Zu verdanken haben wir das hauptsächlich dem Engagement der großen Veteranen-Verbände wie beispielsweise dem DEUVET (Bundesverband Deutscher Motorveteranen-Clubs e.V.) und dem VFV (Veteranen-Fahrzeug-Verband e.V.), in denen sich im Laufe der Jahre zigtausend Liebhaber historischer Fahrzeuge organisiert haben. Während sich im DEUVET schwerpunktmäßig eher die Automobilisten zusammengefunden haben, sind im VFV mehrheitlich die Motorradfahrer vertreten. Eine klare Trennung gibt es jedoch nicht. Seit Sommer 1997 ist nun der Oldtimer als eigene Fahrzeuggattung im Gesetz definiert und genießt, wenn er vornehmlich zur Pflege des kraftfahrzeugtechnischen Kulturgutes und nicht mehr als übliches Beförderungsmittel eingesetzt wird, bestimmte Privilegien. So kann er, ein Mindestalter von 30 Jahren vorausgesetzt, mit einem speziellen Oldtimer-Kennzeichen und einer Pauschalsteuer zugelassen werden. Das Oldtimer-Kennzeichen unterscheidet sich von dem herkömmlichen durch ein an das Ende der Zahlenreihe angehängtes H (zum Beispiel: GG-A 251 H).

Leider ist der finanzielle Nutzen daraus zum gegenwärtigen Zeitpunkt für Automobilbesitzer ungleich größer als für Besitzer von zweirädrigen Veteranen. Motorradfahrer sollten daher von Fall zu Fall prüfen, ob eine normale Zulassung, deren Kfz.-Steuer sich am Hubraum der Maschine orientiert, nicht günstiger ist als der jährliche Pauschalsatz von DM 90,–. Besonders dann, wenn es sich um eine Maschine mit kleinem bis mittlerem Hubraum handelt. Ob ein Motorrad nun tatsächlich die Betriebserlaubnis als Oldtimer erhält, entscheidet nach § 21 c der StVZO ein amtlich anerkannter Sachverständiger des TÜV bzw. DEKRA. Die Gebühr für diese Eingangsuntersuchung liegt bei rund DM 70,–. Bestandteil dieser Untersuchung ist auch die Ausstellung einer Bescheinigung, dass die Verkehrssicherheit der Maschine nicht beeinträchtigt ist. Ist kein Kraftfahrzeugbrief mehr vorhanden, muss beim Kraftfahrt-Bundesamt in Flensburg eine Bescheinigung beantragt werden, aus der hervorgeht, dass gegen die Ausstellung eines neuen Briefes keine Bedenken bestehen (schließlich könnte das Motorrad ja gestohlen sein...). Dieses Papier kostet rund DM 10,–. Nach dessen Vorlage bei der Zulassungsstelle stellt diese einen neuen Brief aus, der dann im Rahmen einer Vollabnahme beim TÜV oder DEKRA mit den technischen Daten der Maschine ergänzt wird. Hierbei kann ein von den oben genannten Verbänden ausgestellter Fahrzeugpass mit den Angaben aller wichtigen technischen Daten sehr hilfreich sein. Die Kosten für eine Vollabnahme liegen bei etwa DM 100,–. Wie jedes normal zugelassene Motorrad muss auch ein Oldtimer mit dem sogenannten H-Kennzeichen alle 2 Jahre zur Hauptuntersuchung.

Für Maschinen, für die der pauschale Steuersatz von DM 90,– höher ist als der nach dem Hubraum des Motors berechnete, empfiehlt sich eine Normal-Zulassung. Auch hier ist, sofern das Fahrzeug länger als 12 Monate stillgelegt ist, eine Vollabnahme und gegebenenfalls die Ausstellung eines neuen Kfz.-Briefes erforderlich. Die damit verbundenen Kosten entsprechen den oben genannten. Die Grösse des Kennzeichens wird vom Gesetzgeber mit maximal 280 mm Breite und 200 mm Höhe angegeben. Die Mindestbreite ergibt sich dann aus der jeweiligen Anzahl der Ziffern. Wer ein möglichst kleines Kennzeichen möchte, beantragt am besten eins mit wenig Ziffern. Für solche Wunschkennzeichen berechnen die Zulassungsstellen üblicherweise eine Gebühr von DM 20,– und beim Schilderdienst ist dann auch noch einmal ein Betrag in dieser Größenordnung fällig. Wer bisher für seinen Oldtimer ein kleines Leichtkraftrad-Kennzeichen (255 mm x 110 mm) haben wollte, brauchte meist eine entsprechende Begründung, zum Beispiel mangelnder Abstand zum Boden oder mangelhafte Ausleuchtung bei Nacht. Alle Motorräder mit Oldtimer-Kennzeichen, die vor dem 1.1.1959 erstmals in den Verkehr gekommen sind, erhalten nun ein Leichtkraftrad-Kennzeichen ohne zusätzliche Begründung. Für jüngere Motorräder ist der Bedarf nach wie vor zu begründen, und es liegt im Ermessensspielraum der Zulassungsstelle, dem stattzugeben. Wer sein Fahrzeug ausschließlich während der Sommermonate fahren, und sich das lästige An- und Abmelden ersparen möchte, hat die Möglichkeit, ein Saison-Kennzeichen zu beantragen. Die im November 1996 eingeführte Regelung ermöglicht es, Fahrzeuge beispielsweise nur von April bis Oktober zuzulassen. Der gewünschte Zeitraum wird dann sowohl im Kfz-Schein als auch auf dem Kennzeichen vermerkt. Außerhalb dieses Zeitraumes werden weder Steuern noch Versicherungsprämien erhoben. Selbstverständlich darf die Maschine dann auch nicht gefahren werden. Manche Versicherungen bieten hier spezielle Tarife an.

Für Oldtimerbesitzer, die ihre Maschine vorwiegend auf Veteranenveranstaltungen einsetzen möchten oder bereits mehrere Oldtimer besitzen, kann auch das so genannte „rote Oldtimer-Kennzeichen" interessant sein. In der 49. Ausnahmeverordnung der StVZO hat im September 1994 erstmals der Oldtimer Eingang in die Gesetze gefunden. Für Fahrten während Oldtimerveranstaltungen, einschließlich An- und Abfahrten von solchen, benötigen Oldtimer weder eine Betriebserlaubnis noch ein amtliches Kennzeichen, wenn rote Kennzeichen verwendet werden. Dies gilt auch für Prüfungs-, Probe- und Überführungsfahrten (§ 28 Abs.1) sowie für Fahrten zum Zwecke der Reparatur und Wartung der betreffenden Fahrzeuge. Das Besondere an dieser Regelung ist, dass die roten Kennzeichen, die nach den Anfangsbuchstaben mit einer 07 beginnen (z.B. GG-0755), zur wiederkehrenden Verwendung auch an den Halter des betreffenden Fahrzeuges ausgegeben werden. Selbst Fahrzeuge, für die kein Brief mehr vorhanden ist, dürfen mit einem 07er Kennzeichen gefahren werden. Besonders vorteilhaft ist die Genehmigung durch den Gesetzgeber, mit diesem Kennzeichen mehrere Motorräder bewegen zu dürfen.

Die Beantragung erfolgt über die Zulassungsstelle, unter Vorlage des Personalausweises, eines polizeilichen Führungszeugnisses, einer Auflistung der entsprechenden Fahrzeuge sowie der Deckungszusage einer Versicherung. Auf Verlangen muss ein Eigentumsnachweis für die Fahrzeuge vorgelegt werden. Ist kein Brief vorhanden, gilt auch ein Kaufvertrag. Zusätzlich holt die Zulassungsstelle einen Auszug aus dem Verkehrszentralregister in Flensburg ein. Das rote Kennzeichen wird in der Regel für Fahrzeuge ausgegeben, die mindestens 20 Jahre alt sind. Es ist sinnvoll, einen Nachweis zu führen, dass man tatsächlich die Fahrzeuge aus Gründen der Pflege kraftfahrzeugtechnischen Kulturgutes bewegen möchte. Hierzu ist der Nachweis einer Zugehörigkeit zu einem der genannten Verbände geeignet und ebenso die dort ausgestellten Fahrzeugpässe mit Fotos und den technischen Daten. Die Zugehörigkeit ist jedoch keine zwingende Voraus-

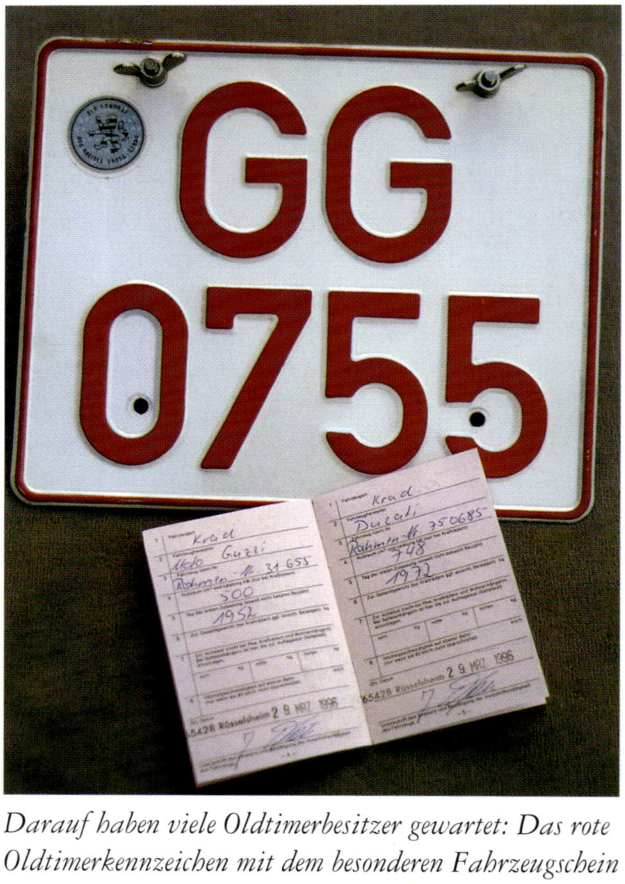

Darauf haben viele Oldtimerbesitzer gewartet: Das rote Oldtimerkennzeichen mit dem besonderen Fahrzeugschein ist seit 1994 bei den Zulassungsstellen erhältlich.

setzung. Von der Zulassungsstelle erhält man dann ein spezielles Fahrzeugscheinheft, in dem all die Fahrzeuge, die mit dem roten Kennzeichen bewegt werden dürfen, aufgeführt sind.
Es liegt im Ermessen der jeweiligen Zulassungsstelle, einen Nachweis über die Verkehrssicherheit der aufgeführten Fahrzeuge zu fordern. Dies sollte aber nur bei begründetem Verdacht geschehen. Das Gesetz fordert diesen Nachweis nicht. Da der Gesetzgeber davon ausgeht, dass Oldtimerfahrzeuge sorgfältig gewartet und gepflegt werden, sind sie außerdem von der regelmäßigen Hauptuntersuchung durch TÜV oder DEKRA befreit. Die Fahrzeuge müssen aber dem Serienzustand bei ihrer erstmaligen Inverkehrsetzung entsprechen. Grobe, ohne weiteres erkennbare Mängel, welche die Verkehrssicherheit beeinträchtigen, können zum Verlust des Versicherungsschutzes führen. Im Klartext heißt das, jeder Halter hat dafür zu sorgen, dass sein Fahrzeug verkehrssicher ist. Zur eigenen Absicherung wird daher dringend eine regelmäßige technische Untersuchung auf freiwilliger Basis empfohlen, um sich so die Verkehrssicherheit bestätigen zu lassen. Nur dann kann man sicher sein, nicht durch einen etwaigen Unfallgegner wegen Mängeln am Fahrzeug in Regress genommen zu werden. Die Ausgabe eines 07er Kennzeichens ist mit der Auflage des Führens eines Fahrtenbuches verbunden. Es verpflichtet den Fahrer, über jede Fahrt „fortlaufende Aufzeichnungen zu führen, aus denen das verwendete rote Kennzeichen, der Tag der Fahrt, die Art und der Hersteller des Fahrzeuges, die Fahrzeugidentifizierungsnummer und die Fahrstrecke ersichtlich sind. Die Aufzeichnungen sind ein Jahr aufzubewahren und zuständigen Personen auf Verlangen jederzeit auszuhändigen." Die Kosten eines rotes Dauerkennzeichens für Motorräder liegen bei etwa DM 40,– Bearbeitungsgebühr, DM 20,– für das Kennzeichen sowie einer jährlichen Pauschalsteuer von DM 90,–. Hinzu kommt noch der jährliche Haftpflichtversicherungsbeitrag, der bei etwa DM 150,– liegt. Je nach Versicherung gilt dieser Beitrag gleich für mehrere Fahrzeuge. Für den Fall, dass ein Motorrad regulär beziehungsweise mit einem H-Kennzeichen wieder zugelassen werden soll, ist in den meisten Fällen eine Vollabnahme gemäß § 21 StVZO beim TÜV oder der DEKRA erforderlich, es sei denn, die Maschine war nicht länger als 12 Monate abgemeldet und besitzt noch einen gültigen Kfz-Brief. Bei einer solchen Vollabnahme werden neben sicherheitsrelevanten Punkten wie Bremsen, Beleuchtung, Reifenprofiltiefe, Fahrwerkszustand, Lenkeinschlag, Lenkungs- und Schwingenlager auch Fahrgestellnummer, Felgen- und Reifengröße usw. überprüft. Ich habe erlebt, dass im Zuge der Vollabnahme eines Motorrad-Gespannes dieses sogar gewogen wurde und der gewissenhafte Prüfer selbst die Spannung der Speichen an allen drei Rädern kontrollierte. Erst nach einer fast fünfzehnminütigen Probefahrt wurde schließlich die begehrte Genehmigung zur Zulassung erteilt. Es lohnt sich daher auf jeden Fall, bei der Restaurierung gründlich zu arbeiten.

Indian
BOIZEL

12. Schlusswort

„Was bringt eigentlich einen Menschen dazu, einen solch gammeligen und obendrein noch unvollständigen Schrotthaufen zu erwerben?“ wurde ich vom Redakteur eines bekannten Motorrad-Magazins gefragt, nachdem dieser die ersten Fotos meiner unrestaurierten Maschine gesehen hatte. „Much money and a hard time...“, lautete eine andere, nicht eben ermutigende Prophezeiung. Ich glaube, um sich einer solchen Herausforderung zu stellen, braucht man eine feste Vorstellung von der fertigen Maschine. Wir müssen genau wissen, wie dieser verbeulte Eisenhaufen einmal aussehen könnte, wenn wir die Restaurierung eines Tages abgeschlossen haben. Wenn edler Glanz von Nickel und Lack in der Sonne funkeln und sich die bewundernden Blicke der Betrachter darin spiegeln. Aber auch das Verlangen, die alte Technik zurück liegender Jahrzehnte zu ergründen, neu zu entdecken und zu verstehen, jedes Einzelteil einer Maschine aufzuarbeiten, um es der Nachwelt zu erhalten, sind Windungen der Triebfeder, die uns eine derartige Herausforderung annehmen und zu einem glänzenden Abschluss bringen lassen.

Spätestens nach der ersten Probefahrt sind dann alle Schwierigkeiten, die im Zusammenhang mit der Restaurierung und der Suche nach Ersatzteilen entstanden, nur noch schemenhafte Erinnerungen. Vergessen sind plötzlich all die Zweifel, die uns zeitweise befielen, wenn wir mit immer neuen Problemen und Kosten konfrontiert wurden, wenn sich unser Objekt im Laufe der zurück liegenden Monate oder gar Jahre zu einem Fass ohne Boden zu entwickeln drohte. Genießen wir nun die Ausfahrten mit unserem Oldie. Genießen wir das Fachsimpeln mit Gleichgesinnten. Wir können jetzt mitreden, sind durch die gemachten Erfahrungen inzwischen selbst schon fast zum Experten geworden. Jetzt haben wir auch wieder mehr Zeit für andere Dinge. Nicht mehr jeden Abend und jedes Wochenenden in der heimischen Werkstatt Rost entfernen oder auf irgendwelchen Teilemärkten im Schrott wühlen...

Aber auch irgendwie schade wieder. Vielleicht..., nein ganz bestimmt werden wir etwas Ähnliches noch einmal in Angriff nehmen. Bestimmt schon bald. Wann war der nächste Oldtimer-Markt noch? Also nichts wie hin... Es ist die schönste Art, mit dem Bazillus Veteranus zu leben.

13. Literaturverzeichnis

Der Kupferwurm	C. Hertweck
Int. Motorrad-Typenschau 1928-1944	Motorrad, Wien
Kraftfahrtechn. Taschenbuch	Bosch
Motorrad Classic, div. Ausgaben	Motor Presse Verlag
Motorrad Lexikon	S. Knittel
MOTORRAD-Technik	MOTORRAD, div. Autoren
Motorräder, Motorroller, Mopeds *	H. Trzebiatowsky
Oldtimer Markt, div. Ausgaben	VF-Verlag
Oldtimer Praxis, div. Ausgaben	VF-Verlag
Opel-Motorräder aus drei Jahrzehnten	J. Nöll
Schnelle Motoren	H. Hütten
Techniklexikon Fahrzeugtechnik	Rowohlt, div. Autoren
Transparent, Oldtimerkennzeichen u. Zulassung	DEUVET
VFV-Info, div. Ausgaben	Veteranen-Fzg.-Verband e.V.
Vom Docht zum Zünder	Pierburg

* Die Veröffentlichung der Zeichnungen auf den Seiten 69, 70, 71, 77 und 140 erfolgt mit freundlicher Genehmigung des Fachbuchverlags Bulldog Press.

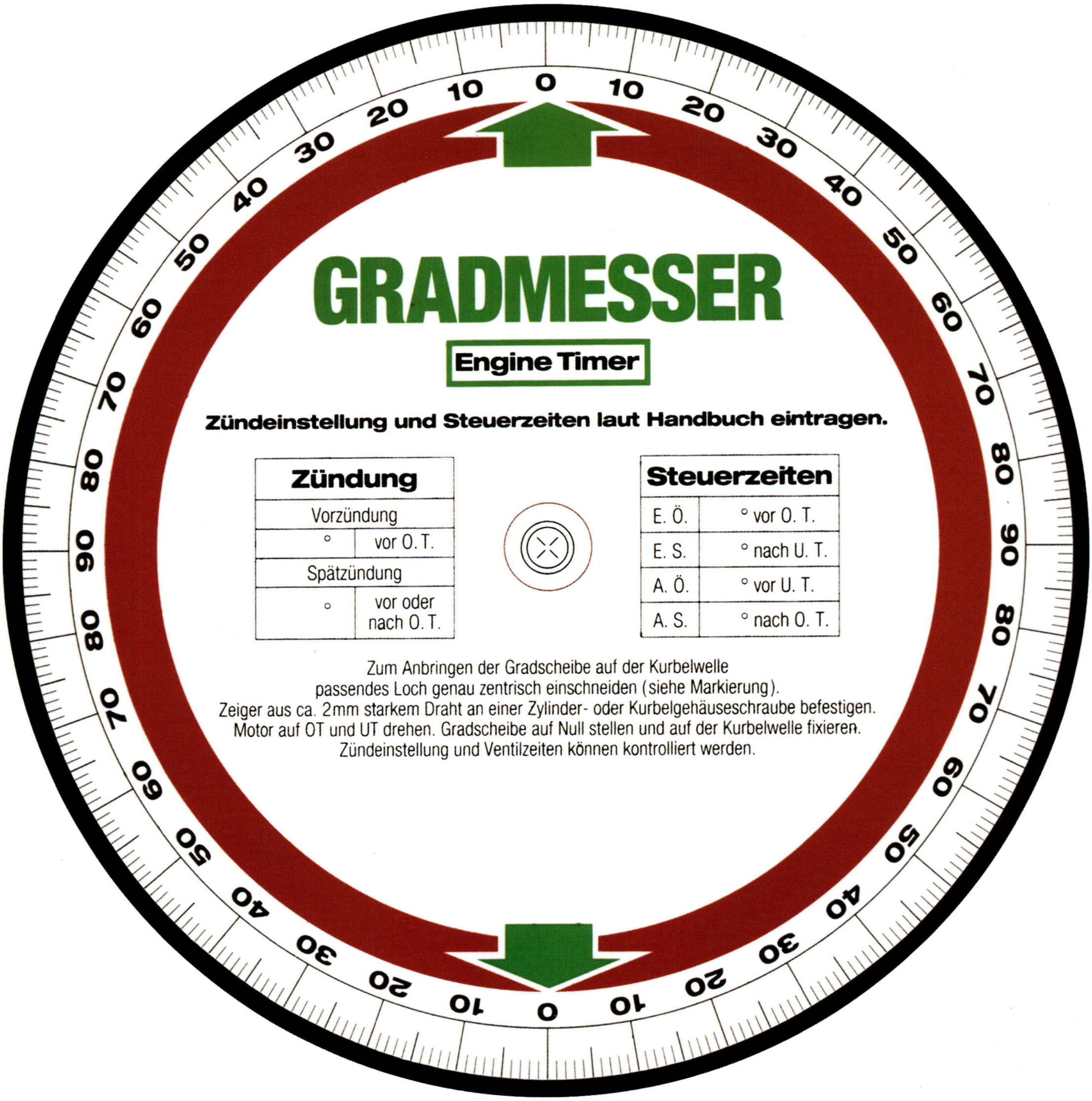

Gradscheibe zum Einstellen von Zündzeitpunkt und Ventilsteuerzeiten

22,-€